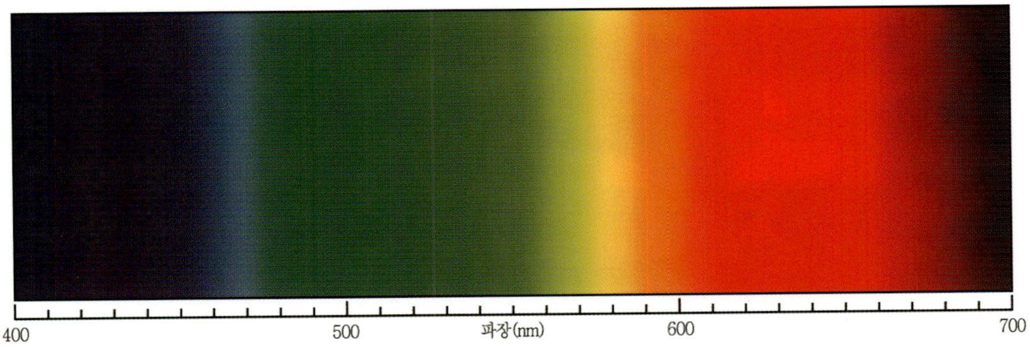

백색광 스펙트럼

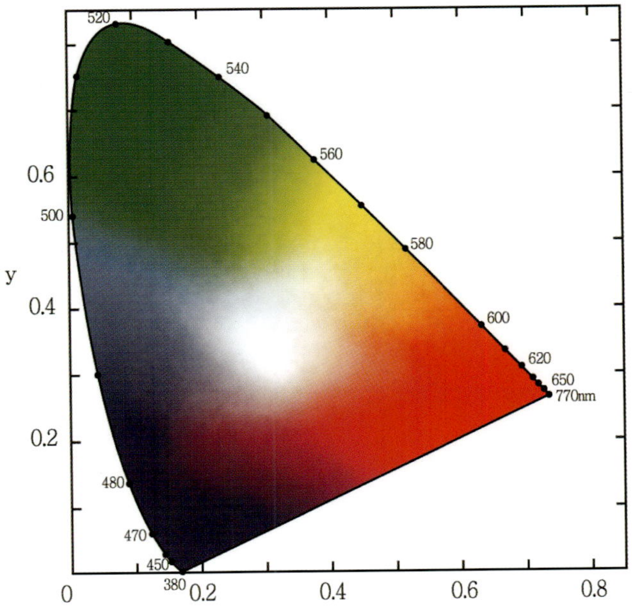

CIE xy 색도도

ANSI 입력 Color Target

B1

B2

ANSI 출력 Color Target의 기본 Data Set B1, B2

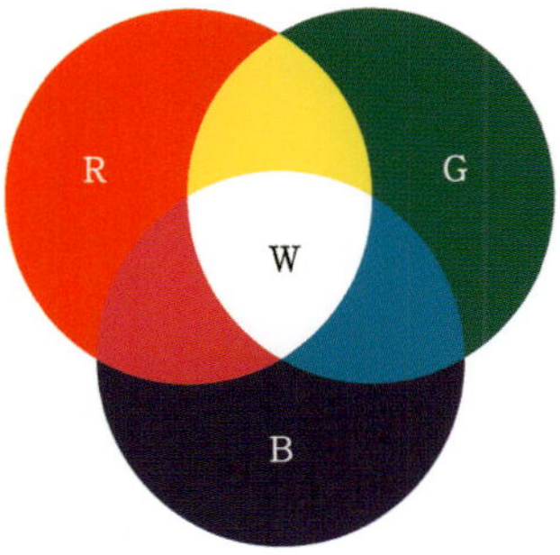

가 법 혼 색

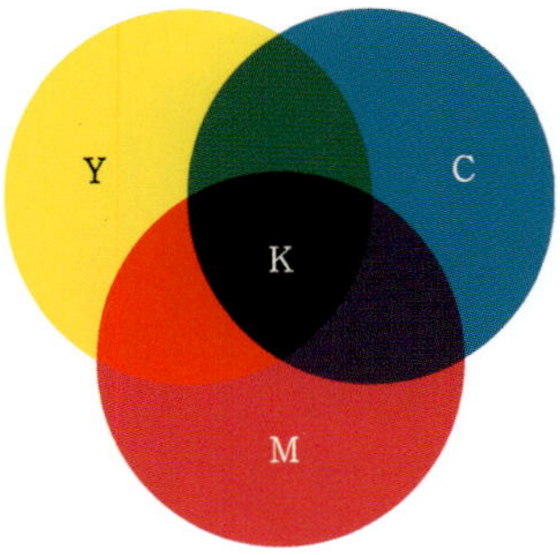

감 법 혼 색

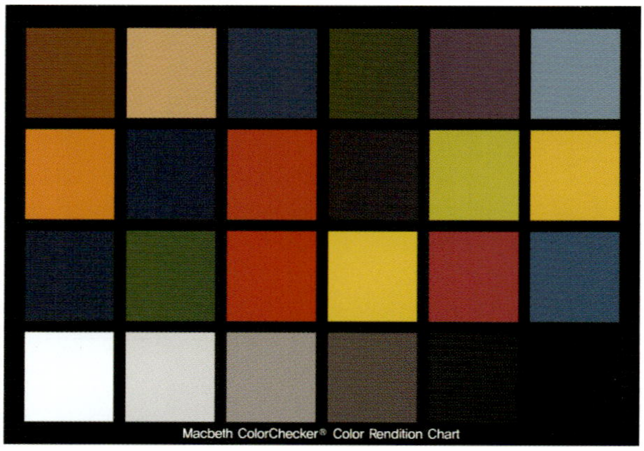

Macbeth 색표

Original 화상

$\lambda_R = 680\text{nm}$

$\lambda_R = 620\text{nm}$

$\lambda_R = 650\text{nm}$

R 분광 감도의 Peak 파장 λ_R을 변화시켰을 때의 Simulation 화상

색재현의 원리

Noboru Ohta 지음

신재철 · 이승배 · 최석진 옮김

JINSAEM 진샘미디어

色再現工学の基礎

工学博士　大田　登著

역자 머리말

색채는 무엇일까? 기원전 4세기 아리스토텔레스 시기의 고대 그리스의 철학자들은 눈에서 색의 생명을 불어 넣는 것과 같이 색 있는 물체에 눈에서 보이지 않는 광선을 보낸다고 믿고 있었다. 다른 지식인들은 눈 속에는 불과 물의 요소가, 눈 밖에는 공기와 흙의 요소가 있다고 가정하였다. 그래서 복잡하고 다양한 요소들이 서로 상호 작용하여 색채를 창조한다고 믿었다. 아리스토텔레스는 모든 색채(Color)를 흰색과 검정색의 혼합에 지나지 않는다고 복잡한 원리로 모순되게 말하였지만, 그 개념이 중세까지 이어졌다. 비로소 15세기 위대한 예술가이자 의학자이며 과학자인 레오나르도 다빈치에 의해 색채는 빛이 없이는 색채가 존재하지 않는다는 중요한 결론이 내려졌다. 영국의 아이작 뉴턴은 빛과 색채에 대한 근원을 밝히는데 큰 공헌을 하였다. 그는 백색의 빛이 여러 색채들로 분산되는 원리를 삼각형 프리즘을 통하여 연구하여 분리된 색채들을 스펙트럼이라고 명명하는 빛과 색채의 원리라는 보고서를 1672년 발표하였다.

20세기 이후 급속한 과학 발전과 함께 색채와 관련된 산업이 급성장하고 있으며, 수년 전부터 디지털화가 자리 잡으면서 색채의 표현 기술의 중요성은 더욱더 강조되고 있다. 이에 따라 인간의 시각 기능을 바탕으로 한 색채 지각 현상의 올바른 정량화 기술이 핵심이 되고 있다. 아직도 많은 산업 분야에서 색재현에 대한 원리를 충분히 이해하지 못하여 나타나는 문제점이 많이 발생하고 있는 실정이다. 이 색재현의 원리는 최근 색채에 대한 관심의 증대와는 달리, 기초 서적이 부족한 현실이 안타까워 유학과정 중 접하고 연구했던 경험을 기초로 앞으로 색채를 과학적으로 접하게 되는 학생 및 산업 현장의 연구자에게 도움이 되고자 번역하였다. 이제 우리 나라도 색채 기술에 대한 이해를 바탕으로 학교에서뿐만 아니라 첨단 산업 차별화의 핵심 기술로 활용되기를 기대한다. 본서의 원저자 Noboru Ohta 교수님은 도쿄대 대학원을 졸업하고, 일본의 후지필름 연구소에서 오랜 기간 연구를 수행 한 후, 일본의 치바대학과 미국의 로체스트공과대(RIT)의 먼셀 색채 과학 연구소의 교수로 재직하였다. 본서는 재직 당시 영어판으로도 번역되어 미국과 일본의 색채 공학 연구자들에게 아직도 수업에 활용되어 빼놓을 수 없는 필수적인 교재가 되고 있다.

Ohta 교수님은 현재 먼셀 색채과학 연구소의 명예교수로 계시며, 본서가 출간되기까지 역자들의 무리한 부탁에도 모든 배려를 아끼지 않아 출간에 즈음하여 감사함을 전한다.

끝으로 색채와 함께 행복한 삶을 꿈꾸는 모든 이들을 위하여 조금이나마 이 책이 도움이 되길 기원한다.

2011년 5월

신재철, 이승배, 최석진

차 례

Chapter 3 색의 측정 방법

Chapter 4 색의 혼합

Chapter 5 색재현의 원리

Chapter 6 색재현의 실제와 색 보정의 방법

Chapter 7 색재현 요인의 평가와 최적화

Chapter

1 빛과 시각

빛은 다양한 파장의 전자파를 포함하고 있으며, 그 파장의 비율에 따라 여러 가지 색으로 나타난다. 그 파장의 비율이 치우침 없이 일정하면 백색이 된다. 이 장에서는, 빛과 색의 기본적인 특징을 소개하며, 색을 정량화하기 위해서는 모든 파장을 전자파의 양으로 나타낼 필요 없이, 단지 3개의 수치로써 충분하다는 것을 설명한다.

1.1 빛

빛은 전자파의 일종으로 눈에 들어와 시 감각을 일으키는 복사 에너지를 말한다. X선에서 라디오파까지를 포함하는 전자파 중에서, 빛이 차지하는 파장 범위(가시 영역)는 극히 좁은 영역으로 단파 끝단의 범위는 360~400 nm(nm는 10^{-9}m), 장파 끝단의 범위는 760~830 nm이다. 태양광과 같은 백색의 빛을 프리즘에 통과시키면, 무지개와 같이 빨강・주황・노랑・초록・파랑・남색・보라색의 7색으로 나눌 수 있다는 것은 이미 잘 알려져 있다(컬러 권두(책 머리) 그림 참조). 빛의 파장과 색의 대응은 대략 [그림 1.1]과 같다. 무지개는 7색이라고 하지만 이것은 대략적으로 나눈 방법으로, 더욱 상세히 살펴보면 좀 더 많은 색으로 나눌 수가 있다. 그러나 이러한 많은 색 중에서 어떤 한가지 색(예를 들면 녹색)은 프리즘으로 더 이상 나눌 수가 없다. 이와 같이, 프리즘으로 더 이상으로 나눌 수 없는 빛을 단색광(monochromatic light)이라고 하며, 태양광 등의 백색광은 많은 단색광의 집합인 것을 알 수 있다. 또, 단색광을 파장 순으로 나열해 놓은 것을 스펙트럼(spectrum)이라고 한다.

눈으로 들어오는 빛은 태양광이나 조명광처럼, 광원이 직접 발광하는 빛도 있으나 대부분은 물체를 투과하거나 물체의 표면으로부터 반사된 빛이다.

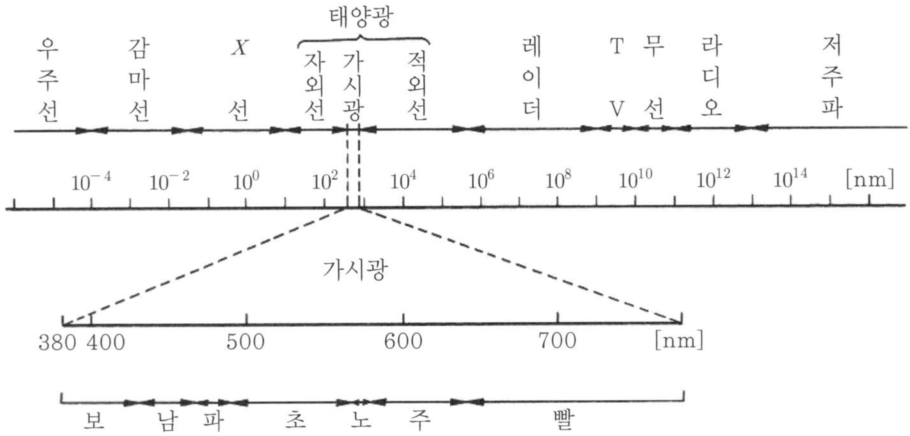

[그림 1.1] 전자파 · 빛의 파장과 색명

어떤 물체가 모든 단색광을 같은 양으로 반사한다면 그 반사광은 백색광이 되기 때문에, 이 물체는 백색이나 회색으로 보이게 된다. 하지만, 예를 들어 보라색~노란색의 빛의 반사가 적으면 적색의 빛의 반사가 상대적으로 많아지게 되어 이 물체는 적색으로 보이게 된다. 이와 같이, 파장에 따라 반사광의 많고 적음이 물체가 색을 띄게 하는 원인이고, 투과의 경우도 이와 동일하다고 할 수 있다.

1.2 색각의 Mechanism

색을 분별하는 감각을 색각(color vision)이라고 하는데, 눈에 들어온 빛은 어떻게 색각을 일으키는 것일까? 색각의 Mechanism 대해서는 예부터 다양한 학설들이 제안되어 왔으나, 그 중에서도 삼원색설과 반대색설이 가장 유력하다고 할 수 있다.

삼원색설(trichromatic theory)은 1802년에 영(Young)이 제안하였고, 그 후 1894년에 헬름홀츠(Helmholtz)가 정량화 하여 발전시킨 것으로, 「눈에는 적색(R), 녹색(G), 청색(B)을 느끼는 수광기(受光器, photoreceptor)가 있어, 색각이란 각 수광기가 빛에 대해 응답하는 것으로 나타난다」라고 생각할 수 있다. 예를 들면, 적색은 R 수광기가, 황색은 R 수광기와 G 수광기가 동시에 응답하여 나타나는 것이라고 할 수 있다. 삼원색설의 경우, 수광기의 수가 3개로 단순화 되어 이해하기 쉽다.

[그림 1.2]는, 삼원색설에 있어서의 R, G, B 수광기의 파장별 응답(삼원색 응답)을 나타내고 있으며, 이것들은 심리 평가법에 의해 간접적으로 추정한 결과이다.

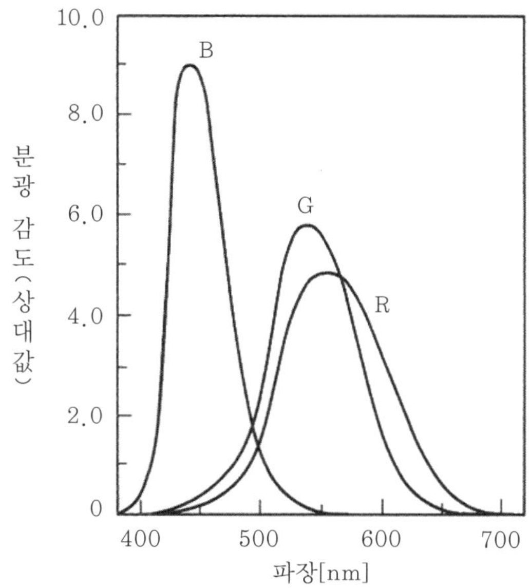

[그림 1.2] 삼원색설에 의한 적(R), 녹(G), 청(B) 수광기의 분광 감도

삼원색 응답과 같이 일정한 단색광의 입력에 대한 수광기의 응답 출력의 비를 분광 응답도(spectral responsivity) 또는 분광 감도(spectral sensitivity)라고 부른다.

2종류 이상의 색을 혼합하는 것을 혼색(color mixing)이라고 하며, 삼원색설은, R, G, B 빛을 적당하게 혼색하여 거의 모든 색을 재현할 수 있다는 실험에 근거하고 있으며, 이론적으로 도출한 것은 아니다. 그러나 컬러 텔레비전, 사진, 인쇄 등은 모두 삼원색설에 근거하여 개발된 것이다. 즉, 피사체의 색을 재현하는 색재현(color reproduction)에 이용하는 발광체나 색재(色材)는 3종류인데, 이것은 색을 느끼는 Mechanism의 분광 감도를 삼원색 응답과 유사하게 만든 것이다. 이러한 색재현 시스템이 색재현에 있어 충분히 만족할 수 있는 것이었기 때문에, 삼원색설은 현실적으로 가장 유력한 가설로 자리잡게 되었다.

한편, 1878년에 헤링(Hering)은, 「눈에는, 적색-녹색(R-G), 황색-청색(Y-B), 백색-흑색(W-K)에 응답하는 3종의 수광기가 있어, 이러한 응답에 의해서 색각이 발생한다」라고 하는 가설을 제안했다. 이것은 Y를 띤 R은 있으나 G를 띤 R은 없고, G와 R은 반대색의 관계라고 생각되는 경험적 사실에 근거하고 있어, 반대색설

(opponent-colors theory)이라고 부른다. [그림 1.3]은 반대색의 분광 감도(반대색 응답)를 심리 평가 법에 따라 추정한 결과를 나타내고 있으며, 그림의 세로축에서 나타내는 +/-가 가지는 의미는 특정한 것이 아니라, 단지 R과 G가 반대색이라는 것을 의미한다.

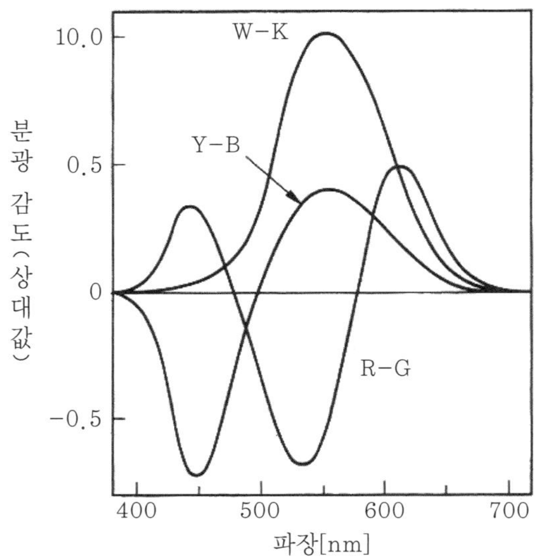

[그림 1.3] 반대색설에 의한 적-녹(R-G), 황-청(Y-B), 백-흑(W-K) 수광기의 분광 감도

반대색설에서는 기본적인 색으로서 R, G, Y, B의 4종류를 고려하고 있기 때문에 4원색설이라고도 부른다.

그렇다면 삼원색설과 반대색설 중에서 어느 쪽이 실제로 눈에서 일어나는 현상을 대변하는 것일까? 삼원색설과 반대색설은 각각 경험적 사실에 근거하여 제안된 것으로, 양자 모두 여러 가지 색각 현상을 모순되지 않게 설명할 수 있다. 이 때문에 어느 쪽이 실제로 눈에서 일어나는 현상을 대변하는 것인가라는 의문은 이론만으로는 정확히 판정할 수 없다. 이 판정을 위해서는 색각의 심리적인 실험이 아닌 눈 그 자체를 생리학적으로 자세하게 조사해 보지 않으면 안 된다.

눈은 직경 약 24mm의 구형(球形)으로, 그 구조와 작용은 카메라와 유사하다. 카메라의 경우 필름으로 빛을 느끼나, 눈은 망막(retina)이라고 하는 두께 약 0.3mm의 투명막으로 빛을 느낀다. 망막의 구조를 현미경으로 관찰하면, 여러 종류의 세포로 구성된 복잡한 구조를 갖고 있다는 것을 알 수 있다. 시세포 중에서 색을 느끼는 세포를 추상체(cone cell)라고 부른다. 추상체라는 명칭은 그 세포의 형태가 원추형을 하고 있는 것에 유래하고 있으며, R, G, B를 지각하는 3종류의 추상체가 있다. 추상체의 주된 특징은 주로 밝은 휘도(輝度) 레벨 하에서 색을 지각하는 역할을 하며, 그 절대 감도는 낮다고 알려져 있다. 그 이외에 간상체(rod)라고 부르는 시세포가 존재하며, 그 주된 특징으로는 낮은 휘도 레벨 하에서 명암을 지각하며 그 감도는 상당히 높지만, 색의 지각에는 직접적으로 관여하지 않는다고 알려져 있다. 망막에 있는 추상체의 총수는 약 700만 개이며, 그 이외의 간상체(rod)라는 세포는 약 1억 2천만 개 정도 존재한다.

또한 이 망막의 분광 응답을 조사하여 보면 놀라운 사실을 발견 할 수 있는데, [그림 1.2]에 나타낸 삼원색 응답과 [그림 1.3]에 나타낸 반대색 응답의 양쪽 모두가 발견된다는 것이다. 이 현상을 더욱 자세히 조사해 보면, 망막 레벨에 따라 응답이 달라지며, 추상체에서는 삼원색 응답이, 그 후의 레벨에서는 반대색 응답이 얻어진다는 결과가 나왔다. 따라서, 현재로서는 삼원색설과 반대색설이라는 것을 양자택일 적인 것이 아니라, 눈은 최초로 삼원색 응답으로 색을 느끼고, 그 다음에 그것을 반대색 응답으로 변환하여 뇌로 전달한다고 생각되고 있다. 이와 같은 가설을 단계설(stage theory)이라고 부른다.

1.3 색의 삼색 표시

색을 정량적인 수치로 표시하는 것을 표색(color specification)이라고 하며, 표시를 위한 수치를 표색치(color specification values)라고 부른다. 또, 표색을 위한 일련의 규정과 정의로부터 완성되는 체계를 표색계(color system)라고 한다. 우선, 색의 표시를 위한 용어(terminology)를 몇 가지 소개하고자 한다. 눈에 들어와 색 감각을 일으키는 빛을 색 자극(color stimulus)이라고 부르며, 색 자극을 일으키는 것에는 물체색, 광원색, 개구색 등이 있다.

물체색(object color)은 물체에 속하는 색으로, 빛을 반사하는 표면색(surface color)과 빛을 투과하는 투과색(transmitted color)으로 구별할 수 있다. 또, 광원색(light-source color)은 광원에서 발하는 빛의 색이고, 개구색(aperture color)은 작은 구멍을 통해 푸른 하늘을 볼 때와 같이 보이는 색으로, 빛을 발하는 물체가 무엇인지 알 수 없는 듯한 색을 말한다.

앞서 언급한 바와 같이, 색은 추상체의 삼원색 응답으로 느끼는 것이기 때문에, 표색치는 그 세 개의 응답량을 이용하면 된다. 추상체의 분광 감도를 장파장쪽부터 $l(\lambda)$, $m(\lambda)$, $s(\lambda)$라고 하면, 그 응답량 L, M, S는, 색자극의 분광 분포를 $P(\lambda)$로 했을 때

$$
\begin{aligned}
L &= \int_{\text{vis}} P(\lambda) \cdot l(\lambda) d\lambda \\
M &= \int_{\text{vis}} P(\lambda) \cdot m(\lambda) d\lambda \\
S &= \int_{\text{vis}} P(\lambda) \cdot s(\lambda) d\lambda
\end{aligned}
\tag{1.1}
$$

와 같이 쓸 수 있다. 여기서, 적분 $\left(\int_{\text{vis}}\right)$은 가시 파장 영역에서 구하는 것을 나타낸다.

추상체의 삼원색 응답을 기본 분광 감도(fundamental spectral sensitivities)라고 부르지만, 현재의 표색계는 직접적으로 기본 분광 감도에 근거하고 있는 것은 아니다. 혼색의 기초가 되는 세 개의 특정 색 자극을 원 자극(reference color stimuli)이라고 하며, 현재의 표색계는 추상체의 응답량 L, M, S 대신에, 색 자극의 등색에 필요한 원 자극의 혼합량을 사용하고 있다. 원 자극으로 사용하는 3색은 일반적으로 R, G, B의 빛을 사용한다.

어떤 색 자극 [F]와 등색하는 원 자극 [R], [G], [B]의 혼합량 R, G, B를 [F]의 3 자극치(tristimulus values)라고 부르며, 특히 [F]가 단색광일 때의 3 자극치를 스펙트럼 3 자극치(spectral tristimulus values) 또는 등색 계수(color matching coefficients)라고 부른다. 여기서, [F] 등의 괄호 [ ]는 색 자극을 나타내는 기호이다.

또, [R], [G], [B]를 R, G, B 만큼씩 혼색하여 [F]와 등색 하는 것을,

$$
[\mathrm{F}] = R[\mathrm{R}] + G[\mathrm{G}] + B[\mathrm{B}] \tag{1.2}
$$

와 같이 표기하며, 이것을 등색 식(color equation)이라고 부른다.

그렇다면 임의의 분광 분포 $P(\lambda)$는 많은 단색광의 모임이라고 볼 수 있으므로, $P(\lambda)$의 3 자극치 R, G, B는

$$R = \int_{\text{vis}} P(\lambda) \cdot \bar{r}(\lambda) d\lambda$$
$$G = \int_{\text{vis}} P(\lambda) \cdot \bar{g}(\lambda) d\lambda \tag{1.3}$$
$$B = \int_{\text{vis}} P(\lambda) \cdot \bar{b}(\lambda) d\lambda$$

에 의해서 구해진다. 여기서, $\bar{r}(\lambda)$, $\bar{g}(\lambda)$, $\bar{b}(\lambda)$는, 파장의 함수로서 구한 스펙트럼 3 자극치로서 등색 함수(color matching functions)라고 부른다. 이렇게 해서 얻은 3 자극치 R, G, B를 사용하면, 임의의 분광 분포를 갖는 색 자극을 세 개의 값만으로 단편적으로 정할 수가 있기 때문에, 이것을 색의 삼색 표시(trichromatic specification)라고 한다. 또, 색의 삼색 표시에 근거하는 표색계를 삼색 표색계(trichromatic system)라고 부른다.

삼색 표색계의 대표적인 예로, 국제 조명 위원회(Commission Internationale de l'Éclairage, CIE)의 권고에 의한 CIE 표색계(CIE color system)가 있다. 국제 조명 위원회는 빛과 조명에 관한 기초 표준과 측정 방법을 국제적으로 권고하는 기관으로, 여기에서 정해진 결과는 일본의 공업 제품의 표준을 정하는 일본 공업 규격(Japanese Industrial Standards, JIS)에서도 폭 넓게 수용되고 있다.

한편, 등색 함수 $\bar{r}(\lambda)$, $\bar{g}(\lambda)$, $\bar{b}(\lambda)$는 심리적인 등색 실험의 결과로부터 구해진 것으로, 추상체의 기본 분광 감도 $l(\lambda)$, $m(\lambda)$, $s(\lambda)$ 대신에 이용되나, 양자가 동일한 것은 아니다. 그러나 양자 모두가 색각의 분광 감도를 나타내고 있는 것에는 변함이 없고, 실제로 두 함수는 다음 식으로 관계 지을 수 있다.

$$\begin{bmatrix} l(\lambda) \\ m(\lambda) \\ s(\lambda) \end{bmatrix} = \begin{bmatrix} a_{11} & a_{12} & a_{13} \\ a_{21} & a_{22} & a_{23} \\ a_{31} & a_{32} & a_{33} \end{bmatrix} \begin{bmatrix} \bar{r}(\lambda) \\ \bar{g}(\lambda) \\ \bar{b}(\lambda) \end{bmatrix} \tag{1.4}$$

여기서 a_{11}, a_{12}, …, a_{33}은 (3×3) 행렬의 요소이며 정수이다.

또한, 표색계에는 3 자극치를 사용하는 방식 이외에 현실의 색표를 일정한 규칙으로 배열하여 부호를 붙인 방식도 있다. 예를 들면, 색표를 색상, 명도, 채도라고 하는 색의 3 속성에 따라 배열한 것으로서 먼셀 표색계(Munsell color system)가 있다. 이러한 표색계는 색을 색표로서 직접 볼 수 있으므로 이해하기 쉽지만, 색표의 수가 한정되어 있거나 수치 계산에는 사용하기 어렵기 때문에, 본서에서는 3 자극치에 의한 CIE 표색계만을 사용한다.

그 외 가장 간단한 방식으로서 색의 이름(색명)을 이용하는 방법도 있다. 색의 이름에는, 관용적인 색의 이름(관용 색명이라고 부르며, 예를 들면 살색, 복숭아색 등)과 기본적인 색의 이름에 수식어를 조합한 계통적인 색의 이름(계통 색명이라고 부르며, 예를 들면 진한 청색 띤 보라색 등)이 있다. 색의 이름을 이용하는 방법은 색표와 같이 알기는 쉽지만 이 또한 수치적으로 취급하기에는 더욱 더 부적합하다.

Chapter

2 색의 표시 방법

표색계에는 1장에서 설명한 바와 같이, 색표에 근거한 먼셀 표색계 등과 혼색에 근거하는 CIE 표색계가 있다. 먼셀 표색계는 실제의 색표가 있으므로 직관적으로 이해하기는 쉽지만, 임의의 색 표시에는 정밀도가 떨어지고, 수치 계산에 사용되기 어렵다. 한편, CIE 표색계는 분광 측색 방법의 활용으로 정밀하게 얻을 수 있어, 임의의 실존하지 않는 색 자극에 대해서도 표색이 가능한 특징을 가진다. 따라서, 공업적, 정량적인 응용에는 CIE 표색계만이 사용되고 있다.

2.1 *RGB* 표색계

혼색계에서는 일단 등색 함수를 결정하면 그 뒤에 임의의 색 자극의 3 자극치를 정할 수가 있다. 등색 함수는 원 자극의 종류나 그 상대 강도에 의존하므로 표색치의 상호 비교에는 일정한 표준화가 필요하다. 원 자극의 상대 강도를 정하기 위해 기초가 되는 색 자극(보통은 백색 자극)을 기초 자극(basic stimulus)이라고 부른다.

국제 조명 위원회(CIE)는, 1931년에 원 자극과 기초 자극을 다음과 같이 정하여 표준적인 등색 함수를 결정했다.

① 원 자극 [R], [G], [B]는 $\lambda_R = 700.0$ nm, $\lambda_G = 546.1$nm, $\lambda_B = 435.8$ nm의 단색광으로 한다.

② 기초 자극은 등 에너지 스펙트럼의 백색 자극으로 한다. 이 때 [R], [G], [B]를 측광량의 단위로 1.0000 : 4.5907 : 0.0601의 비율로 혼색하면 백색 자극과 등색한다.

이상의 규정에 의한 표색계를 RGB 표색계(RGB color system)라고 한다. [그림 2.1]은 CIE에서 정한 등색 함수 $\bar{r}(\lambda)$, $\bar{g}(\lambda)$, $\bar{b}(\lambda)$를 나타내며, 이들은 정상 색각을 가진 사람의 등색 함수를 평균한 값이다. 이 평균값의 등색 함수를 갖는 가상적인 관측자를 CIE 1931 측색 표준 관측자(CIE 1931 standard colorimetric observer)라고 부른다.

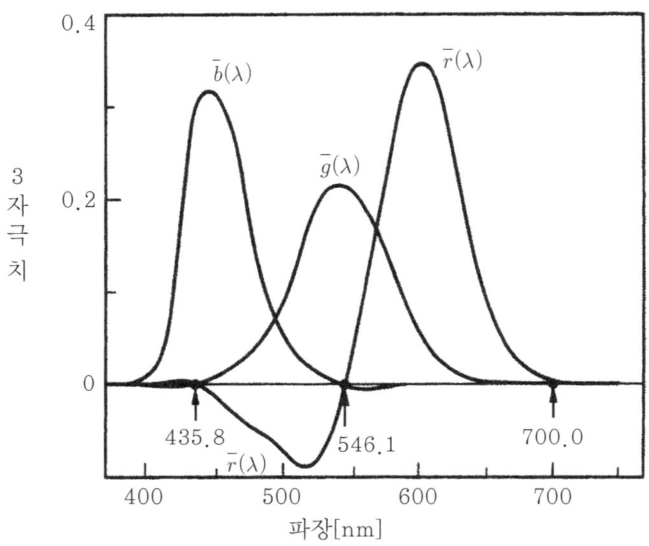

[그림 2.1] RGB 표색계의 등색 함수

Chapter 1의 1.3절에서 설명한 것처럼, 등색 함수는 어느 단색광과 등색 하는데 필요한 [R], [G], [B]의 혼합량을 말한다. 그런데 [그림 2.1]에서 알 수 있는 바와 같이, 등색 함수에 음(−)의 값이 있는 것은 음의 혼합량을 의미하는 것으로 이해하기 어려운 점이 있다. 이것은 다음과 같은 사정에 기인하는 것이다. 즉, 단색광 자극 [F]를 [R], [G], [B]로 등색할 때, 매우 선명한 색의 단색광의 경우는 3색의 원 자극을 어떤 배율로 혼합해도 등색 할 수가 없다. 이 때문에 실제의 등색 실험에서는 예를 들어 [F]가 녹색의 단색광이라고 했을 때, [F]에 [R]을 혼합함으로써 선명함을 저하시켜, 이 빛을 [G]와 [B]를 혼합하여 등색 시킨다. 그러면 이 때 등색 식은

$$[\mathrm{F}] + R[\mathrm{R}] = G[\mathrm{G}] + B[\mathrm{B}] \tag{2.1}$$

가 된다. R[R]을 우변으로 이항하면 형식적으로

$$[F] = -R[R] + G[G] + B[B] \tag{2.2}$$

로 나태낼 수 있으며, 이것이 등색 함수에 음(−)의 값 $(-R)$이 생기는 이유이다.

2.2 *XYZ* 표색계

RGB 표색계에서는 2.1절에서와 같이 등색 함수에 음(−)의 값이 있다. 3 자극치를 손으로 계산하던 시대에는, 음(−)의 값이 존재함으로써 계산을 매우 번잡하게 만들었다. 서로 다른 원 자극에 대한 등색 함수는 간단한 일차 변환으로 구해지므로, CIE에서는 1931년에 *RGB* 표색계와 함께 등색 함수의 값이 모두 양(+)의 값이 되는 *XYZ* 표색계(*XYZ* color system)를 도입했다. *XYZ* 표색계는 CIE 1931 표색계(CIE 1931 standard colorimetric system)라고도 부르며(CIE, 1986), 인간의 눈과 대등한 값의 감도를 정의한다. *XYZ* 표색계의 등 에너지에 대한 등색 함수 $\bar{x}(\lambda)$, $\bar{y}(\lambda)$, $\bar{z}(\lambda)$를 [그림 2.2]와 부표 1에 나타낸다.

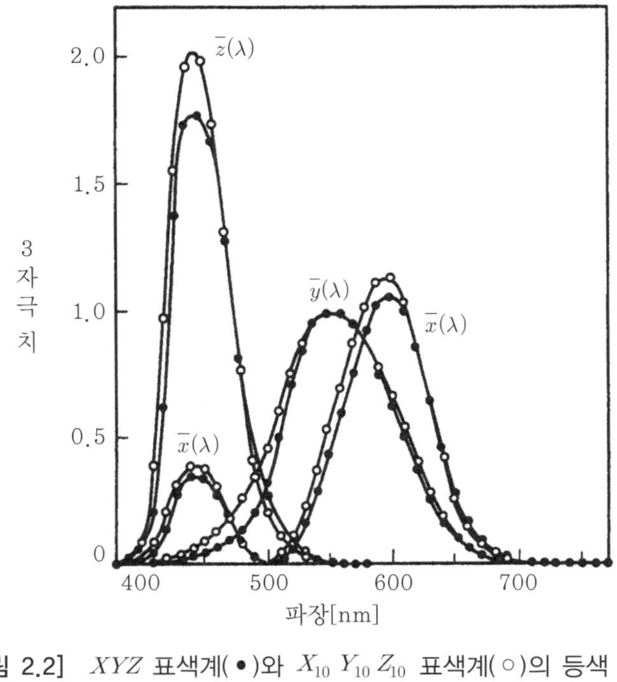

[그림 2.2] *XYZ* 표색계(•)와 $X_{10}\,Y_{10}\,Z_{10}$ 표색계(○)의 등색 함수

또한 XYZ 표색계의 또 하나의 특징으로서, $\bar{y}(\lambda)$가 분광 시감 효율과 동일한 값을 가지도록 만들어 졌다. 분광 시감 효율은 복사량으로 나타낸 색 자극의 분광 분포를 측광량으로 변환하기 위한 것이므로, 3 자극치 Y는 그대로 측광량을 의미하는 것이어서 편리하게 사용할 수 있다. 그리고 $\lambda \geq 650$ nm의 장파 끝단에서 $\bar{z}(\lambda)=0$이 되도록 정하고 있다. 이렇게 하면 3 자극치에서 Z의 계산량이 약간 적어지는 이점이 있다.

참고 1(2.2)에 나타내는 것처럼, 어떤 색 [F]의 RGB 표색계에서의 3 자극치를 R, G, B로 두면, XYZ 표색계에서의 3 자극치 X, Y, Z는

$$\begin{bmatrix} X \\ Y \\ Z \end{bmatrix} = \begin{bmatrix} 2.7689 & 1.7517 & 1.1302 \\ 1.0000 & 4.5907 & 0.0601 \\ 0.0000 & 0.0565 & 5.5943 \end{bmatrix} \begin{bmatrix} R \\ G \\ B \end{bmatrix} \tag{2.3}$$

에 의해 구해진다(비고).

> **비고** 식 (2.3)에서 3 자극치의 변환은 스펙트럼 3 자극치에도 적용할 수 있으므로, 등색 함수 $\bar{x}(\lambda)$, $\bar{y}(\lambda)$, $\bar{z}(\lambda)$는 같은 식에 등색 함수 $\bar{r}(\lambda)$, $\bar{g}(\lambda)$, $\bar{b}(\lambda)$를 대입하여 구할 수 있다.

3 자극치 X, Y, Z는 3 자극치 R, G, B로부터, 식 (2.3)으로 구해도 되지만, 보통은 색자극의 분광 분포를 $\varphi(\lambda)$로 두고 등색 함수 $\bar{x}(\lambda)$, $\bar{y}(\lambda)$, $\bar{z}(\lambda)$를 이용하여 직접

$$\begin{aligned} X &= k\int_{\text{vis}} \varphi(\lambda) \cdot \bar{x}(\lambda)d\lambda \\ Y &= k\int_{\text{vis}} \varphi(\lambda) \cdot \bar{y}(\lambda)d\lambda \\ Z &= k\int_{\text{vis}} \varphi(\lambda) \cdot \bar{z}(\lambda)d\lambda \end{aligned} \tag{2.4}$$

에 의해 구한다. 여기서 k는 정수이며, 적분 $\left(\int_{\text{vis}}\right)$은 가시 영역에서 구하는 것으로 한다.

또한, 물체색의 색 자극 $\varphi(\lambda)$는 반사 물체에서 $\varphi(\lambda)=R(\lambda) \cdot P(\lambda)$이고, 투과 물

체에서는 $\varphi(\lambda)=T(\lambda)\cdot P(\lambda)$라고 쓸 수 있다. 여기서 $P(\lambda)$는 조명광의 분광 분포이며, $R(\lambda)$는 반사 물체의 분광 반사율, $T(\lambda)$는 투과 물체의 분광 투과율이다. 따라서, 반사 물체의 3 자극치 X, Y, Z는

$$
\begin{aligned}
X &= k\int_{\text{vis}} R(\lambda)\cdot P(\lambda)\cdot \bar{x}(\lambda)d\lambda \\
Y &= k\int_{\text{vis}} R(\lambda)\cdot P(\lambda)\cdot \bar{y}(\lambda)d\lambda \\
Z &= k\int_{\text{vis}} R(\lambda)\cdot P(\lambda)\cdot \bar{z}(\lambda)d\lambda
\end{aligned}
\tag{2.5}
$$

가 된다. 여기서, 정수 k는

$$
k=\frac{100}{\int_{\text{vis}} P(\lambda)\cdot \bar{y}(\lambda)d\lambda} \tag{2.6}
$$

이다.

정수 k는, 3 자극치 Y가 완전 확산 반사면 $(R(\lambda)=1)$에서 $Y=100$ 이 되도록 정한다. 보통 물체색에서는 $(R(\lambda)<1)$이기 때문에 $Y<100$ 가 된다. 3 자극치 Y의 값은 반사(투과) 물체의 시감 반사(투과)율(luminous reflectance (transmittance))이라고 부르며, 물체색의 상대적인 명암을 나타내는 명도(lightness)와 대략적으로 상관 관계를 가진다.

이렇게 해서 얻어진 3 자극치 X, Y, Z를 벡터 성분이라고 가정했을 때, 기하학적으로 표시하기 위해서는 삼차원 공간이 필요하고, 이때의 공간을 색공간(color space)이라고 부른다. 그러나 항상 3차원의 색공간으로 표시하는 것은 불편한 점이 있으므로, XYZ 색공간에서의 단위 평면 $X+Y+Z=1$과 색 벡터(X, Y, Z)의 교점 x, y를

$$x = \frac{X}{X+Y+Z}$$
$$y = \frac{Y}{X+Y+Z} \tag{2.7}$$

에 의해 구하여, 이것을 2차원의 평면으로 표시한다.

식 (2.7)에서 정한 x, y를 색 [F]의 색도 좌표(chromaticity coordinates)라고 하며, 색도 좌표를 평면상에 나타낸 그림을 색도도(chromaticity diagram)라고 부른다. 그리고 색 [F]의 색도 좌표를 색도도에 옮긴 점이 색도 점(chromaticity point)이다. 색도 좌표에 의해 정해지는 색 [F]의 심리 물리적 성질을 색 [F]의 색도(chromaticity)라고 한다.

또한, 단색광의 색도 좌표를 단색광 색도 좌표(스펙트럼 색도 좌표, spectral chromaticity coordinates)라고 하며, 그 색도 점을 단색광의 파장 순서로 연결하여 얻어진 곡선을 단색광 궤적(스펙트럼 궤적, spectrum locus)이라고 한다. 단색광 궤적의 양단을 연결한 직선을 순 자주 궤적(purple boundary)이라고 부르며, 이것은 가시 스펙트럼의 양단 파장에서의 단색광 자극(청색과 적색)의 혼합 색을 나타내는 색도도 상의 선이며, 이 선상에서 색광은 청색에서 보라색을 거쳐 적색으로 연속적으로 변화한다. [그림 2.3]은, xy 색도도에 단색광 궤적과 순 보라 궤적의 결과를 나타낸 것이다. 본서에 삽입된 컬러 권두(책 머리) 그림 중, xy 색도도에서 나타내는 색들은 측색적으로는 정확하지 않으나, 색도 좌표와 색의 대응을 개념적으로 나타낸 것이다.

한편 1931년에 정해진 XYZ 표색계는 2° 시야의 등색 실험에 기초를 둔 것이고, 임의의 크기의 시야에서도 적용할 수 있는 것으로 기대되었다. 그러나, 그 후 XYZ 표색계에서 평가하여 등색인 시료 쌍을 2° 보다 넓은 시야에서 관찰해 보니 관찰된 색에 차이가 있다는 사실이 보고되었다. 명시의 거리를 250mm로 가정했을 때, 2° 시야의 반경은 250 tan 1°=4.4mm 정도이며, 보통, 색을 관찰할 때의 시야는 좀 더 클 때가 많다. 따라서, 이 불일치는 망막상의 위치에 따라 분광 감도가 변한다는 것에 기인하는 것으로 생각되어 졌다.

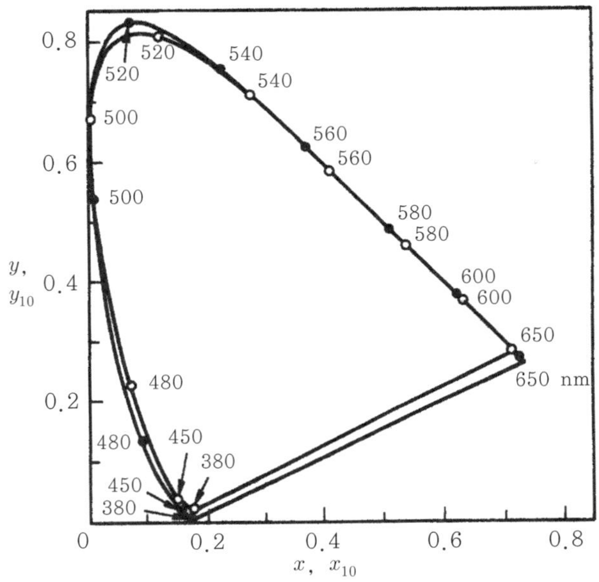

[그림 2.3] XYZ 표색계의 xy 색도도 (●)와 $X_{10}\,Y_{10}\,Z_{10}$ 표색계의 $x_{10}\,y_{10}$ 색도도(○)

이 때문에 CIE는 좀 더 관찰 시야를 넓힌 10° 시야에서 등색 실험을 하여, 4° 이상의 관찰 시야에 적용하는 CIE 1964 표색계(CIE 1964 supplementary colorimetric standard system)를 권고했다. CIE 1964 표색계는 10° 시야의 등색 실험에 근거하고 있으므로 $X_{10}Y_{10}Z_{10}$ 표색계라고도 부른다. 따라서, 이와 같이 정한 CIE 1964 표색계는 4°를 넘는 시야에서 사용하며, CIE 1931 표색계는 1~4°의 시야에서 사용하는 것으로 구분하고 있다. 일반적으로 XYZ 표색계가 화상 내 국소적 영역의 평가 등에 사용되는 반면, $X_{10}Y_{10}Z_{10}$ 표색계는 화상 전체에 대한 관능적 평가 또는 텍스타일 업계에서 주로 사용되고 있다. $X_{10}Y_{10}Z_{10}$ 표색계의 등색 함수를 [그림 2.2]와 부표 1에, 색도도를 [그림 2.3]에 각각 나타냈다. $X_{10}Y_{10}Z_{10}$ 표색계에서의 3 자극치 $X_{10}Y_{10}Z_{10}$를 구하기 위해서는, 식 (2.4)~(2.6)에서 등색 함수 $\bar{x}(\lambda)$, $\bar{y}(\lambda)$, $\bar{z}(\lambda)$ 대신에 $\bar{x}_{10}(\lambda)$, $\bar{y}_{10}(\lambda)$, $\bar{z}_{10}(\lambda)$를 사용하면 된다. 또한, $X_{10}Y_{10}Z_{10}$ 표색계에서의 색도 좌표 x_{10}, y_{10}도 동일하게 정의할 수 있다.

앞에서 설명한 바와 같이, 색 [F]의 표시에는 보통 2차원의 xy 색도도를 이용한다. 그러나, 원래는 3 자극치로서 3개의 정보 X, Y, Z가 있던 것을 2차원적으로 표시하고 있기 때문에, 색을 완전하게 기술하기 위해서는 x, y 이외에 한 개의 정보가 더 필요하다. 거기에는 3 자극치 X, Y, Z의 어떤 것을 사용해도 등가이지만, 보통 측광량 Y를 이용해 색을 (x, y, Y)로 나타내는 경우가 많다.

또한 그 이외에도 [그림 2.4]에 나타내는 것처럼, 특정의 무채색 자극(보통의 관찰 조건에서 무채색으로서 지각되는 색 자극, achromatic stimulus)의 색도점 W(백색점, white point)로부터의 거리와 방향에 의한 표시를 이용하는 경우도 있다. 여기서 백색점 W와 색 [F_1]의 색도점 F_1을 잇는 직선이 스펙트럼 궤적과 교차하는 점을 D로 한다. F_1는 직선 WD상에 있으므로, 백색 자극 [W]와 점 D의 단색광 자극 [D]를 적당하게 혼합하면, 색 [F_1]을 얻을 수 있다.

이 때, 거리의 비 WF_1/WD는 색 [F_1]가 단색광 자극 [D]에 얼마나 가까운가를 나타내는 척도이며, 이것을 자극 순도 p_e(excitation purity)라고 부른다. 또, 단색광 자극 [D]의 파장을 주파장(dominant wavelength)이라고 하며 기호 λ_d로 나타낸다. 자극 순도 p_e는 백색점 W의 색도 좌표 x_w, y_w, 색 [F_1]의 색도 좌표 x_1, y_1, 단색광 자극 [D]의 색도 좌표 x_d, y_d를 이용하여

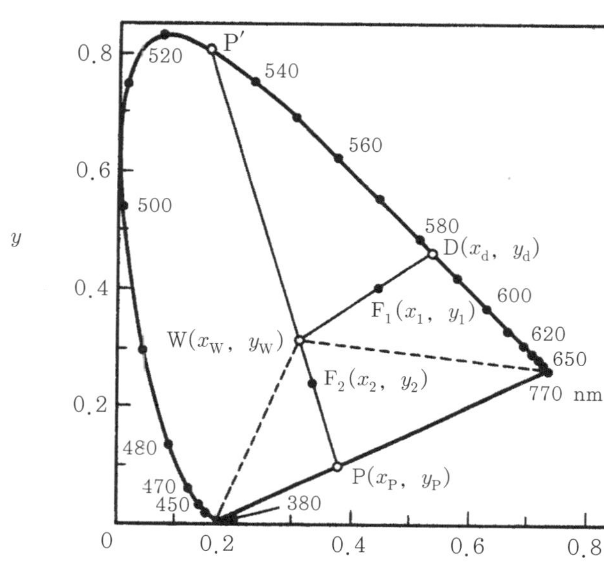

[그림 2.4] 주파장 · 보조 주파장과 자극 순도

$$p_e = \frac{\mathrm{WF_1}}{\mathrm{WD}} = \frac{x_1 - x_w}{x_d - x_w} = \frac{y_1 - y_w}{y_d - y_w} \tag{2.8}$$

라고 쓸 수 있다.

또한, 색 [F_2]와 같이, 색이 [그림 2.4]의 점선으로 구분된 영역(자주색 영역)에 있을 경우, 교점 P는 스펙트럼 궤적 상이 아니고 순 자주 궤적 상에 존재하게 된다. 이 때, 자극 순도 p_e는 식 (2.8)이 아니라, 점 P의 색도 좌표를 x_p, y_p라고 했을 때

$$p_e = \frac{\mathrm{WF_2}}{\mathrm{WP}} = \frac{x_2 - x_w}{x_p - x_w} = \frac{y_2 - y_w}{y_p - y_w} \tag{2.9}$$

로 구한다. 그리고 주파장은 직선 WP를 W의 방향으로 연장하여 스펙트럼 궤적과 교차하는 점을 P′라 하였을 때, 단색광 자극 [P′]의 파장을 이용한다. 이것을 보조 주파장(complementary wavelength)이라고 부르며, 기호 λ_c로 나타낸다. 식 (2.8), (2.9)에서 x와 y의 식은 등가이며, 계산의 정밀도를 향상시키기 위해 분모의 수치가 큰 쪽을 사용한다. 여기서 백색점은 광원색의 경우 $x_w = y_w = 1/3$로 둔다.

색도 좌표 대신에, 이렇게 정한 주파장 또는 보조 주파장을 자극 순도와 조합하여 색 자극을 규정하는데 사용할 수 있다. 이 표시 방법에서 주파장은 색상을, 자극 순도는 채도를 대략적으로 나타내는 것이기 때문에, 색 자극을 직관적으로 파악하는데 편리하다. 주파장과 순도에 따른 색의 표시는 이해하기 쉽기 때문에 과거에는 주로 사용했었으나, 최근에는 색도 좌표를 이용하는 경우가 많다.

2.3 색온도와 상관 색온도

색의 표시 방법으로서 3 자극치 (X, Y, Z)와 그것을 2차원으로 표시한 색도 좌표 (x, y), 그리고 색도 좌표로부터 도출한 주파장 λ_d와 자극 순도 p_e를 이용하는 방법을 설명하였다. 이러한 표시 방법은 어떠한 색 자극에서도 사용할 수가 있다. 그러나 대상이 되는 색 자극이 백열 전구와 같이, 물체를 가열했을 때 나오는 빛인 경우, 색의 표시는 더욱 단순화 시킬 수 있다.

백열 전구의 필라멘트와 같이, 타지 않는 물체의 온도를 상승시키면 그 색은 빨간색에서 주황색을 거쳐, 흰색·파랑색을 띤 흰색으로 변화한다. 이와 같이 물체를 가열했을 때 나오는 빛(복사)을 흑체 복사(blackbody radiation)라고 부른다. 또, 흑체 복사를 발광하는 물체는 흑체(blackbody) 또는 완전 복사체(full radiator)라고 부른다.

흑체 복사의 분광 분포는 흑체의 절대 온도(absolute temperature)만으로 결정되며, 그 물체의 재질등과는 무관하다. 절대 온도(K, 캘빈)는 섭씨 온도(°C)에 273을 더한 것으로, 예를 들면 27°C는 300K이 된다. [그림 2.5]는 일련의 절대 온도 T에서의 흑체 복사의 분광 분포 $M_e(\lambda)$를 나타낸 것이다. $M_e(\lambda)$를 T의 함수로서 나타내는 식은 플랭크(Planck)에 의해서 제안되었고, 이는 그 후 양자 역학의 기초가 되었다(참고 2(2.3)).

발광체가 흑체라면 그 복사의 절대 온도와 분광 분포는 일대 일로 대응하며, 분광 분포로부터 색은 일률적으로 정해지므로 절대 온도와 색이 일대 일로 대응하게 된다. 그러면 색은 하나의 변수로 정할 수가 있고 이를 색온도(color temperature) 또는 상관 색온도(correlated color temperature)라고 부른다.

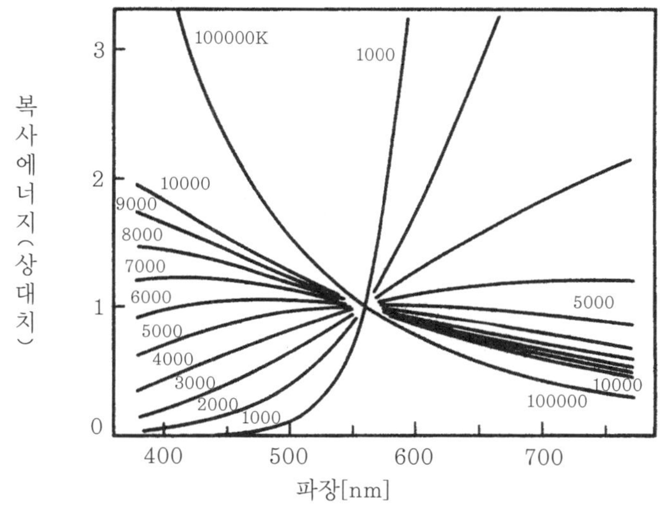

[그림 2.5] 절대 온도에서의 흑체 복사 분광 분포(560 nm를 1로 정규화)

엄밀하게 말하면, 색온도란 어떤 복사의 색도가 흑체 복사의 색도와 일치할 때, 그 복사의 색을 흑체의 온도로 나타낸 것이며, 상관 색온도는 양쪽의 색도가 일치하지 않을 때, 그 복사와 색도가 가장 가까운 흑체의 온도 값이다. 단위는 양쪽 모두 앞에서 언급한 절대 온도(K)를 사용한다. 색온도 T_c는 어떤 복사의 색도가 절대 온도 T_c의 흑체 복사의 색도와 일치한다는 뜻으로, 반드시 그 광원이 절대 온도 T_c로 가열된 것을 의미하는 것은 아니다. 이것은, 상관 색온도에서도 동일하다. 예를 들어 형광 램프는 그다지 뜨겁지 않으나, 상관 색온도가 6000K 정도라는 것은 절대 온도 6000K로 가열된 흑체와 가장 색이 가까운 빛을 복사한다는 것이다.

일련의 절대 온도에 있어서 흑체 복사의 색도점을 이은 선을 흑체 궤적(black body locus)이라고 하는데, 색온도는 흑체 궤적상에서 대응하는 절대 온도로 구할 수 있다. 또한, 동일한 상관 색온도가 되는 색도는, 흑체 궤적과 교차하는 직선으로 주어지며 이것을 등 색온도 선(isotemperature line)이라고 부른다. [그림 2.6]은 흑체 궤적과 일련의 등 색온도 선을 나타낸다(비고).

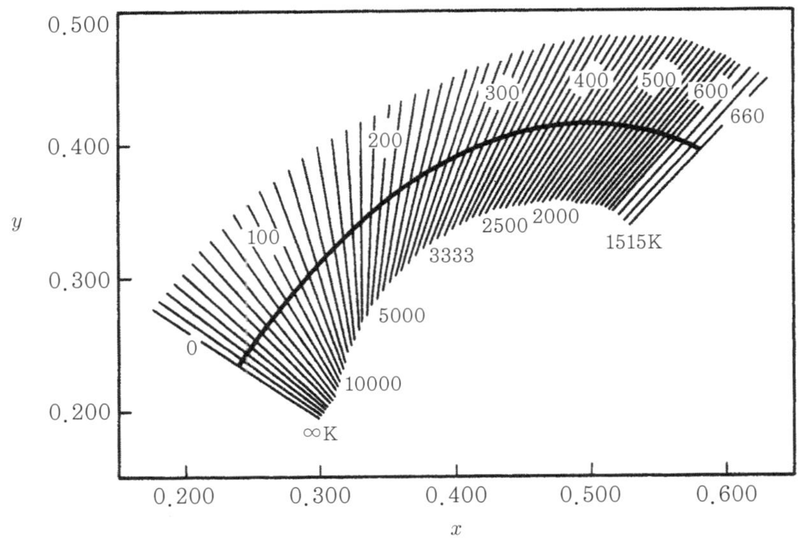

[그림 2.6] 흑체 궤적(굵은 선)과 등 색온도 선(가는 선) (상부 숫자는 역수 색온도)

비고

등 색온도 선의 정의

등 색온도 선이란 것은 흑체 궤적과의 최단 거리이므로, 본래는, 흑체 궤적과 직교 해야 한다. 실제, 등 색온도 선은, 원래, CIE 1960 *uv* 색도도 상에서 정하고 있으며, 그곳에서는 흑체 궤적과 직교 하고 있다. 현재 *uv* 색도도는 색온도의 정의와 연색 지수의 계산 이외에는 사용하고 있지 않다(참고 3(2.5)).

그렇다면, 임의의 복사 색온도 또는 상관 색온도는 [그림 2.6]로부터 구할 수 있다. 보다 정확한 값이 필요한 경우에는 보간법을 사용하여 수치 계산을 할 수 있다. 그러나 등 색온도 선을 무제한으로 연장해, 예를 들어 녹색의 빛을 상관 색온도로 구하는 것은 적절하지 않다. 적용할 수 있는 색도 좌표는 그림의 직선으로 명시된 범위로 해야 한다.

또, 10^6을 색온도 또는 상관 색온도로 나눈 값을, 역수 색온도(reciprocal color temperature) 또는 역수 상관 색온도(reciprocal correlated color temperature)라고 부른다. 그 단위는 종래 micro-reciprocal-degree의 머리 글자를 따서 mired라고 불렀다. 최근에는 micro-reciprocal-Kelvin의 머리 글자를 따서, mirek이라고 부르자는 제안도 있으나, 아직 널리 사용되진 않는다. SI 단위에서는 역수(상관) 색온도로 MK^{-1}(mega Kelvin)을 사용한다.

역수 색온도는 가산 법칙이 성립하므로, 색온도 변환 필터 등의 성능을 나타내기 위해서 넓게 사용되고 있다. 예를 들면, 35mired의 필터를 2856K의 백열등에 장착하면,

$$\frac{10^6}{2856} - 35 = 315.14, \quad \frac{10^6}{315.14} = 3173 \tag{2.10}$$

이므로, 3173K의 조명광으로 변환할 수가 있다. 또, 색온도 또는 상관 색온도는 어떠한 조명광에 대해서도 약 5.5 mired의 차이를 갖는다면 식별이 가능하다.

2.4 표준광과 보조 표준광

물체색을 규정하는 3 자극치 X, Y, Z는 식 (2.4)로 구할 수 있으며, 그 값은 조명광의 분광 분포 $P(\lambda)$에 의존한다는 것을 알 수 있다. 그렇다면 같은 물체색이라도 조명광의 종류에 따라 3 자극치는 일정하지 않고, 색의 정량화에 어려움이 있게 된다. 이 때문에, CIE는 대표적인 조명광을 CIE 표준광(CIE standard illuminant)으로 정하고, 그것을 실현하는 인공 광원을 CIE 표준 광원(CIE standard source)으로 권고했다.

표준광은 (상대)분광 분포 $P(\lambda)$에 의해 규정되고 있는 빛이며, 표준 광원은 그것을 실현하는 백열 전구와 같은 인공 광원을 가리키므로 구별하여 사용하여야 한다. 표준광은 그 분광 분포를 수의 표로 규정하여 3 자극치를 계산하기 위해 만들어진 것으로, 이와 같은 빛을 측색용 빛(illuminant)이라고 부른다. 다만, 사진 용어에서는 illuminant를 「측색용 빛」이라고 하는 것은 불편함이 있으므로, 「조명(illuminant)」을 그대로 사용하고 있다.

표준광으로서는 일상 생활에서 자주 사용되는 조명광 중에서 대표적인 것으로 백열 전구와 주광을 선택하여 그것들의 분광 분포를 규정하고 있다. 백열 전구의 빛을 대표하는 것으로서 표준광 A, 주광을 대표하는 것으로서 표준광 D_{65}와 표준광 C가 있다. 표준광 D_{65}는 상관 색온도 6500K의 주광이며, CIE는 임의의 상관 색온도를

가진 주광의 분광 분포를 계산에 의해 구하는 방법을 권고하고 있다. 이렇게 정한 주광을 CIE 주광(CIE daylight illuminant)이라고 부른다(Ohta, 1993).

보조 표준광(supplementary standard illuminant)은 표준광에 준하여 보조적으로 사용하는 측색용 빛으로, 상관 색온도가 각각 5000K, 5500K, 7500K의 CIE 주광인 D_{50}, D_{55}, D_{75} 및 보조 표준광 B의 4 종류로 정하고 있으나, 필요에 따라서 다른 흑체 복사 또는 CIE 주광을 사용해도 무관하다. 표준광과 보조 표준광의 분광 분포를 [그림 2.7], [그림 2.8] 및 부표 2에 나타내었으며,

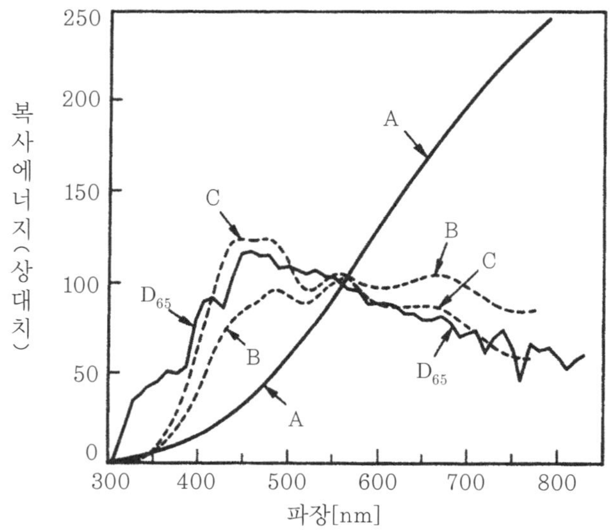

[그림 2.7] 표준광 A, D_{65}, C 및 보조 표준광 B의 분광 분포

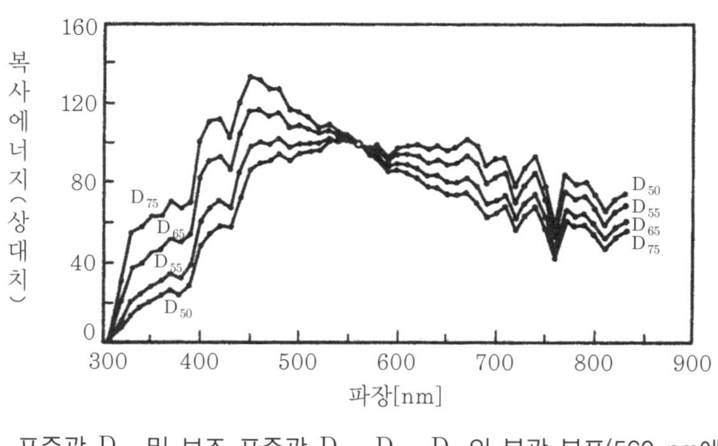

[그림 2.8] 표준광 D_{65} 및 보조 표준광 D_{50}, D_{55}, D_{75}의 분광 분포(560 nm에서 정규화)

이러한 측색값를 파장 380~780 nm의 범위에서 5 nm의 파장 간격으로 적분하여 구한 결과를 부표 3에 나타낸다. 또, [그림 2.9]는 이러한 색도 좌표를 흑체 궤적과 함께 나타내고 있다. [그림 2.9]로부터 현재의 표준광과 보조 표준광은 광범위한 조명광을 대략적으로 대표하고 있다는 것을 알 수 있다.

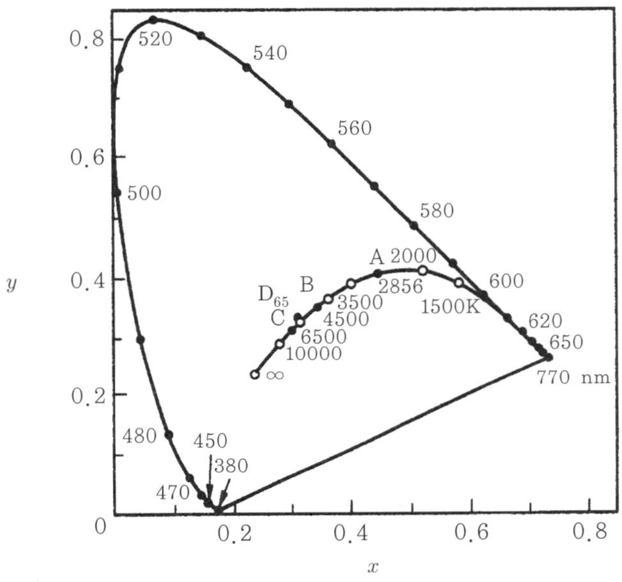

[그림 2.9] 흑체 궤적(○) 및 표준광과 보조 표준광의 색도 좌표(•)

다음은 표준광과 표준 광원 등의 규정에 대해서 설명한다.

(1) 표준광 A와 표준 광원 A

표준광 A는 상관 색온도가 약 2856K로, 백열 전구로 조명하는 물체색의 표시에 이용한다. 표준광 A를 실현하기 위한 표준 광원 A는 무색 투명의 유리구에 가스를 주입한 텅스텐 전구이다.

(2) 표준광 C와 표준 광원 C

표준광 C는 상관 색온도가 약 6774K이며, 주광으로 조명하는 물체색의 표시에 이용한다. 표준 광원 C는 표준 광원 A에 색온도 변환 필터를 처리하여 구할 수 있다.

색온도 변환 필터로는, 종래 데이비스・깁슨(Davis-Gibson) 필터라고 부르는 용액 필터를 사용하였으나, 취급에 어려운 점이 있어 점차 고체 필터로 대체되는 경향에 있다. 그리고 표준광 C는 상관 색온도가 약 6774K의 주광과 비교하여 자외부의 분광 분포의 상대 값이 작기 때문에, 자외 복사로 여기 되어 형광을 발하는 물체색의 표시에는 사용할 수 없다. 이 때문에 표준광 C는 점차 표준광 D_{65}로 대체되는 경향에 있다.

(3) 표준광 D_{65}와 상용 광원 D_{65}

표준광 D_{65}는 상관 색온도가 약 6500K로, 주광으로 조명하는 물체의 표시에 이용된다 (비고). 표준 광원 D_{65}는 아직 개발되어 있지 않기 때문에, 이것을 근사한 크세논 램프 등을 상용 광원(daylight simulator) D_{65}로 사용한다.

비고

색온도의 변경

표준광 D_{65}의 상관 색온도는 본래 6500K이였으나, 국제 온도 눈금의 변경에 따라, 프랭크의 복사 법칙에서 정수 c_2가 1.4380×10^7 nm・K에서 1.4388×10^7 nm・K로 바뀌었고 이에 따라 $6500\times(1.4388/1.4380)=6504$로 변경되었다. 동일하게 표준광 A의 색온도도 이전의 c_2가 1.4350×10^7 nm・K일 때 2848K이라고 정했으나, 1.4388×10^7 nm・K로 바뀐 것에 따라, $2848\times(1.4388/1.4350)=2856$K인 현재의 값으로 변경됐다.

또한 표준광에 준하는 것으로 다음 4종의 보조 표준광이 정해졌다. 보조 표준광은 종래의 표준광 중에서 사용 빈도가 낮았던 것이다.

(1) 보조 표준광 B

보조 표준광 B는 상관 색온도가 약 4874K로, 직사 태양광으로 조명하는 물체색의 표시에 이용한다. 보조 표준광 B는 표준광 A에 데이비스・깁슨 필터를 처리하여 얻을 수 있다. 보조 표준광 B도 표준광 C와 같이, 상관 색온도가 약 4874K의 직사 태양광과 비교해 자외부 분광 분포의 상대치가 작기 때문에 자외 복사로 여기 되어 형광을 발하는 물체색의 표시에는 사용할 수 없다. 이 때문에 보조 표준광 B는 점차 보조 표준광 D_{50}으로 대체되는 경향에 있어, CIE에서는 이미 권고를 폐지했다.

(2) 보조 표준광 D_{50}, D_{55}, 및 D_{75}

보조 표준광 D_{50}, D_{55}, 및 D_{75}는 각각 상관 색온도가 약 5000, 5500, 및 7500K (정확하게는 5003, 5503, 및 7504K)의 주광으로 조명하는 물체색의 표시에 이용한다. 이러한 보조 표준광을 실현하는 정식 광원은, 표준 광원 D_{65}의 경우와 같이, 아직 개발되어 있지 않기 때문에 이것들을 근사한 상용 광원 D_{50}, D_{55}, 및 D_{75}를 사용한다.

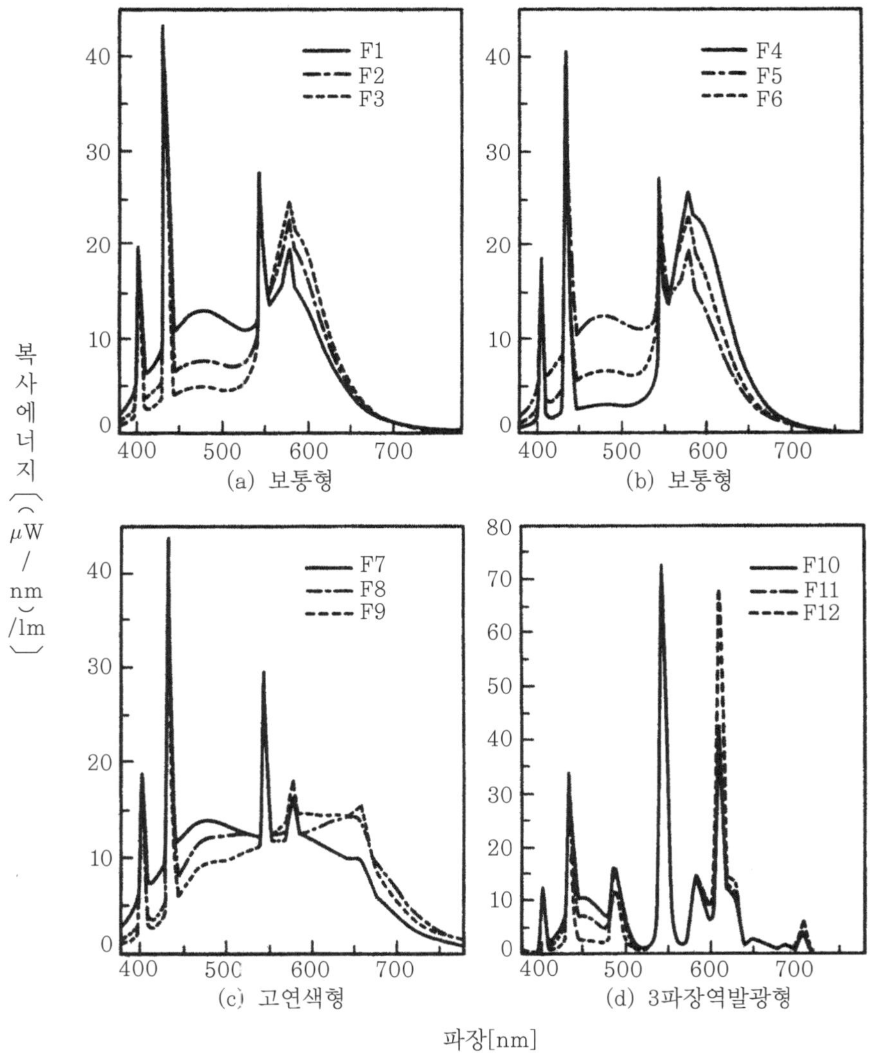

[그림 2.10] 대표적인 형광 램프의 분광 분포

상용 광원 D는 표준 광원 D를 근사적으로 실현한 광원으로 기존의 광원에 필터 처리한 형식이 몇 개 제안되어 있다. 엄밀하게 말하자면, 앞으로도 일련의 표준 광원 D가 실현될 가능성은 적기 때문에 근사도가 높은 상용 광원을 이용하게 될 것으로 보인다. 또한, CIE 주광을 완전하게 실현하는 것은 불가능한 것으로 간주하여 보다 현실적인 것으로 대체하자는 제안도 있다(Hunt, 1992).

그리고 최근 일상 생활에 형광 램프의 사용이 많아지고 있으나, 아직도 표준광으로서 채용되지는 않고 있다. 형광 램프에는 보통형, 고 연색형, 3 파장역 발광형 등의 타입이 있으나, CIE는 이러한 3종의 타입으로부터 합계 12개의 대표적인 분광 분포를 선택했다. [그림 2.10]와 부표 4는 이러한 12개의 형광 램프의 분광 분포를 나타내고 있다.

또한 CIE는 사용 빈도를 고려하여, 3개의 타입 각각으로부터 대표적인 것을 1개씩 선택하여 형광 램프에 따른 측색값의 계산에 우선적으로 사용하도록 권고했다. 이러한 3개의 형광 램프의 우선 순위에 대해서는 부표 4에 나타내는 것처럼, CIE(굵은 글씨체)와 JIS(*)에서 차이를 보이고 있다.

2.5 균등 색도도

CIE가 권고한 표준 측색 관측자의 등색 함수, 표준광, 표준 광원, 색도도 등으로 이루어지는 CIE 표색계는 현재에 이르기까지 널리 활용되고 있으나, 몇몇 미비한 점도 발견되었다. 특히, 색도도가 균등하지 않은 것은 실용적인 측면에서 큰 문제가 되었다. 즉, 색의 지각적인 차이를 정량적으로 나타낸 것을 색차(color difference)라고 부르나, xy 색도도에서의 거리로 구한 색차는 지각적으로 균등하지 않다는 것이다.

여기서, 밝기가 같은 색광 [A], [B], [C], [D]를 xy 색도도에서 표시했을 때, [A]와 [B]의 거리와 [C]와 [D]의 거리가 동일하다고 가정하자. 이 때, 거리가 동일하기 때문에 색차도 동일한 것으르 기대할 수 있으나, 현실적으로는 색도도 상의 위치에 따라 상당히 차이가 있는 것이 현실이다. 색도도는 「색의 지도」라고 할 수 있으므로, 같은 거리가 다른 색차로 지각되는 것은 바람직하지 않다.

색도도의 균등성은 지극히 중요한 것으로, 지금까지 많은 실험 결과가 보고되고 있다. 예를 들면, 라이트(Wright)는 동일한 휘도에서 지각적으로 동일한 차이를 가진 2색을 일정 방향에서 실험적으로 구했다. 이 실험을, 여러 색에 대해 수행한 결과, 2색의 색도점의 거리는 일정치 않고 색도에 의존한다는 것을 발견했다(Wright, 1941).

또한, 맥아담(MacAdam)은 색도도 상에서 일정 방향에서의 불 균등성을 구하는 대신에, 소정의 색(중심색)에 대해서 다수의 방향으로 가법 혼색에 의한 등색 실험을 수 차례 실시한 결과, 중심색으로부터의 변동 표준 편차는 타원으로 근사할 수 있었다(MacAdam, 1942). [그림 2.11]은 일련의 색에 대한 타원을 나타낸 것인데, 이것을 맥아담 타원(MacAdam ellipsis)이라고 부른다.

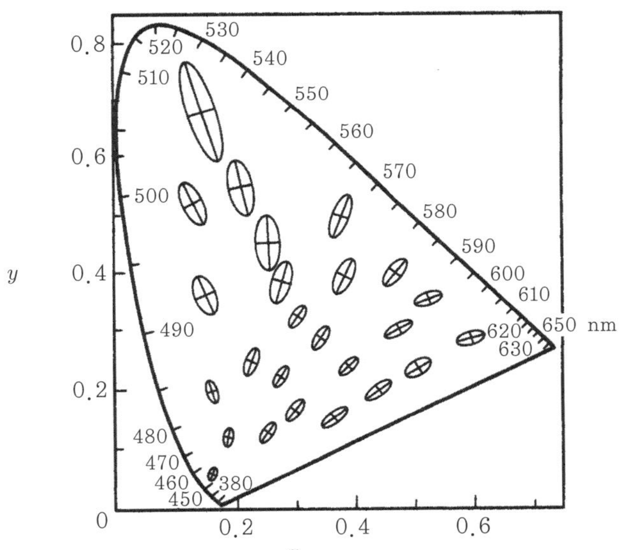

[그림 2.11] xy 색도도에서의 맥아담 타원(10배 확대) (MacAdam, 1942)

색도도의 어느 위치에서도 맥아담 타원이 동일한 반경의 원이 되는 것이 이상적이라고 할 수 있다. 이와 같이 휘도가 동일한 색에 대해 색도도 상의 동일 거리가 지각적으로 동일한 차이가 되는 색도도를 균등 색도도(uniform-chromaticity-scale diagram) 또는 UCS 색도도(UCS diagram)이라고 부른다. UCS 색도도는 실용적인 면에서 중요하기 때문에 이를 개발하기 위해 지금까지 많은 연구자가 시험 연구를 거듭해 왔다. CIE가 권고하고 있는 최신의 것은 색도 좌표 x, y 또는 3 자극치 X, Y, Z로부터

$$\begin{aligned} u' &= \frac{4x}{-2x+12y+3} \\ &= \frac{4X}{X+15Y+3Z} \\ v' &= \frac{9y}{-2x+12y+3} \\ &= \frac{9Y}{X+15Y+3Z} \end{aligned} \tag{2.11}$$

에 의해 정한 u', v'를 직교 좌표로 한 색도도이다. 이것을 CIE 1976 UCS 색도도 또는 $u'v'$ 색도도라고 부른다(참고 3(2.5)).

다만, $X_{10}Y_{10}Z_{10}$ 표색계에서는 식 (2.11)에서 색도 좌표 x_{10}, y_{10} 또는 3 자극치 X_{10}, Y_{10}, Z_{10}를 사용한다. 또한 [그림 2.12]는 맥아담 타원을 $u'v'$ 색도도로 변환하여 표시하고 있는데, 타원의 균등성은 xy 색도도보다 상당히 개선되어 있다는 것을 알 수 있다. 그러나 색도도가 완전히 균등하다면, 타원은 동일한 반경의 원이 되어야 하는 것을 생각할 때, $u'v'$ 색도도도 아직은 완전한 것이라고는 할 수 없다.

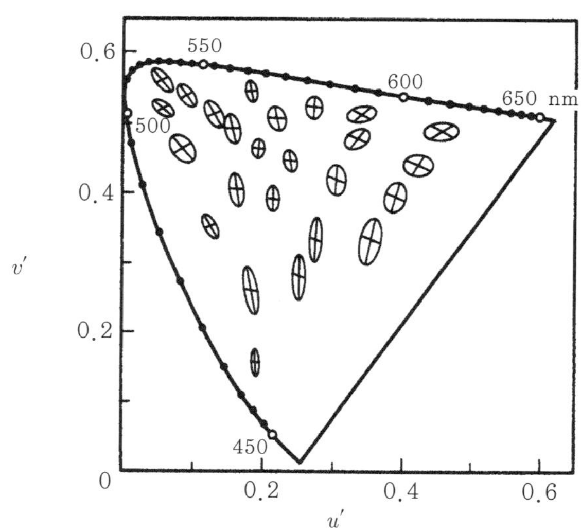

[그림 2.12] $u'v'$ 색도도에서의 맥아담 타원(10배 확대)

2.6 균등 색공간

현재의 균등 색도도는 아직도 불완전한 것이나, xy 색도도의 불 균등성이 상당히 개량되었다. 그러나 균등 색도도는 색의 명도의 균등성에 관해서는 고려하고 있지 않다. 즉, (x, y, Y) 대신에 (u', v', Y)를 이용하면 색도 좌표의 균등성은 증가하지만, 명도의 균등성에 대해서는 그대로이다. 따라서, 명도까지 포함한 균등 표색계를 균등 색공간(uniform color space)이라고 부른다. 그리고 균등 색공간(color space)에서 명도에 대응하는 좌표를 명도 지수(psychometric lightness)라고 한다.

균등 색공간도 실용상 매우 중요하므로, 지금까지 많은 방식이 제안되어 왔다. CIE는 이것들을 정리, 종합하여, 현재는 다음과 같은 $L^*a^*b^*$ 색공간과 $L^*u^*v^*$ 색공간을 권고하고 있다.

(1) CIE 1976 $L^*a^*b^*$ 색공간

다음의 3 차원 직교 좌표를 이용하는 색공간(color space)으로, CIELAB 색공간이라고도 부른다.

$$
\begin{aligned}
L^* &= 116\left(\frac{Y}{Y_n}\right)^{\frac{1}{3}} - 16 \\
a^* &= 500\left\{\left(\frac{X}{X_n}\right)^{\frac{1}{3}} - \left(\frac{Y}{Y_n}\right)^{\frac{1}{3}}\right\} \\
b^* &= 200\left\{\left(\frac{Y}{Y_n}\right)^{\frac{1}{3}} - \left(\frac{Z}{Z_n}\right)^{\frac{1}{3}}\right\}
\end{aligned}
\tag{2.12}
$$

여기서, X, Y, Z는 대상으로 하는 물체의 3 자극치, X_n, Y_n, Z_n는 완전 확산 반사면의 3 자극치이며, $Y_n = 100$으로 정규화한다. 명도를 나타내는 L^*는 다음에서 설명하는 CIELUV 색공간에서도 같은 것을 이용하며, CIE 1976 명도 지수(psychometric lightness)라고 부른다. 다만, 식 (2.12)는 X/X_n, Y/Y_n, $Z/Z_n >$

0.008856의 범위에서 이용하며, 그 이외에서는 다음의 (3)에서 설명하는 수정식을 이용한다.

(2) CIE 1976 $L^* u^* v^*$ 색공간

다음의 3 차원 직교 좌표를 이용하는 색공간으로, CIELUV 색공간이라고도 부른다.

$$\begin{aligned} L^* &= 116\left(\frac{Y}{Y_n}\right)^{\frac{1}{3}} - 16 \\ u^* &= 13L^*(u' - u'_n) \\ v^* &= 13L^*(v' - v'_n) \end{aligned} \tag{2.13}$$

여기서, Y, u', v'는 대상으로 하는 물체의 3 자극치 Y와 식 (2.11)에서 구한 색도 좌표, Y_n, u'_n, v'_n는 완전 확산 반사면의 3 자극치 Y와 색도 좌표이며, Y_n = 100으로 정규화한다.

(3) 어두운 색에 대한 수정식

CIELAB 색공간의 L^*, a^*, b^*와 CIELUV 색공간의 L^*는 적용할 수 있는 X, Y, Z의 값에 대해 제한이 있다. 그러나 현실적으로는 제한 외의 색이 존재하며, 이 경우에는 L^*, a^*, b^*를 다음의 수정식으로 구한다.

$$\begin{aligned} L^* &= 116f\left(\frac{Y}{Y_n}\right) - 16 \\ a^* &= 500\left\{f\left(\frac{X}{X_n}\right) - f\left(\frac{Y}{Y_n}\right)\right\} \\ b^* &= 200\left\{f\left(\frac{Y}{Y_n}\right) - f\left(\frac{Z}{Z_n}\right)\right\} \end{aligned} \tag{2.14}$$

다만, 함수 f는 $f(X/X_n)$이며, 다음과 같다(비고).

$$f\left(\frac{X}{X_n}\right)=\left(\frac{X}{X_n}\right)^{\frac{1}{3}},\ \frac{X}{X_n}>0.008856$$
$$f\left(\frac{X}{X_n}\right)=7.787\left(\frac{X}{X_n}\right)+\frac{16}{116},\quad \frac{X}{X_n}\leq 0.008856 \qquad (2.15)$$

함수 $f(Y/Y_n)$, $f(Z/Z_n)$도 동일하게 구한다.

> 비고
> **등가인 L^* 수정식**
> CIE는 식 (2.14)에서 $Y/Y_n \leq 0.008856$ 일 때의 L^*에 대해, 등가인 다음 식을 권고하고 있다.

$$L^* = 116\left\{7.787\left(\frac{Y}{Y_n}\right)+\frac{16}{116}\right\}-16$$
$$= 903.3\left(\frac{Y}{Y_n}\right) \qquad (2.16)$$

CIELAB와 CIELUV 색공간에서, u^*, v^*와 a^*, b^*는 색상과 채도로 이루어 진 색지각의 속성을 나타내고 있고, 색좌표(color coordinates)라고 부른다. 이러한 균등 색공간은 본래, 평균 주광과 그다지 차이가 나지 않는 색도의 시야에 명순응했을 때에 적용할 의도로 만들어진 것이다. 그러나 현실에서는 평균 주광 이외의 광범위한 조명광에 대해서도 적용되고 있으나, 그 타당성에 대해서는 더 많은 실험 결과의 축적이 필요하다.

또한, 일본공업규격(JIS)에서는 상기 2종의 색공간 외에, 아담스 닉커슨(Adams-Nickerson) 색공간과 헌터(Hunter) 색공간도 색차를 구하기 위한 참고로 정하고 있다. 또, 염료 업계에서 넓게 사용되어, 영국 규격 BS 6923에 채용된 CMC(l:c) 색차식도 JIS에서 참고로 정하고 있다(참고 4(2.6)). 이와 같이 몇 개의 균등 색공간이 제안되고 있는 것은 아직도 완전한 균등성이 실현되어 있지 않은 것을 반영하고 있는 것이다. 실제, CIE에서 권고하고 있는 CIELAB와 CIELUV 색공간은 상당한 불 균등성을 가지고 있다. 예를 들면, [그림 2.13]은 양 색공간에 있어서의 맥아담 타원을 나타내는데, 균등성에 대해서는 아직도 불완전한 것으로, 양자의 우열을 정하기는 어렵다. 그리고 그림중의 최명색(最明色, optimal color)은, 물체색 색역의 이론적 한계를 나타내며, 자세한 것은 참고 6(5.6)을 참조 바란다.

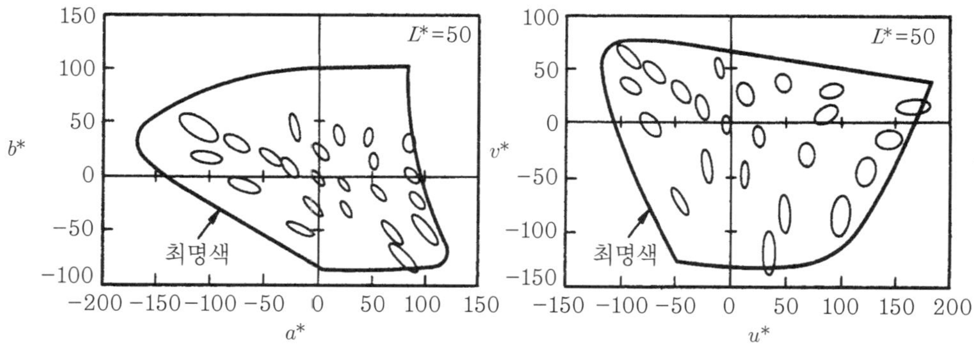

[그림 2.13] CIELAB(좌)와 CIELUV 색공간(우)에 있어서의 맥아담 타원 (Robertson, 1997)

2.7 색차와 심리적 상관량

CIELAB와 CIELUV 색공간에 있어서의 색차 및 심리량에 근사적으로 대응하는 상관량(명도, 채도(chroma), 색상각, 색상차)은 다음과 같이 구한다. 첨자 ab와 uv는 CIELAB와 CIELUV 색공간을 나타낸다.

(1) 색차

CIELAB 색공간에서 2개의 측색값 L_1^*, a_1^*, b_1^*와 L_2^*, a_2^*, b_2^*의 사이의 색차 ΔE_{ab}^*는,

$$\Delta E_{ab}^* = \left\{(\Delta L^*)^2 + (\Delta a^*)^2 + (\Delta b^*)^2\right\}^{\frac{1}{2}} \tag{2.17}$$

로 정한다. 다만,

$$\Delta L^* = L_1^* - L_2^*,\ \ \Delta a^* = a_1^* - a_2^*,\ \Delta b^* = b_1^* - b_2^* \tag{2.18}$$

이다.

또, CIELUV 색공간에서 2개의 측색값 L_1^*, u_1^*, v_1^*와 L_2^*, u_2^*, v_2^* 사이의 색차 ΔE_{uv}^*는,

$$\Delta E_{uv}^* = \{(\Delta L^*)^2 + (\Delta u^*)^2 + (\Delta v^*)^2\}^{\frac{1}{2}} \tag{2.19}$$

로 정한다. 다만,

$$\Delta L^* = L_1^* - L_2^*,\ \Delta u^* = u_1^* - u_2^*,\ \Delta v^* = v_1^* - v_2^* \tag{2.20}$$

이다.

(2) 명도(lightness)

전술(2.6절)과 같이 다음 식에서 정하는 명도 지수 L^*를 이용한다.

$$\begin{aligned} L^* &= 116\left(\frac{Y}{Y_n}\right)^{\frac{1}{3}} - 16 & \frac{Y}{Y_n} &> 0.008856 \\ L^* &= 903.3\left(\frac{Y}{Y_n}\right) & \frac{Y}{Y_n} &\leqq 0.008856 \end{aligned} \tag{2.21}$$

(3) 채도(chroma)

원점과 색좌표 a^*, b^* 또는 u^*, v^*와의 거리로서 다음 식에 따라 채도 C^*를 구한다.

$$\begin{aligned} C_{ab}^* &= \{(a^*)^2 + (b^*)^2\}^{\frac{1}{2}} \\ C_{uv}^* &= \{(u^*)^2 + (v^*)^2\}^{\frac{1}{2}} \end{aligned} \tag{2.22}$$

(4) 색상각

색상각 h는 다음 식에 의해 정해지는데, 예를 들면 $a^* > 0$, $b^* > 0$ 일 때, $0^\circ < h_{ab} < 90^\circ$이 되도록 한다.

$$h_{ab} = \tan^{-1}\left(\frac{b^*}{a^*}\right)$$
$$h_{uv} = \tan^{-1}\left(\frac{v^*}{u^*}\right) \tag{2.23}$$

(5) 색상차

색상차 ΔH는 다음 식에 의해, h가 증가할 때 양(+)의 값이 되도록 정한다.

$$\Delta H_{ab}^* = \left\{(\Delta E_{ab}^*)^2 - (\Delta L^*)^2 - (\Delta C_{ab}^*)^2\right\}^{\frac{1}{2}}$$
$$\Delta H_{uv}^* = \left\{(\Delta E_{uv}^*)^2 - (\Delta L^*)^2 - (\Delta C_{uv}^*)^2\right\}^{\frac{1}{2}} \tag{2.24}$$

또한 CIELUV 색공간에서는, 그 외에 포화도(saturation) s_{uv}를 다음 식으로 정하고 있다.

$$s_{uv} = 13\left\{(u' - u'_n)^2 + (v' - v'_n)^2\right\}^{\frac{1}{2}}$$
$$= \frac{C_{uv}^*}{L^*} \tag{2.25}$$

여기에서는, 색차를 3차원 색공간 안의 단순한 거리로서 구하고 있으나, 이 계산 방법이 색 차이의 심리적 상관량을 구하는데 최적인가 어떤가에 대해서는 아직도 논쟁이 있다는 점에서, 향후의 검토가 필요하다. CIE 방식으로는 색차를

$$\Delta E^* = \left\{(\Delta L^*)^2 + (\Delta C^*)^2 + (\Delta H^*)^2\right\}^{\frac{1}{2}} \tag{2.26}$$

로 구하고 있으나, 여기에서는 ΔL^*, ΔC^*, ΔH^*에 대한 계수가 모두 동일하다. 그러나, 다른 계수 l, c, h를 이용해 색차 ΔE^*를,

$$\Delta E^* = \{l(\Delta L^*)^2 + c(\Delta C^*)^2 + h(\Delta H^*)^2\}^{\frac{1}{2}} \tag{2.27}$$

과 같이 구하면, 심리적인 상관이 향상되는 경우도 있으며, 실제 응용 면에 있어서 검토가 필요하다.

참고 1(2.2) 원색의 변환

임의의 서로 다른 원색간 측색값의 변환은 색재현을 해석할 때 가끔 필요하다. 예로서, RGB 표색계에서 XYZ 표색계로의 변환 방법에 대해 설명한다. 우선, 원색 [X], [Y], [Z]를 RGB 표색계로 표현했을 때의 3 자극치를,

$$\begin{aligned} [\mathrm{X}] &= (R_\mathrm{X} \quad G_\mathrm{X} \quad B_\mathrm{X}) \\ [\mathrm{Y}] &= (R_\mathrm{Y} \quad G_\mathrm{Y} \quad B_\mathrm{Y}) \\ [\mathrm{Z}] &= (R_\mathrm{Z} \quad G_\mathrm{Z} \quad B_\mathrm{Z}) \end{aligned} \tag{2.28}$$

이라고 하면, 식 (2.28)을 등색 식으로 쓰면,

$$\begin{aligned} [\mathrm{X}] &= R_\mathrm{X}[\mathrm{R}] + G_\mathrm{X}[\mathrm{G}] + B_\mathrm{X}[\mathrm{B}] \\ [\mathrm{Y}] &= R_\mathrm{Y}[\mathrm{R}] + G_\mathrm{Y}[\mathrm{G}] + B_\mathrm{Y}[\mathrm{B}] \\ [\mathrm{Z}] &= R_\mathrm{Z}[\mathrm{R}] + G_\mathrm{Z}[\mathrm{G}] + B_\mathrm{Z}[\mathrm{B}] \end{aligned} \tag{2.29}$$

가 된다. 식 (2.29)를 행렬 표시하면,

$$\begin{bmatrix} [\mathrm{X}] \\ [\mathrm{Y}] \\ [\mathrm{Z}] \end{bmatrix} = \begin{bmatrix} R_\mathrm{X} & G_\mathrm{X} & B_\mathrm{X} \\ R_\mathrm{Y} & G_\mathrm{Y} & B_\mathrm{Y} \\ R_\mathrm{Z} & G_\mathrm{Z} & B_\mathrm{Z} \end{bmatrix} \begin{bmatrix} [R] \\ [G] \\ [B] \end{bmatrix} \tag{2.30}$$

이다.

여기서, 원색 [X], [Y], [Z]의 RGB 표색계에서의 3 자극치의 합을 S_X, S_Y, S_Z로 두고, 색도 좌표를 (r_X, g_X, b_X), (r_Y, g_Y, b_Y), (r_Z, g_Z, b_Z)로 하면,

$$\begin{aligned} &R_X = S_X \cdot r_X, \quad G_X = S_X \cdot g_X, \quad B_X = S_X \cdot b_X \\ &R_Y = S_Y \cdot r_Y, \quad G_Y = S_Y \cdot g_Y, \quad B_Y = S_Y \cdot b_Y \\ &R_Z = S_Z \cdot r_Z, \quad G_Z = S_Z \cdot g_Z, \quad B_Z = S_Z \cdot b_Z \end{aligned} \tag{2.31}$$

이다. 행렬 표시하면,

$$\begin{bmatrix} R_X & G_X & B_X \\ R_Y & G_Y & B_Y \\ R_Z & G_Z & B_Z \end{bmatrix} = \begin{bmatrix} S_x & 0 & 0 \\ 0 & S_Y & 0 \\ 0 & 0 & S_Z \end{bmatrix} \begin{bmatrix} r_X & g_X & b_X \\ r_Y & g_Y & b_Y \\ r_Z & g_Z & b_Z \end{bmatrix} \tag{2.32}$$

라고 쓸 수 있다. 따라서, 식 (2.30)은,

$$\begin{bmatrix} [X] \\ [Y] \\ [Z] \end{bmatrix} = \begin{bmatrix} S_x & 0 & 0 \\ 0 & S_Y & 0 \\ 0 & 0 & S_Z \end{bmatrix} \begin{bmatrix} r_X & g_X & b_X \\ r_Y & g_Y & b_Y \\ r_Z & g_Z & b_Z \end{bmatrix} \begin{bmatrix} [R] \\ [G] \\ [B] \end{bmatrix} \tag{2.33}$$

가 된다.

한편, 임의의 색 [F]의 RGB 표색계에서의 3 자극치를 R, G, B로 두고, XYZ 표색계에서의 3 자극치를 X, Y, Z라 하면,

$$\begin{aligned} [F] &= R[R] + G[G] + B[B] \\ &= X[X] + Y[Y] + Z[Z] \end{aligned} \tag{2.34}$$

가 성립한다. 식 (2.34)를 행렬 표시하면,

$$[F] = (R \quad G \quad B) \begin{bmatrix} [R] \\ [G] \\ [B] \end{bmatrix} = (X \quad Y \quad Z) \begin{bmatrix} [X] \\ [Y] \\ [Z] \end{bmatrix} \tag{2.35}$$

가 된다. 식 (2.35)에 식 (2.33)을 대입하면,

$$(R \quad G \quad B) \begin{bmatrix} [R] \\ [G] \\ [B] \end{bmatrix} = (X \quad Y \quad Z) \begin{bmatrix} [X] \\ [Y] \\ [Z] \end{bmatrix}$$

$$= (X \quad Y \quad Z) \begin{bmatrix} S_x & 0 & 0 \\ 0 & S_Y & 0 \\ 0 & 0 & S_Z \end{bmatrix} \begin{bmatrix} r_X & g_X & b_X \\ r_Y & g_Y & b_Y \\ r_Z & g_Z & b_Z \end{bmatrix} \begin{bmatrix} [R] \\ [G] \\ [B] \end{bmatrix} \tag{2.36}$$

가 된다.

여기서,

$$(R \quad G \quad B) = (X \quad Y \quad Z) \begin{bmatrix} S_x & 0 & 0 \\ 0 & S_Y & 0 \\ 0 & 0 & S_Z \end{bmatrix} \begin{bmatrix} r_X & g_X & b_X \\ r_Y & g_Y & b_Y \\ r_Z & g_Z & b_Z \end{bmatrix} \tag{2.37}$$

를 얻을 수 있다. 따라서, *RGB* 표색계에서의 3 자극치 R, G, B는 *XYZ* 표색계에서의 3 자극치 X, Y, Z로,

$$(X \quad Y \quad Z) = (R \quad G \quad B) \begin{bmatrix} r_X & g_X & b_X \\ r_Y & g_Y & b_Y \\ r_Z & g_Z & b_Z \end{bmatrix}^{-1} \begin{bmatrix} S_x & 0 & 0 \\ 0 & S_Y & 0 \\ 0 & 0 & S_Z \end{bmatrix}^{-1} \tag{2.38}$$

과 같이 변환할 수 있다.

참고 2(2.3) 프랑크의 복사 법칙

백열 전구는 텅스텐 필라멘트의 발광을 이용한다. 일반적으로, 금속 등의 불연 물체를 가열하면, 온도가 상승함에 따라 점차 붉게 빛난다. 더욱 가열해 고온이 되면, 물체의 색은 적색에서 황색, 백색으로 변화한다. 이렇게 해서 얻을 수 있는 빛을 흑체 복사라고 부르며, 프랑크는 이 흑체 복사를 이론적으로 해석하여, 절대 온도 T에서 복사되는 빛의 분광 분포 $M_e(\lambda)$는 $\mathrm{W \cdot m^{-3}}$의 단위로,

$$M_e(\lambda) = c_1 \cdot \lambda^{-5} \cdot \left\{ \exp\left(\frac{c_2}{\lambda T} \right) - 1 \right\}^{-1} \tag{2.39}$$

과 같이 나타낼 수 있다는 것을 밝혀냈다. 다만, λ는 파장을 나타내며, c_1, c_2는 정수로,

$$
\begin{aligned}
c_1 &= 2\pi \cdot h \cdot c^2 \\
&= \frac{3}{741832} \times 10^{-16} \quad [\mathrm{W} \cdot \mathrm{m}^2] \\
c_2 &= \frac{h \cdot c}{k} \\
&= 1.438786 \times 10^{-2} \quad [\mathrm{m} \cdot \mathrm{K}]
\end{aligned}
\tag{2.40}
$$

이다. 여기서, h는 프랑크 상수, c는 진공 중의 빛의 속도, k는 볼츠만 상수로,

$$
\begin{aligned}
h &= 6.626196 \times 10^{-34} \quad [\mathrm{J} \cdot \mathrm{s}] \\
c &= 2.9979250 \times 10^{8} \quad \left[\frac{\mathrm{m}}{\mathrm{s}}\right] \\
k &= 1.380622 \times 10^{-23} \quad \left[\frac{\mathrm{J}}{\mathrm{K}}\right]
\end{aligned}
\tag{2.41}
$$

이다. 식 (2.39)를 프랑크의 복사 법칙(Planck's law of radiation)이라고 부르며, 임의의 온도에서의 분광 분포를 절대치($\mathrm{W} \cdot \mathrm{m}^{-3}$)로 구할 수 있으나, 측색값의 계산에서는 대부분의 경우 그 상대치로 충분하다.

참고 3(2.5) uv 색도도

균등 색도도로는, $u'v'$ 색도도보다 이전에는 맥아담(MacAdam)이 제안한 CIE 1960 UCS 색도도(CIE 1960 UCS diagram)를 이용했었다(MacAdam, 1937). 이 색도도에서는 색도 좌표 x, y 또는 3 자극치 X, Y, Z를, 다음 식에 의해 색도 좌표 u, v로 변환한다.

$$
\begin{aligned}
u &= \frac{4x}{-2x+12y+3} \\
&= \frac{4X}{X+15Y+3Z} \\
v &= \frac{6y}{-2x+12y+3} \\
&= \frac{6Y}{X+15Y+3Z}
\end{aligned}
\tag{2.42}
$$

이 색도도는 색도 좌표 u, v를 사용하므로 uv 색도도라고도 부른다. uv 색도도는 1960년에 권고되었지만, 현재는 상관 색온도의 정의나 광원의 연색성 평가에만 이용되며, CIE에서는 권고를 폐지하였다.

참고 4(2.6) 그 외의 균등 색공간

JIS에서는, CIELAB와 CIELUV 색공간에 의한 색차 이외에, 다음과 같은 (1)~(3)의 3종의 색차식도 참고로 받아들이고 있다.

(1) 아담스-닉커슨(Adams-Nickerson)의 색차식

먼셀 표색계의 값(Munsell value)을 기초로 하여 Adams가 1942년에 제안한 좌표계에 근거하는 색차식이다. 그 후, Nickerson이 더욱 개량하여 아담스-닉커슨 (Adams-Nickerson)의 색차식이라고 부르는데, 색차 ΔE_{AN}은 다음 식으로 계산한다.

$$\Delta E_{\mathrm{AN}} = 40\left[(0.23\Delta V_{\mathrm{Y}})^2 + \{\Delta(V_{\mathrm{X}} - V_{\mathrm{Y}})\}^2 + \{0.4\Delta(V_{\mathrm{Z}} - V_{\mathrm{Y}})\}^2\right]^{\frac{1}{2}} \tag{2.43}$$

여기서, ΔV_{Y}와 $\Delta(V_{\mathrm{X}} - V_{\mathrm{Y}})$, $\Delta(V_{\mathrm{Z}} - V_{\mathrm{Y}})$는 두 표면색의 명도 지수 V_{Y}와 색좌표 $(V_{\mathrm{X}} - V_{\mathrm{Y}})$, $(V_{\mathrm{Z}} - V_{\mathrm{Y}})$의 차(差)이다. 그리고 V_{X}, V_{Y}, V_{Z}의 값은 표준광 C에 대해서, 3자극치 X, Y, Z로부터,

$$\begin{aligned}
1.01998\,X &= 1.2219\,V_{\mathrm{X}} - 0.23111\,V_{\mathrm{X}}^2 + 0.23951\,V_{\mathrm{X}}^3 \\
&\quad - 0.021009\,V_{\mathrm{X}}^4 + 0.0008404\,V_{\mathrm{X}}^5 \\
Y &= 1.2219\,V_{\mathrm{Y}} - 0.23111\,V_{\mathrm{Y}}^2 + 0.23951\,V_{\mathrm{Y}}^3 \\
&\quad - 0.021009\,V_{\mathrm{Y}}^4 + 0.0008404\,V_{\mathrm{Y}}^5 \\
0.84672\,Z &= 1.2219\,V_{\mathrm{Z}} - 0.23111\,V_{\mathrm{Z}}^2 + 0.23951\,V_{\mathrm{Z}}^3 \\
&\quad - 0.021009\,V_{\mathrm{Z}}^4 + 0.0008404\,V_{\mathrm{Z}}^5
\end{aligned} \tag{2.44}$$

에 의해 계산한다. 식 (2.43)에서 우변의 계수가 40인 것으로부터, 이 식은 ANLAB 40 색차식이라고도 부르며, ΔE_{AN}을 1.1배 하면 CIELAB 색공간의 색차에 대응한다.

(2) 헌터(Hunter)의 색차식

광전(光電) 색채계로 직독하기에 편리한 것으로 Hunter가 1948년에 제안한 색공간을 이용한 색차식이다. 색차 ΔE_{H}는 다음 식으로 계산한다.

$$\Delta E_{\mathrm{H}} = \{(\Delta L)^2 + (\Delta a)^2 + (\Delta b)^2\}^{\frac{1}{2}} \tag{2.45}$$

여기서, ΔL와 Δa, Δb는 두 표면색의 명도 지수 L과 색좌표 a, b의 차(差)이다. 또한 L, a, b의 값은 표준광 C에 대해서, 다음 식에 따라 구한다.

$$\begin{aligned} L &= 10Y^{\frac{1}{2}} \\ a &= \frac{17.5(1.02X - Y)}{Y^{\frac{1}{2}}} \\ b &= \frac{7.0(Y - 0.847Z)}{Y^{\frac{1}{2}}} \end{aligned} \tag{2.46}$$

여기서 X, Y, Z는 3 자극치이다.

(3) CMC(l:c) 색차식

염료 산업에서 넓게 사용되며, 영국 규격의 BS 6923에 채용되어 있으며, 다음 식에 의해 색차 $\Delta E_{ab}'$를 계산한다.

$$\Delta E_{ab}' = \left\{\left(\frac{\Delta L^*}{l \cdot S_L}\right)^2 + \left(\frac{\Delta C_{ab}^*}{c \cdot S_C}\right)^2 + \left(\frac{\Delta H_{ab}^*}{S_H}\right)^2\right\}^{\frac{1}{2}} \tag{2.47}$$

단지, l, c는 목적에 의해 바뀔 수 있는 계수로, 대부분의 염색물에서는 $l=2$, $c=1$이 적당하다고 여겨지고 있다. 또, S_L, S_C, S_H는 명도차, 채도차, 색상차에 대한 보정 계수로, 다음 식에 의해 구한다.

$$\begin{aligned} S_L &= 0.511 \qquad (L^* \leq 16) \\ S_L &= \frac{0.040975L^*}{1+0.01765L^*} \qquad (L^* > 16) \\ S_C &= \frac{0.0638C_{ab}^*}{1+0.0131C_{ab}^*} + 0.638 \\ S_H &= (F \cdot T + l - F)S_C \end{aligned} \tag{2.48}$$

$$F=\left\{\frac{(C_{ab}^*)^4}{(C_{ab}^*)^4+1900}\right\}^{\frac{1}{2}}$$

$$T=0.56+|0.2\cos(h_{ab}+168)| \quad (164^\circ < h_{ab} < 345^\circ)$$

$$T=0.36+|0.4\cos(h_{ab}+35)| \quad (h_{ab} \leq 164^\circ \text{ 또는 } h_{ab} \geq 345^\circ)$$

단, L^*, C_{ab}^*, 및 h_{ab}는 참조로 하는 시료의 CIELAB 색공간에서의 명도 지수, 채도 및 색상각이다. 또, 참조로 하는 시료가 존재하지 않을 때의 이러한 값은 모든 시료의 평균값으로 한다.

Chapter

3 색의 측정 방법

색의 표시에 사용되는 표색치를 CIE 표색계에 근거하여 측정하는 것을 측색(color measurement)이라고 부르며, 그 계측 기기를 측색계(colorimeter)라고 한다. 또, 측색하여 얻을 수 있는 3 자극치 등의 값을 측색값(colorimetric value)이라고 부른다. 측색의 방법은 그 원리에 따라, 자극치 직독 방법과 분광 측색 방법으로 분류할 수 있다. 그 밖에, 시감에 의해 컬러 매칭을 하여 측색값를 구하는 시감 측색계(visual colorimeter)도 고안 되었으나 교정이 곤란하고, 개인차가 있으며, 시야 휘도가 낮다는 등의 이유로 현재는 사용되지 않고 있다.

3.1 자극치 직독 방법

자극치 직독 방법은 루터 조건(Luther condition)을 만족하는 광전 수광기의 출력으로부터 측색값를 직접 읽는 방법이며, 측정기는 광전 측색계(photoelectric colorimeter)라 한다. 루터 조건이란, 측색계의 종합 분광 특성(수광기의 분광 감도와 분광 감도 보정 필터의 분광 투과율과의 곱)을 CIE 등색 함수 또는 그 1차 결합에 의해 얻을 수 있는 함수에 비례시키는 조건이다. 루터 조건을 만족시키기 위해서는 다음과 같은 방법들이 있다.

(1) 형판(template)에 의한 방법

루터 조건을 충족시키는 분광 특성을 형판을 이용하여 실현하는 방법이다. 우선, 시료로부터 반사된 빛을 프리즘 등의 분광 소자에 통과시켜, 스펙트럼으로 분산한다. 스펙트럼 면에는 X, Y, Z 형판을 둔다. 예를 들면, X 형판은 등 에너지 스펙트럼에 대한 수광기의 분광 응답이 등색 함수 $\bar{x}(\lambda)$와 비례하도록 정한다. 이러한 방법으로 X 형판을 이용하면 3 자극치 X를 측정할 수 있으며, 이와 같이 Y 형판과 Z 형판에 의해 3 자극치 Y와 Z를 측정할 수 있다. 형판 광전 측색계는 복잡하며 고가라서 실제로는 널리 이용되지는 않고 있다.

(2) 광학 필터에 의한 방법

프리즘과 형판 대신에, 광학 필터의 조합에 의해 루터 조건을 만족시키는 방식이다. 광학 필터의 조합이란, 같은 크기의 필터를 직접 겹쳐서 만든 직렬 배치와 크기가 다른 필터를 늘어놓아 조합하는 병렬 배치가 있는데, 병렬 배치가 정밀도 면에서 약간 우수하다. [그림 3.1]은 직렬 배치로 얻을 수 있는 분광 응답의 일례를 나타낸다. 필터 측색계는 구조가 간단하고 저렴해서 현재 폭 넓게 사용되고 있다.

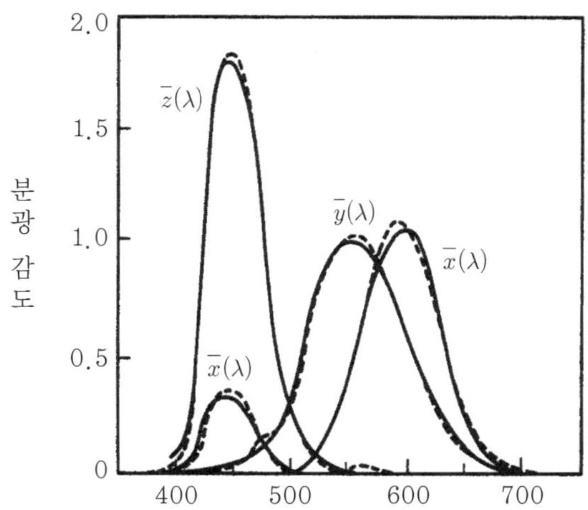

[그림 3.1] CIE 1931 등색 함수(실선)와 광전 측색계의 분광 응답(파선) (Wyszecki & Stiles, 1982)

이러한 방법으로 광전 측색계에 의해 간편하게 3 자극치를 측정할 수 있는데, 일반적으로 계산 기능을 부가시켜, 3 자극치로부터 L^*, a^*, b^*, u^*, v^* 등의 측색값도 함께 구할 수 있는 것이 많다.

3.2 분광 측색 방법

분광 측색 방법은, 시료광의 분광 분포 또는 시료 물체의 분광 반사(투과)율을 측정하고 그 값을 계산하여 측색값를 구하는 방법으로, 측정에는 분광 광도계(spectrophotometer)를 사용한다. 분광 광도계는 단색광을 분리하는 분광기(monochromator)와 수광기로 이루어지는데, [그림 3.2]는 분광 소자로서 프리즘을 이용한 분광기의 원리를 나타내고 있다(참고 1 (3.2)). 입사 슬릿으로부터 나오는 빛을 렌즈로 평행광이 되도록 만든 후 프리즘을 통해 연속된 스펙트럼으로 분광 시킨다. 분광된 빛은 다시 렌즈를 통해 출사 슬릿에 집광 되며, 출사 슬릿의 위치를 조정함으로써 임의의 파장에 대한 단색광을 추출할 수 있다. 이 방식은 한 개의 분광 소자를 사용하므로 단식 분광기라고 부른다.

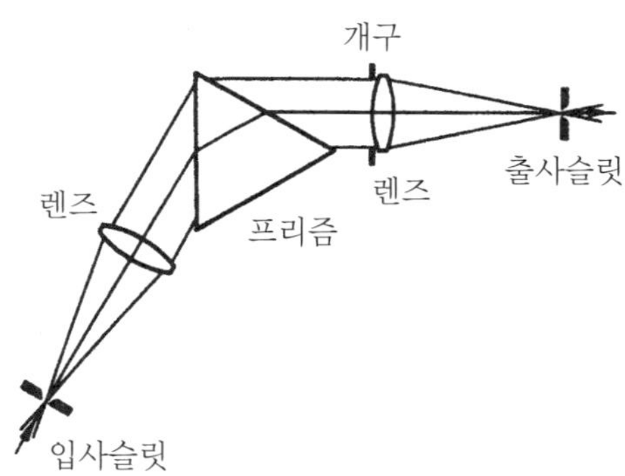

[그림 3.2] 프리즘 분광기의 원리

분광 소자로 프리즘 외에 평면상에 동일 간격으로 다수의 평행선 격자를 만든 회절격자(grating)도 자주 이용된다. 실용화 되어 있는 분광 광도계의 광학계의 경우도 원리는 [그림 3.2]와 같지만, 측정의 용이성과 정밀도를 향상시키기 위해 훨씬 더 복잡한 구성을 하고 있다. 예를 들면, 파장 구동도 완전히 자동화되어 있고, 시료면에서의 재질의 영향을 줄이고, 측정 정밀도를 향상시키기 위해 적분구(integrating sphere)를 이용하고 있다. 적분구는 내부가 비어있는 구의 내벽에 완전 확산에 가까운 백색 도료를 도포한 것으로, 다양한 방향으로 반사된 빛을 모으기 위해서 사용된다. 또, 분광기내의 불규칙 반사광을 없애고, 분광의 정밀도를 높이기 위해 2개의 분광 소자를 사용하는 경우도 있는데, 이러한 방식을 복식 분광기라고 부른다.

3.3 측정의 기하학적 조건

예를 들어 광택이 있는 색종이를 보는 각도를 바꿔가며 관찰했을 때, 그 색이 변화하는 것을 알 수 있다. 이와 같이, 물체의 반사율은 입사광의 각도와 관찰하는 각도에 의존한다. 또, 투과율도 반사율 정도는 아니지만, 어느 정도의 의존성을 가지는것으로 볼 수 있다. 같은 물체의 반사율 또는 투과율을 측정했을 때 동일한 결과를 얻을 수 있으며, 서로 비교하기 쉽도록 CIE는 측정의 기하학적 조건을 다음과 같이 정하고 있다.

우선, 반사 물체의 측정 방법으로 측정의 기하학적 조건을 다음의 (1)~(4)의 어느 하나의 방법으로 측정한다.

(1) 45°/수직(45/0)

시료면을 45°의 방향에서 조명하고, 법선 방향에서 수광 한다.

(2) 수직/45°(0/45)

시료면을 법선 방향에서 조명하고, 45°의 방향에서 수광 한다.

(3) 확산/수직(d/0)

시료면을 적분구로 확산 조명하고, 시료면의 법선 방향에서 수광 한다.

(4) 수직/확산(0/d)

시료면을 법선 방향으로부터 조명하고, 적분구로 수광 한다.

[그림 3.3]은 이러한 기하학적 조건을 모식적으로 나타내고 있다. 상기의 조건 (3), (4)에서는 시료에 정반사 성분을 제거하기 위해 적분구에 흑색의 광 트랩을 설치하는 경우가 많다.

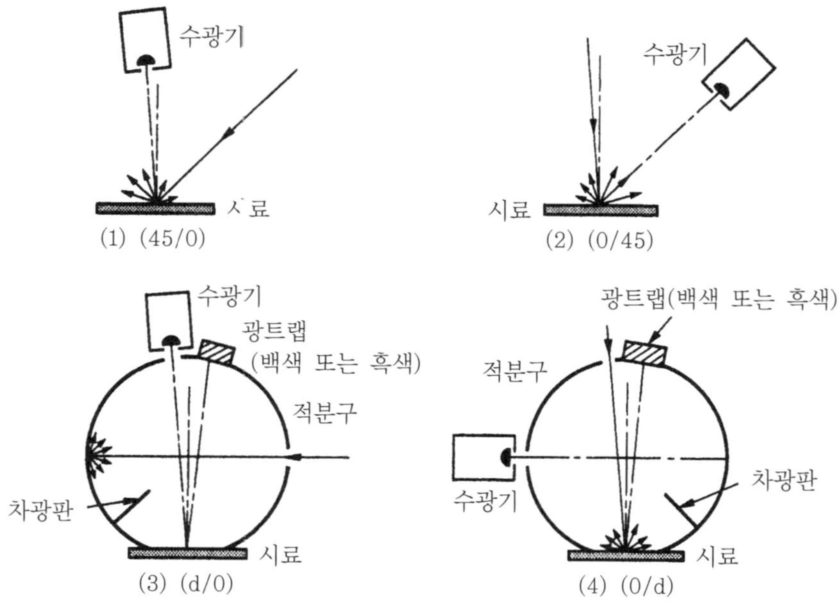

[그림 3.3] 반사율 측정의 기하학적 조건

또한, 반사 측정의 비교 표준으로는 반사율이 1.0인 이상적인 완전 확산 반사면을 사용한다(비고).

> **비고**
>
> **반사 측정의 비교 표준**
>
> 반사의 표준으로, 이전에는 백색의 연착(煙着) 산화 마그네슘(MgO)을 사용했었으나, 1969년 1월 1일부터 반사율 1.0의 이상적인 완전 확산 반사면으로 바뀌었다. 따라서 이전의 측정치는 MgO의 절대 반사율로 보정할 필요가 있다. 또, 반사율 1.0인 완전 확산 반사면이 현실적으로 존재하지 않기 때문에, 실제의 측정에는 내구성이 있는 백색의 비교 표준을 완전 확산 반사면으로 교정하여 사용하고 있다.

그리고 반사(투과)율의 용어는, 엄밀하게는 수광각 φ의 크기에 따라 나누어 사용한다. 즉, φ를 0에 접근시키면 복사 휘도율(radiance factor)을, 적분구를 이용해 반구 전체에 대응하는 $\varphi=2\pi$ 스테라디안으로 하면 반사율(reflectance)을, 그 중간의 일정한 φ로 측정하면 입체각 반사율(reflectance factor)을 측정할 수 있다. 또, 이러한 값을 파장의 함수로 생각할 때는, 「분광」 또는 「스펙트럼」이란 접두어를 붙인다. 따라서, 분광 입체각 반사율(spectral reflectance factor)은 상기의 조건

(1)~(3)의 어느 하나로 측정할 수 있으며, 분광 반사율(spectral reflectance)은 조건 (4)에 의해 측정할 수 있다.

다음은 투과 물체의 측정 방법으로, 분광 입체각 투과율(spectral transmittance factor)은 조건 (1)로, 분광 투과율(spectral transmittance)은 조건 (2), (3) 중의 하나의 방법으로 측정할 수 있다.

(1) 수직/수직(0/0)

시료면을 법선 방향에서 조명하고, 그 투과광의 방향에서 수광 한다.

(2) 수직/확산(0/d)

시료면을 법선 방향에서 조명하고, 모든 방향으로 투과하는 빛을 적분구로 수광 한다.

(3) 확산/확산(d/d)

시료를 적분구로 확산 조명하고, 투과하는 빛을 제2의 적분구로 수광 한다.

그리고 본서에서는 특별한 경우를 제외하고, 복사 휘도율, 입체각 반사(투과)율 및 반사(투과)율을 구별하지 않고 모두 반사(투과)율이라 한다.

3.4 측색값의 계산 방법

측정한 분광 반사(투과)율로부터 3 자극치 X, Y, Z를 구하려면, 2.2절의 식 (2.5)을 사용한다. 연산의 의미는, 조명광의 분광 분포를 $P(\lambda)$, 시료의 분광 반사율을 $R(\lambda)$로 두었을 때, 예를 들어 3 자극치 X의 적분 계산에서는 3개의 함수의 곱 $P(\lambda) \cdot R(\lambda) \cdot \bar{x}(\lambda)$와 파장 축으로 둘러싸인 면적을 구하는 것에 해당된다. 자극치 직독 방법의 경우, 아날로그 방식으로 면적을 구하는 한편, 분광 측색 방법에서는 적분 계산을 디지털 방식으로 적산한다.

다음은, 분광 측색 방법에 의한 측색값를 계산한 예를 나타낸다(Ohta, 1993). 주위에서 흔히 볼 수 있는 두 종류의 일본 국기를 사용하여 일본 국기에 있는 빨간색을 측정해보자. 또, 식 (2.5)를 근사하는 곱셈의 파장 범위는 380~780 nm로, 파장 간격을

$\Delta\lambda=5$ nm로 하였다. 일반적으로, $P(\lambda)$와 $R(\lambda)$는 연속적으로 변화하는 함수인 경우가 많기 때문에, 이 정도의 파장 범위와 파장 간격으로 충분하나, $P(\lambda)$ 또는 $R(\lambda)$의 값의 변화가 심할 때나 보다 높은 정밀도를 필요로 할 때는 이것보다 넓은 파장 범위와 좁은 파장 간격을 사용한다. 또, 계산에는 표준광 D_{65}와 XYZ 표색계를 사용한다.

(1) 3 자극치와 색도 좌표

두 종류의 일본 국기의 빨간색의 분광 반사율을 $R_1(\lambda)$, $R_2(\lambda)$로 한다. 수직/확산(0/d)의 기하학적 조건에 의해, $R_1(\lambda)$, $R_2(\lambda)$를 측정한 결과를 [그림 3.4]와 〈표 3.1〉에 나타냈다. 이하, 두 종류의 일본 국기에 대한 측색값은 1과 2의 첨자로 구별했다. 우선, 식 (2.5)를 곱셈으로 근사 시켜, 3 자극치를 계산한다. 곱셈의 파장 간격 $\Delta\lambda$는 분자, 분모에 공통이므로 여기에서는 생략한다. 그러면, 예를 들어 $\lambda=380$ nm에서의 분광 반사율을 $R(380)$과 같이 쓰면, 〈표 3.1〉 및 부표 1, 2를 참조하여, 일본 국기 1에 대하여,

$$\begin{aligned}\Sigma R_1(\lambda)\cdot P(\lambda)\cdot \bar{x}(\lambda) &= R_1(380)\cdot P(380)\cdot \bar{x}(380)\\ &+ R_1(385)\cdot P(385)\cdot \bar{x}(385)\\ &+ \qquad \cdots\cdots\\ &+ R_1(780)\cdot P(780)\cdot \bar{x}(780)\end{aligned}$$

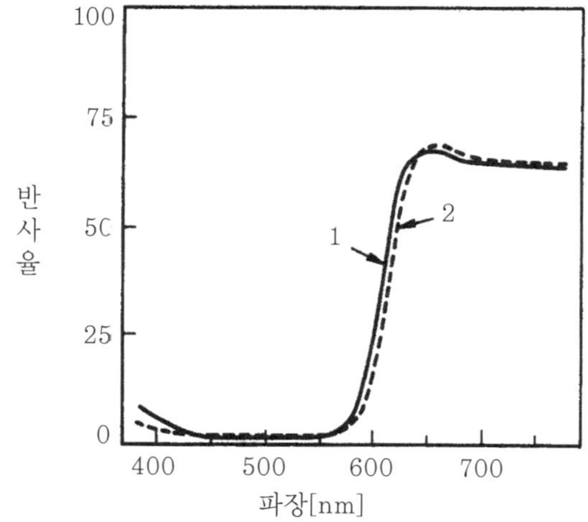

[그림 3.4] 일본 국기 1(실선)과 2(파선)의 분광 반사율 (Ohta, 1993)

〈표 3.1〉

파장 [nm]	반사율		파장 [nm]	반사율		파장 [nm]	반사율	
	1	2		1	2		1	2
380	0.0895	0.0500	515	0.0129	0.0189	650	0.6757	0.6811
385	0.0833	0.0446	520	0.0129	0.0194	655	0.6770	0.6867
390	0.0768	0.0401	525	0.0130	0.0200	660	0.6753	0.6875
395	0.0684	0.0357	530	0.0133	0.0208	665	0.6713	0.6854
400	0.0594	0.0320	535	0.0138	0.0214	670	0.6648	0.6802
405	0.0517	0.0293	540	0.0144	0.0219	675	0.6601	0.6745
410	0.0441	0.0268	545	0.0153	0.0223	680	0.6559	0.6690
415	0.0377	0.0250	550	0.0163	0.0226	685	0.6526	0.6643
420	0.0323	0.0236	555	0.0180	0.0235	690	0.6518	0.6621
425	0.0278	0.0222	560	0.0208	0.0251	695	0.6509	0.6601
430	0.0243	0.0213	565	0.0251	0.0276	700	0.6480	0.6559
435	0.0215	0.0205	570	0.0330	0.0323	705	0.6473	0.6533
440	0.0193	0.0199	575	0.0443	0.0391	710	0.6474	0.6521
445	0.0178	0.0194	580	0.0637	0.0506	715	0.6464	0.6516
450	0.0165	0.0190	585	0.0904	0.0665	720	0.6459	0.6512
455	0.0155	0.0187	590	0.1326	0.0923	725	0.6442	0.6491
460	0.0148	0.0185	595	0.1834	0.1256	730	0.6428	0.6474
465	0.0141	0.0183	600	0.2461	0.1700	735	0.6422	0.6466
470	0.0137	0.0182	605	0.3255	0.2324	740	0.6428	0.6461
475	0.0135	0.0182	610	0.4093	0.3075	745	0.6432	0.6472
480	0.0131	0.0181	615	0.4822	0.3827	750	0.6412	0.6473
485	0.0130	0.0180	620	0.5449	0.4580	755	0.6394	0.6461
490	0.0129	0.0180	625	0.5934	0.5260	760	0.6390	0.6466
495	0.0128	0.0181	630	0.6273	0.5819	765	0.6396	0.6473
500	0.0128	0.0182	635	0.6495	0.6240	770	0.6401	0.6486
505	0.0128	0.0183	640	0.6637	0.6529	775	0.6404	0.6488
510	0.0129	0.0185	645	0.6717	0.6705	780	0.6409	0.6493

$$\begin{aligned} &= 0.0895 \times 49.98 \times 0.0014 \\ &\quad + 0.0833 \times 52.31 \times 0.0022 \\ &\quad + \cdots\cdots \\ &\quad + 0.6409 \times 63.38 \times 0.001 \\ &= 438.93 \end{aligned} \tag{3.1}$$

과 같이 계산된다. 같은 방법으로

$$\Sigma R_1(\lambda) \cdot P(\lambda) \cdot \bar{y}(\lambda) = 226.54$$
$$\Sigma R_1(\lambda) \cdot P(\lambda) \cdot \bar{z}(\lambda) = 41.63 \tag{3.2}$$

을 얻을 수 있다. 또,

$$\Sigma P(\lambda) \cdot \bar{y}(\lambda) = 2113.28 \tag{3.3}$$

이므로, 식 (2.5), (2.6), (2.7)로부터,

$$X_1 = 20.77, \quad Y_1 = 10.72, \quad Z_1 = 1.97$$
$$x_1 = 0.6207, \quad y_1 = 0.3204 \tag{3.4}$$
$$u_1{}' = 0.4431, \quad v_1{}' = 0.5146$$

이 되고, 일본 국기 2에 대해서도 동일하게 계산하면,

$$X_2 = 18.02, \quad Y_2 = 9.50, \quad Z_2 = 2.13$$
$$x_2 = 0.6078, \quad y_2 = 0.3204 \tag{3.5}$$
$$u_2{}' = 0.4318, \quad v_2{}' = 0.5123$$

이 된다. [그림 3.5]는, xy 색도도로, 일본 국기 1, 2의 색도 좌표 x, y를 나타내고 있다. 여기서 양쪽 모두 빨간색에 가까운 주황색의 영역에 위치하고 있으나, 색도의 차이가 상당히 있는 것을 알 수 있다.

(2) 주파장과 자극 순도

[그림 3.5]로부터 일본 국기 1과 2의 주파장 $\lambda_d(1)$, $\lambda_d(2)$와 자극 순도 $p_e(1)$, $p_e(2)$를 알 수 있다. 표준광 D_{65}의 색도 좌표는 (0.313, 0.324)이므로, 이것과 일본 국기의 색도 좌표를 연결한 직선과 스펙트럼 궤적의 교점을 구하면

$$\begin{aligned} \lambda_d(1) &= 615\text{nm}, \quad p_e(1) = 83.7 \\ \lambda_d(2) &= 615\text{nm}, \quad p_e(2) = 80.2 \end{aligned} \tag{3.6}$$

가 된다. 따라서, 일본 국기 1, 2의 빨간색의 주파장은 동일하지만, 자극 순도(적색의 선명도)는 일본 국기 1이 약간 높다는 것을 알 수 있다.

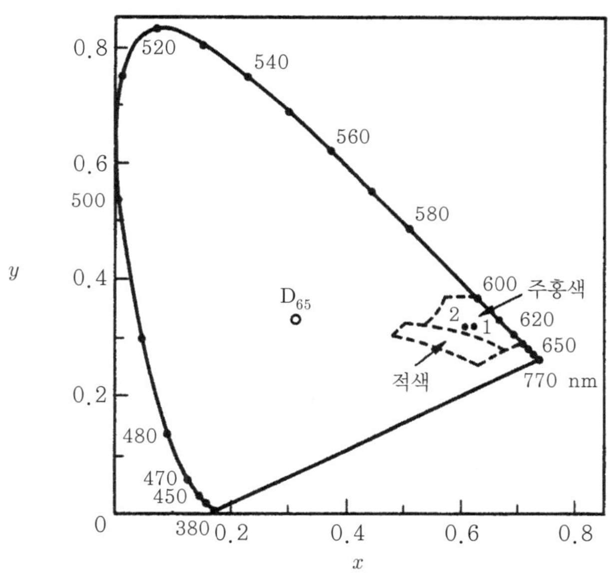

[그림 3.5] 일본 국기 1과 2의 색도 좌표 (Ohta, 1993)

이상으로 계산 방법을 상세하게 설명하였으나, 이러한 계산 과정은 현재 측색계를 이용함에 따라 자극치 직독 방법은 물론, 분광 측색 방법의 계산을 컴퓨터로 처리하여 단시간에 모든 측색값를 얻을 수 있다.

3.5 균등 색공간에서의 측색값

표준광 D_{65}의 3 자극치 X_n, Y_n, Z_n과 색도 좌표 u_n', v_n'는, $Y_n = 100.00$으로 했을 때

$$\begin{aligned} &X_n = 95.04, \quad Y_n = 100.00, \quad Z_n = 108.89 \\ &u_n' = 0.1978, \quad v_n' = 0.4683 \end{aligned} \tag{3.7}$$

이므로, 균등 색공간에서의 측색값는 다음과 같다. 자세한 계산은 생략하고, 결과만 나타낸다.

(1) 측색값와 색차

$$\begin{aligned} &L_1^* = 39.10, \quad a_1^* = 63.65, \quad b_1^* = 42.50 \\ &\qquad\qquad\qquad u_1^* = 124.69, \quad v_1^* = 23.53 \\ &L_2^* = 36.93, \quad a_2^* = 59.10, \quad b_2^* = 37.37 \\ &\qquad\qquad\qquad u_2^* = 112.34, \quad v_2^* = 21.12 \end{aligned} \tag{3.8}$$

가 된다. 따라서, 일본 국기 1과 2의 빨간색 간의 색차 ΔE_{ab}^*, ΔE_{uv}^*는,

$$\Delta E_{ab}^* = 7.19, \quad \Delta E_{uv}^* = 12.77 \tag{3.9}$$

이 된다.

(2) 심리적 상관량

대응하는 심리적 상관량으로서 명도는 L^*를 사용하지만, 채도는

$$C_{ab}^*(1)=76.53, \quad C_{uv}^*(1)=126.89$$
$$C_{ab}^*(2)=69.92, \quad C_{uv}^*(2)=114.31 \tag{3.10}$$

이 되어, 색상각은

$$h_{ab}(1)=33.73^\circ, \quad h_{uv}(1)=10.69^\circ$$
$$h_{ab}(2)=32.31^\circ, \quad h_{uv}(2)=10.65^\circ \tag{3.11}$$

가 된다. 또, 색상차는

$$\Delta H_{ab}^*=1.82, \quad \Delta H_{uv}^*=0.33 \tag{3.12}$$

이 된다. 포화도는 CIELUV 색공간에서만 정의되어 있으며

$$s_{uv}(1)=3.2452, \quad s_{uv}(2)=3.0953 \tag{3.13}$$

이 된다.

이러한 심리적 상관량은 3 자극치나 색도 좌표보다 색의 현시(컬러 어피어런스)에 보다 잘 대응한다고 할 수 있다.

색차는 ΔE가 1.0이면 대략 식별 가능하기 때문에, $\Delta E_{ab}^*=7.19$는 상당히 큰 색차라고 할 수 있다. 따라서, 같은 일본 국기의 빨간색이라고 해도 큰 차이를 갖는다. 그리고 CIELUV와 CIELAB 색공간에서의 색차는 같은 값이 아니므로 주의를 요한다.

3.6 광학 농도의 종류와 측정 방법

앞 절까지 측색값의 측정 방법에 대해서 설명하였는데, 컬러 사진이나 인쇄에서는 측색값를 그대로 이용하는 것이 아니라 그 대수 값을 이용하는 경우가 많다. 이것은 심리적인 응답이 물리적인 값(광량이나 투과율 등)에 상관하는 것이 아니라, 베버·페히너(Weber-Fechner)의 법칙(참고 2(3.6))이 가리키는 것처럼, 물리적인 값의 대수에 상관한다. 이 개념을 더욱 발전시켜, 광전(光電) 수광기의 종합 분광 특성을 의도적으로 루터 조건으로부터 벗어나게 하여, 시료의 광학적 특성을 보다 효과적으로 측정하는 경우도 있다.

예를 들면, 투과 물체에 빛이 입사했을 경우, 입사 광량을 I_0로, 출사 광량을 I로 두면, 투과율 T는

$$T = \frac{I}{I_0} \tag{3.14}$$

로 정하며, 그 대수값

$$\begin{aligned} D &= -\log\frac{I}{I_0} \\ &= -\log(T) \end{aligned} \tag{3.15}$$

는 광학 농도(optical density)라고 한다. 광학 농도는, 투과 물체에 대해서는 투과 농도(transmission density)라고 부르며, 반사 물체에 대해서는 반사 농도(reflection density)라고 부른다. 또한, 광학 농도를 측정하는 장치를 농도계(densitometer)라 한다.

사진에서는 피사체의 명암이 사진 화상의 농담(濃淡)으로 재현되는데, 양자의 관계를 색조 재현(tone reproduction)이라고 부른다. [그림 3.6]은 흑백 사진에서의 색조 재현의 일례를 나타낸다. 가로축은 노광량 E의 대수 $\log E$, 세로축은 화상의 투과율(A) 혹은 투과 농도(B)를 나타낸다. 곡선 A(투과율)는 저(低)노광부에 한해서 급

격한 변화가 있으며, 다른 부분에서의 변화는 지극히 완만하다. 이것은 흑백 사진에서 노광량의 변화가 풍부한 색조 재현을 실현하기에는 충실히 반영되지 못하고 있다.

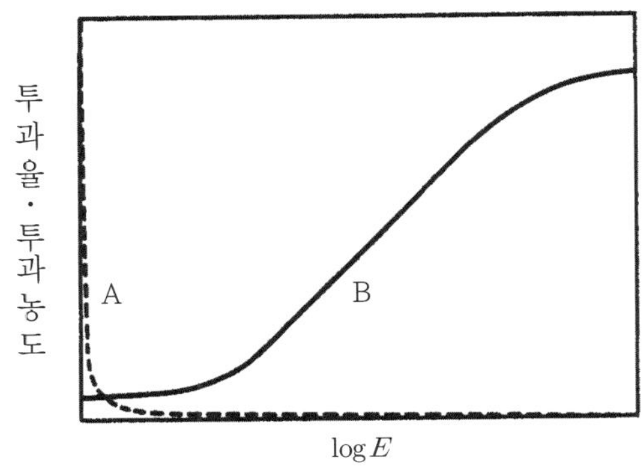

[그림 3.6] 흑백 사진에 있어서 대수 노광량 $\log E$와 투과율(A)·투과농도(B)의 관계

한편, 곡선 B(투과 농도)는 노광 영역 전체에 걸쳐 적절한 변화를 보이며, 흑백 사진의 풍부한 색조 재현과 잘 대응하고 있어, 투과율이 아니라 농도를 이용하는 것이 유용하다고 말할 수 있다. 이와 같이 가로축에 대수 노광량을, 세로축에 농도를 표시한 색조 재현 곡선을 특성 곡선(characteristic curve) 또는 $D-\log E$ 곡선이라고 부른다. 또, 특성 곡선은 제안자 Hurter와 Driffield의 이름을 따서, HD 곡선이라고 부르는데, 흑백 혹은 컬러 사진의 기본적인 특성을 나타낸다. 이어서 컬러 사진을 중심으로 농도의 종류와 측정 방법을 설명하도록 한다.

우선, 농도 측정 광학계의 경우, 기본적으로는 3.2절에서 설명한 것과 같다. 반사 농도의 측정은 4 종류의 기하학적 조건이 있을 수 있으나, 보통 45/0 혹은 0/45의 조건을 사용한다. 또, 투과 농도의 측정은 3 종류의 측정 조건이 있으나, 보통 0/d의 조건을 사용한다. 이 조건으로 측정한 투과 농도는, 확산 투과 농도(diffuse transmission density)라 한다. 다른 2 종류의 조건을 사용하는 경우도 있는데, 0/0의 조건으로 측정한 투과 농도는 평행 광속만을 측정하므로 평행 투과 농도(specular transmission density)라 하며, d/d의 조건으로 측정한 투과 농도는 중 확산 투과 농도(doubly diffuse transmission density)라고 한다.

그리고 예를 들어 확산 투과 농도의 측정에서는, 0/d 대신에 d/0도 가능한데 대체로 동일한 측정치를 얻을 수 있다. 이와 같이 용어만으로는 자세한 측정 조건을 규정할 수 없기 때문에, 정밀함을 필요로 하는 경우는 농도 D를 함수로 표시하여,

$$D = D_{\mathrm{T}}(G\,;\,S:g\,;\,s) \tag{3.16}$$

와 같이 표시한다. 여기서, 첨자 T는 투과 농도를 나타내며, 반사 농도는 첨자 R을 사용한다. 또한, G, g는 입사광과 출사광의 기하학적 조건을 나타내며, S는 입사광의 분광 분포, s는 수광기의 분광 감도를 나타낸다. 예를 들어 $D_{\mathrm{T}}(90°\,;\,2856\mathrm{K}:\leq 10°\,;\,\mathrm{V})$이면, 입사광은 완전 확산의 흑체 복사광으로 색온도 2856K, 투과광은 법선 방향에서 10°이내의 반화각(半畵角)을 가진 원추 내에서 측정하며, 수광기의 분광 감도는 분광 시감 효율의 조건에서의 투과 농도인 것을 나타낸다.

다음은 측정 분광 조건으로, 투과 물체의 농도 D는 수광기의 분광 감도를 $S(\lambda)$로 두고

$$D = -\log\frac{\int_{\mathrm{ps}} T(\lambda)\cdot P(\lambda)\cdot S(\lambda)d\lambda}{\int_{\mathrm{ps}} P(\lambda)\cdot S(\lambda)d\lambda} \tag{3.17}$$

로 정해진다. 다만, 적분 $\left(\int_{\mathrm{ps}}\right)$은 $S(\lambda)>0$ 영역으로 한다. 또, $T(\lambda)$는 분광 투과율이며 반사 물체의 경우는 분광 반사율을 사용한다. 그러면 $S(\lambda)$에 무엇을 사용하느냐에 따라 다양한 농도를 측정할 수 있다. 예를 들면, $S(\lambda)=\bar{y}(\lambda)$라고 두면, 시각적 밝기를 나타내게 되어, 이것을 시각 농도(visual density) D_{v}라 한다. 시각 농도 D_{v}는, 작은 값일수록 밝지만, [그림 3.7]에 나타내는 것처럼 명도 지수 L^*와 대략 상관한다.

또, $S(\lambda)$로 촬영용 및 프린트용 사진의 분광 감도를 사용했을 때의 농도를 각각 노광 농도(exposure density) 및 인화 농도(printing density)라 하며, 색재현성 해석 등에 이용된다. 측색치와 같이, $S(\lambda)$에 등색 함수 $\bar{x}(\lambda)$, $\bar{y}(\lambda)$, $\bar{z}(\lambda)$를 사용했을 때의 농도를 측색 농도(colorimetric density)라고 부르나 지금은 그다지 사용되지 않고 있다.

일반적으로 농도계는 광학 필터의 조합으로 화상의 분광 특성을 고려한 $S(\lambda)$를 갖추고 있어, 화상의 적색(R)·녹색(G)·청색(B) 영역의 농도를 측정한다.

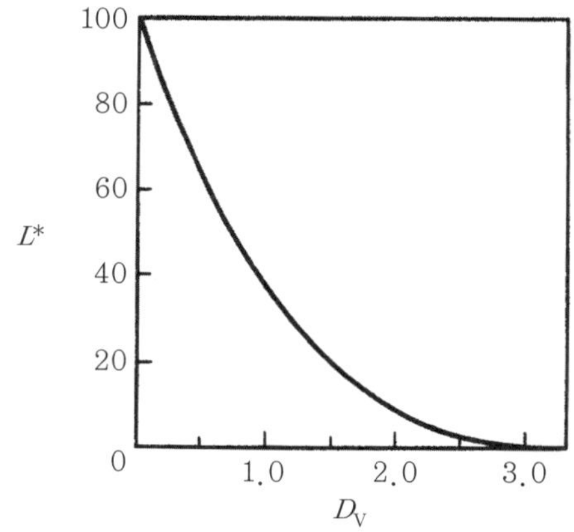

[그림 3.7] 시각 농도 D_V와 명도 지수 L^*의 관계

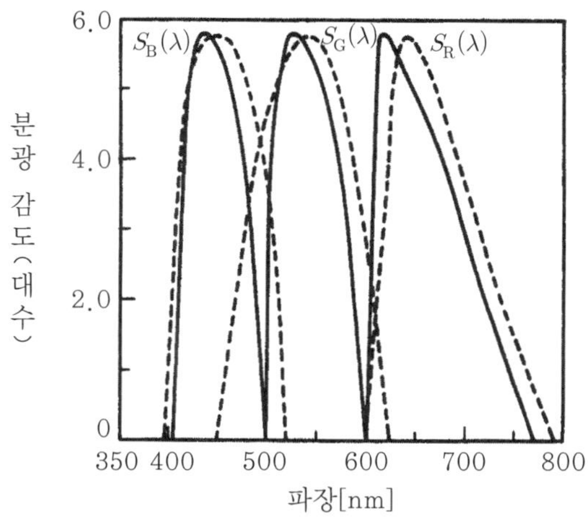

[그림 3.8] Status A(실선)와 Status M(파선)의 분광 응답

이와 같은 농도를 삼색 농도(tri-color density)라고 부른다. 분광 감도 $S(\lambda)$로는 보통 [그림 3.8]에 나타내는 Status A와 M을 이용한다(ISO, 1984). Status A는 직접 관찰하는 컬러 필름이나 컬러 프린트의 R, G, B 농도의 측정에 사용되며, Status M은 컬러 네거티브 필름과 같이, 인화용 컬러 사진의 농도 측정에 사용된다.

농도계는 다양한 유형이 시판되고 있는데, 이들은 시각 농도계(visual densitometer)와 광전 농도계(photoelectric densitometer)로 분류할 수 있다. 시각 농도계는, 광원으로부터의 빛을 적분구에 의해 완전 확산광으로 하여 시료에 입사 시켜, 그 투과광과 별개의 참조광과의 강도가 일치되도록 광원과 적분구와의 거리 d를 조절하게 된다. 농도와 d의 관계를 사전에 구해 두면 그 때의 d값으로부터 농도를 구할 수 있다. 또한,

광전 농도계는 여러 방식이 있는데, 예로 [그림 3.9]에 나타내는 방식에서는 시료를 통과한 투과광과 동일 광원으로부터 조리개를 통해 얻을 수 있는 참조광과의 강도가 일치하도록 조리개 크기 d를 조절할 수 있도록 한다. 시감 농도계의 경우와 같이, 농도 값과 d의 관계를 사전에 구해 두면 그 때의 d 값으로부터 농도를 구한다.

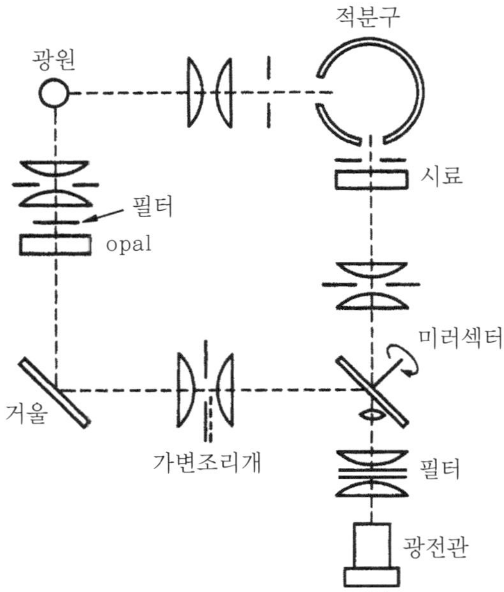

[그림 3.9] 광전 농도계의 광학계

이러한 2종의 농도계 중에서, 재현성 등의 이유로 현재는 주로 광전 농도계가 사용되고 있다. 다음은 광전 농도계에 의한 측정 예이다. [그림 3.10]은 컬러 사진(컬러 반전 필름)에서 사용되고 있는 마젠타(magenta) 색소의 분광 특성을 나타내는데, 광전 농도계로 농도를 측정하면, 시각 농도 $D_v = 0.46$, Status A농도 $D_R = 0.17$, $D_G = 0.85$, $D_B = 0.22$의 값을 얻을 수 있다.

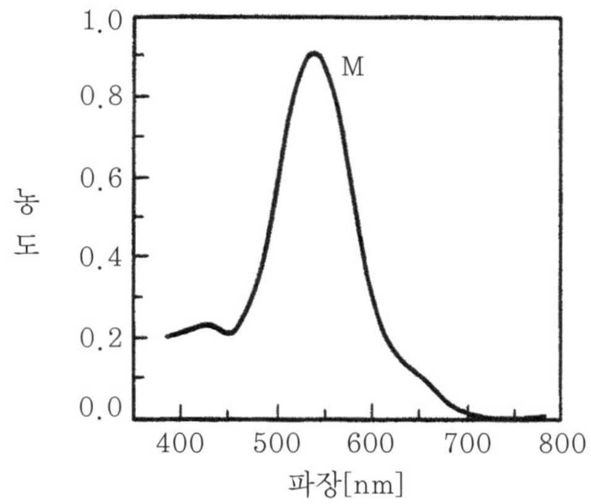

[그림 3.10] 마젠타 색소의 분광 농도

다른 광학 농도로서는, 3 색소에 의한 감법 혼색의 정밀한 해석과 표준화를 위해, 단색광에서 농도 측정을 실시하는 경우도 있다. 이때의 농도를 단색 농도(monochromatic density) 혹은 분광 농도(spectral density)라고 한다. 단색 농도의 측정은 보통 수은의 휘선인 435.8 nm(청색)와 546.1 nm(녹색) 및 카드뮴의 휘선인 643.8 nm(적색)로 행하며, 그 때의 농도를 D_{436}, D_{546}, D_{644}와 같이 나타낸다. 그리고 단색 농도의 실제 측정에서는 휘선(輝線)을 이용하면 광량 부족 등의 문제점이 많기 때문에, 투과광의 파장 반치폭이 좁은 간섭 필터를 이용하고 이때의 농도를 협대역 농도(narrow-band density)라 한다.

3.7 적분 농도와 해석 농도

앞 절(3.6절)에서의 농도는, 모두 복수의 색소가 겹쳐 감법 혼색한 결과를 측정한 것이다. 예를 들면, 컬러 사진에서는 시안(C), 마젠타(M), 옐로우(Y)의 3 색소가 겹쳐 측정된다. 이와 같은 농도를 적분 농도(integral density)라고 부르는데, 성분 색소의 양을 올바르게 나타내지 못하고 있다. 이것은, 현실의 C, M, Y의 흡수 파형이 이상적이지 않기 때문이다. 예를 들면, 현실의 C는 R 빛을 주로 흡수하며 이것을 주흡수(main absorption)라고 부른다. 그러나 주흡수 이외에 본래는 불필요한 부흡수(secondary absorption)가 있어 G, B의 빛도 흡수해 버린다. C, M, Y를 각각으로 분리했다고 가정했을 때, 이때의 주흡수의 농도를 해석 농도(analytical density)라고 부른다.

적분 농도와 해석 농도의 관계를 [그림 3.11]에 나타냈다. 그림은 3000K의 흑체 복사광 조건 하에서, 시각 농도 $D_V = 1.00$을 가진 컬러 필름의 회색(N)에 대한 분광 농도를, 연속 파장으로 측정한 분광 농도 곡선(spectral density curve)을 나타내고 있다. 여기서, 3개의 파장 $\lambda = 445$, 535, 660 nm에 대한 분광 농도를, 〈표 3.2〉와 같이 구할 수가 있다. 예를 들어 $\lambda = 445$ nm에서 Y, M, C의 농도는 0.66, 0.24, 0.16이며, 이것들을 겹쳐 얻을 수 있는 적분 농도는 $0.66 + 0.24 + 0.16 = 1.06$이 된다.

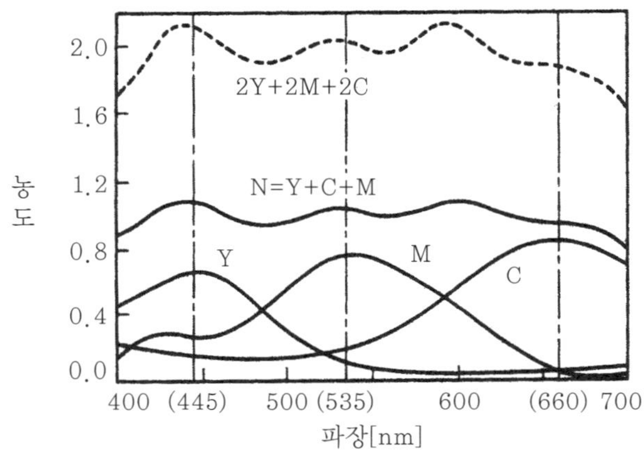

[그림 3.11] 시안 색소(C) · 마젠타 색소(M) · 옐로우 색소(Y)와 그레이(N)의 분광 농도

〈표 3.2〉 시안 색소(C), 마젠타 색소(M), 옐로우 색소(Y)와 그레이(N)의 3개 파장에 있어서의 색소별 분광 농도

파장[nm]	N	Y	M	C
445	1.06	0.66	0.24	0.16
535	1.02	0.09	0.76	0.17
660	0.93	0.04	0.05	0.84

일반화한 식으로 나타내면, 예를 들어 R의 적분 농도 D_R은 C, M, Y의 R농도의 합이며,

$$D_{\mathrm{R}} = a_{11}D_{\mathrm{C}} + a_{12}D_{\mathrm{M}} + a_{13}D_{\mathrm{Y}} \tag{3.18}$$

라고 쓸 수 있다. 단, D_{C}, D_{M}, D_{Y}는 C, M, Y의 해석 농도이며, a_{11}, a_{12}, a_{13}는 정수로 $a_{11}=1.00$이며, a_{12}, a_{13}는 M, Y의 R농도에의 기여 분량을 나타낸다(참고 3(3.7)). 동일한 표현으로 G농도 D_{G} 및 B농도 D_{B}에 대해서도 얻을 수 있으므로 이를 정리해 행렬 표시하면,

$$\begin{bmatrix} D_{\mathrm{R}} \\ D_{\mathrm{G}} \\ D_{\mathrm{B}} \end{bmatrix} = \begin{bmatrix} a_{11} & a_{12} & a_{13} \\ a_{21} & a_{22} & a_{23} \\ a_{31} & a_{32} & a_{33} \end{bmatrix} \begin{bmatrix} D_{\mathrm{C}} \\ D_{\mathrm{M}} \\ D_{\mathrm{Y}} \end{bmatrix} \tag{3.19}$$

가 되어, 해석 농도로부터 적분 농도를 계산할 수가 있다. 여기서, $a_{11} = a_{22} = a_{33} = 1.00$이다.

따라서 해석 농도는 식 (3.19)의 양변에, 우변 제 1항의 행렬의 역행렬을 곱해,

$$\begin{bmatrix} D_{\mathrm{C}} \\ D_{\mathrm{M}} \\ D_{\mathrm{Y}} \end{bmatrix} = \begin{bmatrix} a_{11} & a_{12} & a_{13} \\ a_{21} & a_{22} & a_{23} \\ a_{31} & a_{32} & a_{33} \end{bmatrix}^{-1} \begin{bmatrix} D_{\mathrm{R}} \\ D_{\mathrm{G}} \\ D_{\mathrm{B}} \end{bmatrix} \tag{3.20}$$

에 의해 구할 수가 있다(참고 3(3.7)). 이러한 표현은 단지 컬러 필름으로 램버트-비어(Lambert-Beer) 법칙이 성립하는 경우에 대한 것으로, 컬러 프린트나 컬러 인쇄 등에서는 이 후 6.6절에서 서술하는 바와 같이, 좀 더 복잡하게 된다.

그리고 해석 농도와 관련해 중요한 것으로, 등가 중성 농도(equivalent neutral density, END)가 있다. 이것은 예를 들어 C의 경우, 적당량의 M, Y를 감법 혼색하면 반드시 회색이 되는데, 그 때의 회색의 시각 농도를 이 C의 등가 중성 농도라고 정의한다. 등가 중성 농도는 보통 END로 표시한다. 감법 혼색에 의해 얻어진 회색은 조명광에 대해서 조건 등색이므로, 조명광이 변화하면 END 값도 변한다. 그러나, 이 때 조건 등색이 깨지는 것은 그다지 큰 것은 아니고 정확하게 회색이 되는 C, M, Y의 양과 비교하면, 그 차이는 농도로 수 % 정도이다.

또한, 회색을 구성하는 C, M, Y의 양은 END의 값과 대략 비례하나, 엄밀한 의미에서의 비례는 아니다. 실제, [그림 3.11]의 파선은 END=1.0의 C, M, Y 양을 2배로 더해 맞춘 결과를 나타내고 있는데, 파선으로 나타내는 색은 엄밀하게 말해서 회색은 아니다. 그러나 정확한 회색을 구성하는 색소량과의 차이는 적으므로, 실제로 END의 값은 조명광에 의존하지 않고 색소량에 비례한다고 생각해도 무관하다.

3.8 디바이스(장치) 독립색과 디바이스(장치) 의존색

현재 사진, 인쇄, TV를 필두로 복사 등의 미디어도 컬러화 되어 다양한 색채 환경의 시대가 도래하였다. 복수의 미디어 간에 정보를 전달하는 멀티미디어(multimedia) 세계에서는 정보 전달의 정확도를 높이기 위해, 화상 정보를 수치로 변환하여 디지털 데이터로 전달하고 있다. 디지털 정보는 잡음에 강하며 취급도 편리하나 디지털화 할 때의 조건을 명기하는 것이 중요하다. 예를 들어 물건 치수에 관한 정보를 전달하는 경우, 보내는 사람은 미터를, 받는 사람은 피트를 이용한다면, 데이터의 유효 숫자는 아무리 늘려도 무의미하다.

멀티미디어 간 전달되는 색 정보에는, 3 자극치를 시작으로 명도 지수, 색좌표나 광학 농도 등이 있으며, 그 중에서 3 자극치, 명도 지수, 색좌표는 측정하는 장치(device)에 의존하지 않는데, 이것을 디바이스 독립색(device independent color, DIC)이라고 한다. 또한, 광학 농도 등은 측정하는 장치에 의존하며, 이것을 디바이스 의존색(device dependent color, DDC)이라고 한다. 색신호로서 DDC를 이용하면 디바이스를 명기할 필요가 있는데, 이는 매우 번잡할 뿐만 아니라, 신호 변환 자체가 곤란한 경우가 많다. 따라서 멀티미디어 세계에서는 색신호로서 DIC를 이용하는 추세이다.

이러한 멀티미디어에서의 색 정보에 대한 조작의 전반을 컬러 매니지먼트(color management, 색채 관리)라고 부르며, 구미(歐美)에서는 단지 「색정보의 표준화를 위한, 어떤 색공간에서 다른 색공간으로의 색변환」의 의미로 사용하는 경우가 많다. 용어의 엄밀한 정의는 별개로 두고, 컬러 매니지먼트의 일례로서 컬러 사진의 색 정보를 인쇄로 전달할 때의 색 정보의 표준화에 대해 소개하도록 한다.

컬러 사진에는 컬러 네거티브 필름, 컬러 반전 필름, 반사 컬러 프린트 등이 있으며, 인쇄의 컬러 원고로는 보통 컬러 반전 필름을 사용한다. 컬러 원고의 화상은 컬러 스캐너(color scanner) 장치를 사용하여 색 정보로 변환시킨다. 컬러 스캐너는 매우 작은 광점(光點, 직경 50μm 정도)으로 컬러 원고를 스캔하여, 그 투과광을 R, G, B의 색 필터를 통해 각각의 광량을 광전 수광기를 통해 3색의 색신호로 변환(색분해)하는 장치이다.

컬러 사진의 색재현에는 C, M, Y의 3종의 색소를 사용하는데, 컬러 인쇄에서는 이들 이외에 흑색(K)의 색재(色材)도 이용되며, 150μm 정도의 간격으로 나열되는 망점에 각 색재의 점의 크기(망점 면적율)로 색을 재현하고 있다. 컬러 원고의 화상을 인쇄하려면, 색 분해로 얻은 R, G, B 신호를 적절한 C, M, Y, K의 망점 면적율로 변환시킬 필요가 있다.

그런데 일반적으로 컬러 스캐너의 분광 응답은 루터 조건을 충족시키지 않으므로, 색 분해로 얻어지는 R, G, B 신호는 DDC이다. 한편, 컬러 원고의 종류가 다르면, 사용하고 있는 색소가 다르므로 비록 외관(color appearance, 색의 현시)상은 동일한 색이라도 그 분광 투과율은 상이하게 된다. 따라서, 색 분해로 얻을 수 있는 R, G, B 신호는 컬러 원고의 종류에 따라 다르게 된다. 한편, 컬러 인쇄에서는 같은 망점 면적율이라도 사용하는 잉크의 종류나 인쇄 조건에 의해 인쇄물의 색이 달라지게 된다. 그 때문에 외관상(color appearance, 색의 현시) 동일한 색을 인쇄하려면 조건에 따라 망점 면적율을 조절할 필요가 있다.

이러한 문제점을 제거하기 위해, 일련의 색 신호 처리를 DDC가 아니라, DIC로 실시하는 컬러 매니지먼트가 멀티미디어의 발전과 함께 요구되어져 온 것이라고 할 수 있다. 이 때문에 미국 규격 협회(American National Standards Institute, ANSI)에 의해 ANSI 규격이 작성되어, 이것들은 국제 표준화 기구(International Organization for Standardization, ISO)의 ISO 규격 및 일본의 JIS 규격에도 채택되어 있다. 이러한 ANSI 규격에서는 컬러 화상의 색신호를 DIC로 변환하기 위한 입력 컬러 타겟(input color target)과 DIC로부터 망점 면적율로 변환하기 위한 출력 컬러 타겟(output color target)을 정하고 있다.

각각의 컬러 타겟에서 다수의 색 샘플에 대한 각 신호의 대응이 정해지게 되는데, 색 신호와 DIC, DIC와 망점 면적율 등의 관계를 하나로 묶은 데이터 세트를 look up table(LUT)이라 한다. 색신호의 변환은 임의의 색에 대해서 LUT를 사용한 삼차원 보간법에 의해 행하여지며, 그 구체적 방법은 6.9절에서 상세히 설명할 것이다.

다음은 이와 같은 LUT를 구성하는데 필요한 입력 컬러 타겟과 출력 컬러 타겟에 대해 설명한다. 우선, 입력 컬러 타겟의 경우, 이것은 컬러 원고의 색 신호를 DIC (L^*, a^*, b^*)로 변환하기 위한 것이며, 컬러 반전 필름(4인치×5인치)용과 반사 컬러 프린트(5인치×7인치) 용이 있다(ANSI/IT 8.7/1, IT 8.7/2, 1993). 입력 컬러 타겟의 구성은 [그림 3.12]에 나타내는 것과 같이, 명도 L^*, 채도 C^*, 색상각 h_{ab}로 배열한다. 이 컬러 타겟은 다음의 4개 부분으로 나뉘어진다.

① 행 A~L, 열 1~12의 색입체 색 144색

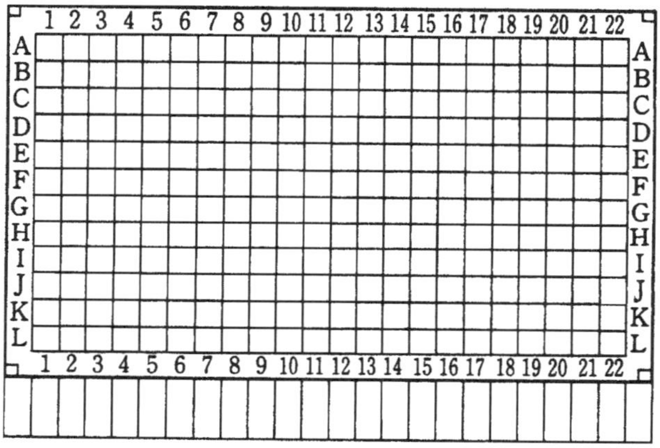

[그림 3.12] ANSI 입력 컬러 타겟(4×5인치)의 구성 (ANSI/IT 8.7/1)

② 행 A~L, 열 13~19의 C, M, Y, K, R, G, B의 원색 스케일

③ 행 A~L, 열 20~22의 메이커 고유색

④ 하부의 22단의 Gray 스케일

열 1~12의 색입체 색은 여러 종류의 컬러 반전 필름을 가지고 공통되는 색입체(공통 색입체)를 구함으로써 거의 균등하게 선택된 색이다. 색상각 h_{ab}는 [그림 3.13]과 같이 전부 12면을 선택하는데, 색의 중요도를 고려하고 있으므로 반드시 균등하지는 않다. 그 다음 [그림 3.14]에 나타내는 것처럼, 각 색상면이 공통 색입체의 색재현 영역을 대표하도록 3개의 명도 레벨 $L_1^* \sim L_3^*$를 선택한다. 그리고 각 명도 레벨에서의 최고의 채도 값을 3등분해 $C_1^* \sim C_3^*$를 선택한다.

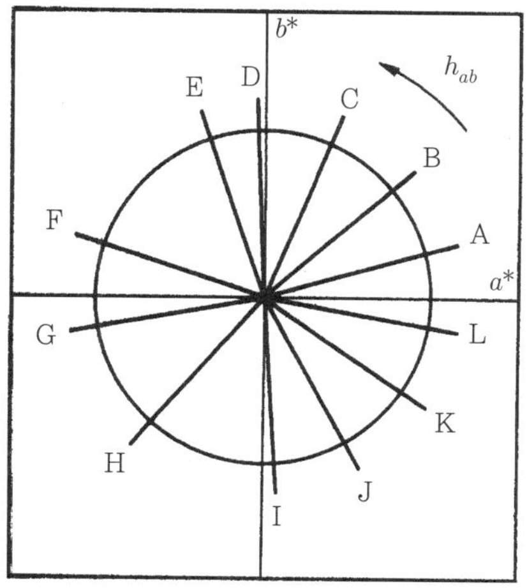

[그림 3.13] 12 색상(A~L)과 그 색상각 h_{ab}(ANSI/IT 8.7/1, 2)

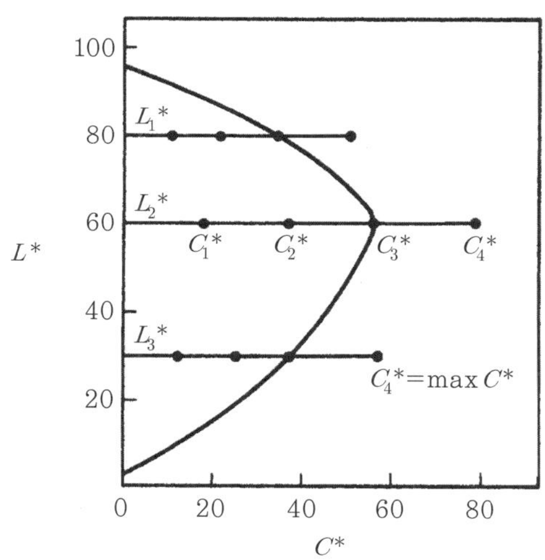

[그림 3.14] 명도(L_1*~L_3*)와 채도(C_1*~C_4*)의 선택 방법(ANSI/IT 8.7/1, 2)

또한, 각 제품에서 얻을 수 있는 최고의 채도는 일반적으로 공통 색입체의 최고 채도보다 높으며, 그 제품 고유의 것이므로 이것을 C_4*로 하여 그 제품의 특징을 나타내는 것으로 한다. 이렇게 해서 12×3×4=144의 색을 선택했는데, 이들 144색은 각 제품에서 얻을 수 있는 색재현 영역을 대략적으로 대표하게 된다. 〈표 3.3〉, 〈표 3.4〉는 컬러 반전 필름과 반사 컬러 프린트에 대한 144색의 목표 값을 나타낸다.

〈표 3.3〉 컬러 반전 필름용 ANSI 입력 컬러 타겟의 색상(h_{ab}), 명도(L^*), 채도(C^*)의 목표치 (ANSI/IT 8.7/1)

측색치 \ 열			1	2	3	4		5	6	7	8		9	10	11	12
행	h_{ab}	L_1^*	C_1^*	C_2^*	C_3^*	C_4^*	L_2^*	C_1^*	C_2^*	C_3^*	C_4^*	L_3^*	C_1^*	C_2^*	C_3^*	C_4^*
A	16	15	10	21	31	( )	35	15	30	45	( )	60	8	16	24	( )
B	41	20	11	23	34	( )	40	17	34	51	( )	65	7	15	22	( )
C	67	30	11	22	34	( )	55	20	40	60	( )	70	9	17	26	( )
D	92	25	9	18	27	( )	50	17	35	52	( )	75	23	46	69	( )
E	119	30	11	22	33	( )	60	20	39	59	( )	75	12	25	37	( )
F	161	25	10	21	31	( )	45	17	35	52	( )	65	12	25	37	( )
G	190	20	7	14	21	( )	45	14	29	43	( )	65	11	23	34	( )
H	229	20	7	15	22	( )	40	13	25	38	( )	65	7	15	22	( )
I	274	25	14	27	41	( )	45	10	21	31	( )	65	6	12	17	( )
J	299	10	17	34	51	( )	35	13	27	40	( )	60	7	14	21	( )
K	325	15	13	26	39	( )	30	17	35	52	( )	55	12	23	35	( )
L	350	15	10	21	31	( )	30	16	33	49	( )	55	10	21	31	( )

비고 : 최고 채도 C_4^*의 값은 제품에 따라 다르기 때문에 (　)로 표시

〈표 3.4〉 반사 컬러 프린터용 ANSI 입력 컬러 타겟의 색상(h_{ab}), 명도(L^*), 채도(C^*)의 목표치 (ANSI/IT 8.7/2)

측색치 \ 열			1	2	3	4		5	6	7	8		9	10	11	12
행	h_{ab}	L_1^*	C_1^*	C_2^*	C_3^*	C_4^*	L_2^*	C_1^*	C_2^*	C_3^*	C_4^*	L_3^*	C_1^*	C_2^*	C_3^*	C_4^*
A	16	20	12	25	37	( )	40	15	30	44	( )	70	7	14	21	( )
B	41	20	12	24	35	( )	40	20	36	54	( )	70	8	16	24	( )
C	67	25	11	21	32	( )	55	22	44	66	( )	75	10	20	30	( )
D	92	25	10	19	29	( )	60	20	40	60	( )	80	10	21	31	( )
E	119	25	11	21	32	( )	45	16	32	48	( )	70	9	18	27	( )
F	161	15	9	19	28	( )	35	14	28	42	( )	70	6	12	18	( )
G	190	20	10	20	30	( )	40	13	25	38	( )	70	6	13	19	( )
H	229	20	9	18	27	( )	40	12	24	36	( )	70	7	13	20	( )
I	274	25	12	24	35	( )	45	9	19	28	( )	70	5	10	15	( )
J	299	15	15	29	44	( )	40	11	22	33	( )	70	6	11	17	( )
K	325	25	16	33	49	( )	45	14	28	42	( )	70	8	16	24	( )
L	350	20	13	26	38	( )	40	16	32	48	( )	70	8	15	22	( )

비고 : 최고 채도 C_4^*의 값은 제품에 따라 다르기 때문에 (　)로 표시

또한, 열 13~19의 원색 스케일은 우선, 회색의 최저 농도로부터 최고 농도까지를 균등하게 분할하여 K 스케일로 한다. 그 다음에 K 스케일을 분해해 C, M, Y의 원색 스케일을 구해, 2 색을 합쳐 R(=M+Y), G(=Y+C), B(=C+M)의 원색 스케일을 정한다. 그리고 열 20~22의 메이커 고유색은 입력 컬러 타겟의 메이커가 의도에 따라 사용할 수 있도록 남겨진 영역이다. 이 부분에는 디바이스 메이커별로 여러 차원에서 연구되어, 피부색, 농도가 높은 색, 여성의 초상화 등이 배열되어 있다(권두(책머리) 컬러 그림).

또한, 컬러 화상에서는 회색의 재현이 매우 중요하므로, 하단에는 보다 섬세한 등명도(L^*) 단계의 Gray 스케일로 22단을 설정하고 있다. 또, 컬러 사진에서 얻을 수 있는 최저 농도와 최고 농도는 반드시 회색은 아니지만, 참고로서 Gray 스케일의 좌우 양단에 나타내고 있다.

입력 컬러 타겟에는 실제 측정한 측색값를 첨부한 교정 입력 컬러 타겟과 첨부하지 않은 미 교정 입력 컬러 타겟의 2종류가 있다. 또, 컬러 반전 필름의 입력 컬러 타겟은 4인치×5인치의 크기 이외에 35mm 크기의 것도 있다. 그리고 인쇄를 위한 컬러 원고로서 컬러 네거티브 필름의 사용이 증가하고 있는 것을 고려해, 그 입력 컬러 타겟의 개발도 검토되기 시작했다.

한편, 출력 컬러 타겟은 DIC(L^*, a^*, b^*)로 표현된 색과 인쇄의 망점 면적율을 변환하기 위한 것이다(ANSI/IT8.7/3, 1993). 이 변환을 올바르게 실행하려면 표준적인 조건으로 다양한 망점 면적율의 조합을 인쇄하여, 그 인쇄물의 색을 DIC로 나타낸 LUT를 작성할 필요가 있다. 표준적인 인쇄 조건으로는, 예를 들어 미국에서는 SWOP(Specifications for Web Offset Publications)이 있다. 표준적인 인쇄 조건은 한가지로 대응이 불가능하므로, 이 규격에서는 망점 면적율의 조합만을 규정하며, 측색값는 사용자에 맡긴다고 하는 입장을 취하고 있다.

변환에 사용하는 색 샘플의 수는 많으면 많을수록 좋지만 그만큼 측정의 횟수도 늘어난다. 경험적으로는 C, M, Y, K를 각각 6 레벨로 정하면 충분하므로, 데이터 세트는 6^4 =1296의 색 샘플이 있으면 충분하다. 그러나 실제로 데이터 세트를 구성하려면 망점 면적율을 균등하게 분할해 조합하는 것은 아니고, 색공간을 균등하게 만들어주는 배려가 필요하다. 즉, 작은 망점 면적율의 색에 보다 많은 무게를 두고, K 농도가 높은 부분에서의 균등 분할은 색차가 작아지므로 비중을 낮추는 등의 연구가 필요하다.

이와 같이 고려한 결과, 실제의 데이터 세트의 색 수는 1296색보다 적은 928색이다. C, M, Y, K 각 잉크의 색을 1차색, 그것들을 2개 혹은 3개로 섞은 색을 2차색, 3차색이라 하고, 이 데이터 세트는 적절한 밸런스를 통해 이러한 색들을 포함하게 된다. 그러나 높은 정확도나 많은 보정이 불필요한 경우는 928색의 전 데이터 세트(extended data set)를 사용하지 않고 좀 더 색의 수를 줄인 데이터 세트로도 충분하다. 이러한 목적으로 전 데이터 세트 928색 중에서 기본 데이터 세트(basic data set)로 182색을 선택하고 있다.

이것에 대한 데이터 세트의 구성은 [그림 3.15]에 나타냈다. 망점 면적율의 조합을 모두 나타내는 것은 번잡하여 생략하며, 개략적인 내용은 다음과 같다. 우선, 기본 데이터 세트는 망점 면적율을 a로 하고

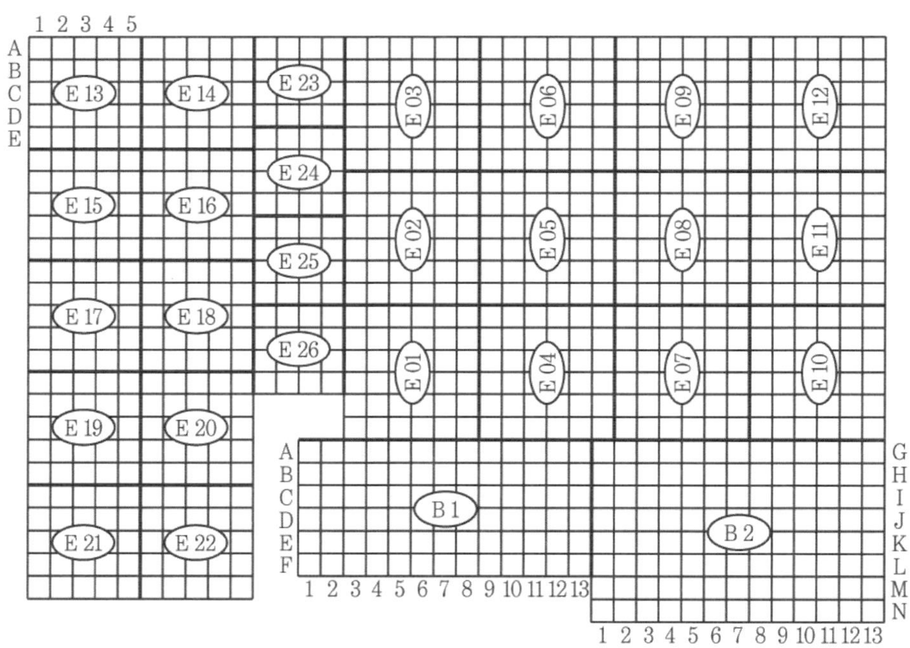

[그림 3.15] ANSI 출력 컬러 타겟의 구성(B1과 B2는 기본 데이터 세트) (ANSI/IT 8.7/3)

① C, M, Y, K 각 잉크의 1차색, 동일한 a의 잉크를 겹친 2차색, 3차색 및 흰 바탕의 색으로 B1의 행 A와 B, 열 1~13에 나타낸 26색.

② C, M, Y, K가 a=3, 7, 10, 15, 20, 25, 30, 40, 50, 60, 70, 80, 90의 원색 스케일에서, B1의 행 C~F, 열 1~13에 나타낸 합계 4×13=52색.

③ C, M, Y가, $a=0$, 20, 40, 70, 100의 3색의 조합 43색, C, M, Y의 회색 밸런스 값과 K 값의 조합 37색, C, M, Y 중의 2색이 $a=100$, 100 및 $a=40$, 40의 조합의 24색으로, B2에 나타낸 합계는 104색이다. 이렇게 기본 데이터 세트는 소계 182색으로 이루어진다. 이러한 색은 앞에서 말한 바와 같이, 사용하는 잉크의 종류에 따라 다르게 되는데 그 대략적인 색을 권두(책 머리) 컬러 그림에 나타냈다.

또한, 모든 데이터 세트는 이것들 이외에,

④ K가 $a=0$, 20에 대한 C, M, Y가 $a=0$, 10, 20, 40, 70, 100으로, E01~E12에 나타낸, $2\times6^3=432$색.

⑤ K가 $a=40$, 60에 대한 C, M, Y가 $a=0$, 20, 40, 70, 100으로, E13~E22에 나타낸, $2\times5^3=250$색.

⑥ K가 $a=80$에 대한 C, M, Y가 $a=0$, 40, 70, 100으로, E23~E26에 나타낸, $4^3=64$색.

을 포함해, 소계 746색으로 이루어지며, 합계는 182+746=928색이 된다.

참고 1(3.2) 형광 물질의 분광 측색

형광 물질은 색이 선명하기 때문에 형광 증백제(螢光增白劑), 교통 표지 및 광고 등에 넓게 이용되고 있다. 형광 물질은 입사광을 흡수해 여기 된 형광 분자가 정상 상태로 되돌아올 때 입사광보다 장파장의 빛을 발한다. 따라서 보통 광학계로 분광 측색을 실행하면 잘못된 결과를 얻을 수 있다. 예를 들면, 선명한 녹색의 형광 물질을 [그림 3.16]의 단색광 조명의 광학계(b)로 측정하면 [그림 3.17]의 파선으로 가리키는 분광 복사 휘도율을 얻게 되어, 시감 평가와는 전혀 일치하지 않게 된다. 이것은 분광기로부터 여기 파장 영역의 빛(예를 들면 400 nm의 빛)을 시료에 조사하면, 수광기에는 400 nm의 반사광과 함께 400 nm의 빛으로 여기 된 형광 성분도 동시에 입사되어 외관의 반사율을 높여 버리기 때문이다.

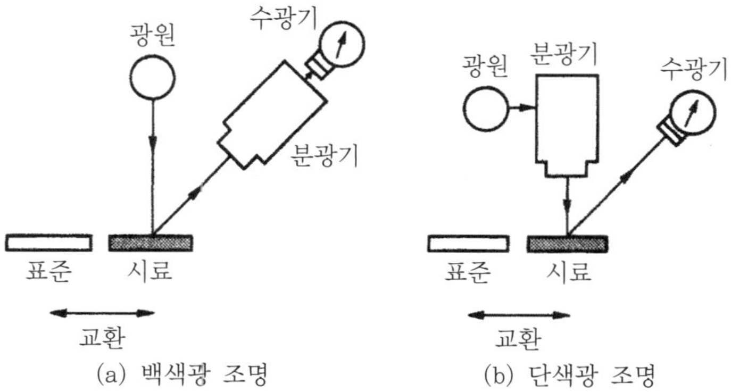

[그림 3.16] 분광 측색의 광학계

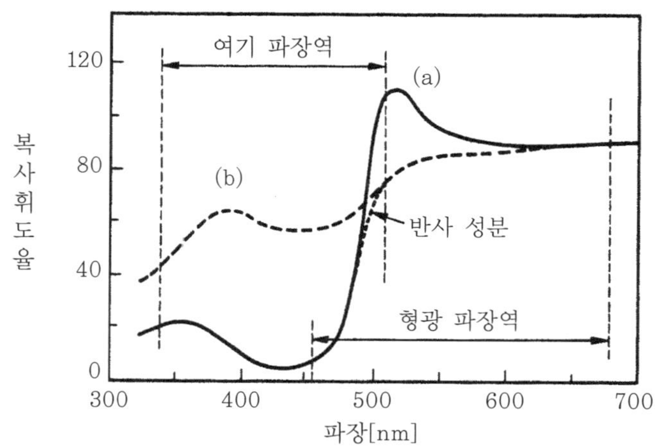

[그림 3.17] 형광 물질의 측정 조건 [(a), 백색광 조명]과 [(b), 단색광 조명]에 의한 분광 방사 휘도율

따라서 형광 물질의 분광 측색에는 [그림 3.16]의 백색광 조명의 광학계(a)를 사용하지 않으면 안 된다. 즉, 광원에서 백색광을 시료에 조사해, 그 때의 반사광을 분광하여 측정한다. 그러면 [그림 3.17]의 실선으로 가리키는 것과 같은 분광 복사 휘도율을 얻을 수 있어 시감 평가와 잘 일치하게 된다. 다만, 이렇게 해서 측정된 분광 복사 휘도율의 형광 성분은 조명광의 상대 분광 분포에 영향을 받는다. JIS에서는 그 상대 분광 분포의 판정 방법과 필요에 따라 실시하는 측정값의 보정 방법에 대해 규정하고 있다(JIS Z 8717). 또한 형광 성분을 제외한 이 물질의 반사율은 그림 중의 파선과 실선의 낮은 한쪽 부분을 연결한 점선과 같이 된다.

참고 2(3.6) 베버-페히너(Weber-Fechner)의 법칙

일반적으로 어떤 자극의 강도 I가 소량의 ΔI만큼 변화했을 때 겨우 식별할 수 있었다고 한다면, 근사적으로

$$\frac{\Delta I}{I} = \text{일정} \tag{3.21}$$

인 것이 실험에서 발견되었다. 이 관계를 베버(Weber)의 법칙이라고 한다. ΔI의 변화에 의해 생기는 감각의 변화 ΔS는 감각의 최소 단위이며, 식 (3.21)로부터 k를 정수로 두면

$$\Delta S = k\frac{\Delta I}{I} \tag{3.22}$$

라고 쓸 수 있다. 또, 감각이 생길 수 있는 최소의 자극치를 절대 문턱치(역치)라고 하는데, 절대 문턱치의 값을 I_0로 하면, 식 (3.22)를 적분해

$$S = k \cdot \log\frac{I}{I_0} \tag{3.23}$$

가 되어, 이것을 베버-페히너(Weber-Fechner)의 법칙이라고 부른다.

참고 3(3.7) 해석 농도와 적분 농도의 관계

컬러 필름에서 해석 농도와 적분 농도의 관계는 식 (3.18)에 나타낸 바와 같고, 변환에 사용하는 행렬의 계수 a_{ij}는 주흡수와 부흡수의 비로부터 다음과 같이 구해진다. 예로서 [그림 3.11]을 사용하면 당연히 $a_{11} = a_{22} = a_{33} = 1.00$이 되며, 다른 계수는

$$\begin{aligned} a_{12} &= \frac{0.05}{0.76} = 0.07, \quad a_{13} = \frac{0.04}{0.66} = 0.06 \\ a_{21} &= \frac{0.17}{0.84} = 0.20, \quad a_{23} = \frac{0.09}{0.66} = 0.14 \\ a_{31} &= \frac{0.16}{0.84} = 0.19, \quad a_{32} = \frac{0.24}{0.76} = 0.32 \end{aligned} \tag{3.24}$$

가 된다. 일반적으로는 계산의 정확도를 유지하기 위해, 계수 a_{ij}는 일련의 주흡수 농도에 대한 부흡수의 농도를 좌표로 표시하여, 이러한 점을 묶은 직선의 기울기로부터 구하는 경우가 많다.

이렇게 해서 구한 a_{ij}를 이용하면 식 (3.18)은 다음과 같이 구체적으로 표기할 수가 있고,

$$\begin{bmatrix} D_R \\ D_G \\ D_B \end{bmatrix} = \begin{bmatrix} 1.00 & 0.07 & 0.66 \\ 0.20 & 1.00 & 0.14 \\ 0.19 & 0.32 & 1.00 \end{bmatrix} \begin{bmatrix} D_C \\ D_M \\ D_Y \end{bmatrix} \tag{3.25}$$

해석 농도로부터 적분 농도를 계산할 수 있다. 또, 식 (3.25)의 양변에, 우변 제 1항 행렬의 역 행렬을 곱하면,

$$\begin{bmatrix} D_C \\ D_M \\ D_Y \end{bmatrix} = \begin{bmatrix} 1.00 & 0.07 & 0.66 \\ 0.20 & 1.00 & 0.14 \\ 0.19 & 0.32 & 1.00 \end{bmatrix}^{-1} \begin{bmatrix} D_R \\ D_G \\ D_B \end{bmatrix}$$
$$= \begin{bmatrix} 1.02 & -0.15 & -0.05 \\ -0.19 & 1.06 & -0.14 \\ -0.13 & -0.33 & 1.05 \end{bmatrix} \begin{bmatrix} D_R \\ D_G \\ D_B \end{bmatrix} \tag{3.26}$$

가 되어, 적분 농도에서 해석 농도로 변환할 수가 있다.

다음은, 식 (3.26)에서 해석 농도를 구하는 실례이다. [그림 3.11]에서 알 수 있듯이, 회색의 적분 농도는 $D_R = 0.93$, $D_G = 1.02$, $D_B = 1.06$이므로, 이러한 값을 식 (3.26)에 대입하면,

$$\begin{bmatrix} D_C \\ D_M \\ D_Y \end{bmatrix} = \begin{bmatrix} 1.02 & -0.15 & -0.05 \\ -0.19 & 1.06 & -0.14 \\ -0.13 & -0.33 & 1.05 \end{bmatrix} \begin{bmatrix} 0.93 \\ 1.02 \\ 1.06 \end{bmatrix}$$
$$= \begin{bmatrix} 0.84 \\ 0.76 \\ 0.66 \end{bmatrix} \tag{3.27}$$

이 되어, 해석 농도 D_C, D_M, D_Y의 값을 얻을 수 있다.

Chapter

4 색의 혼합

서로 다른 색을 혼합하여, 별개의 색을 만드는 것을 혼색(color mixing)이라 한다. 현재 컬러 인쇄・사진・TV・하드 카피 등의 색재현은 모두 삼원색 원리에 의한 혼색에 근거하고 있다. 혼색의 방법은 크게 나누어 가법 혼색과 감법 혼색이 있으며, 측색학 그 자체의 기초는 가법 혼색에 두고 있다. 가법 혼색과 감법 혼색의 중간으로 분류되는 것도 있으며, 지금도 색재현성의 향상을 위해 혼색 방법이 개선되고 있다.

4.1 혼색의 종류

색이란 광원으로부터 나오는 빛과 같은 발광색(luminous color)과 물체의 표면에서 반사하거나 투과한 빛과 같은 비 발광색(non-luminous color)으로 분류할 수 있다. 따라서 색의 혼합(혼색)에도 발광색의 혼색과 비 발광색의 혼색이 있다. 발광색의 혼색에서는 혼합하는 성분의 수를 늘리면 혼색으로 생기는 색의 밝기는 덧셈(가법)식으로 밝아지므로 가법 혼색(additive color mixing)이라고 부른다. 한편, 비 발광색을 생성하는 색재(色材)나 필터 등은 혼합하는 성분의 수를 늘리면 혼색으로 생기는 색의 밝기는 빼셈(감법)식으로 어두워지므로 감법 혼색(subtractive color mixing)이라고 부른다.

가법 혼색은 복수의 색광을 혼합하는 것으로, 동시에 혼합하는 경우를 동시 혼색이라고 한다. 가법 혼색은 동시 혼색 이외의 방법으로도 실현 가능하다. 예를 들면, 원반에 적색과 녹색을 각각 칠해서 고속으로 회전시키면 2개의 색은 혼합되어 황색으로 보인다. 이와 같은 혼색을 계시(繼時) 혼색이라고 부른다. 또, 눈으로는 분별할 수 없을 정도의 어둡고 미세한 적색과 녹색의 점을 배열하여 떨어진 거리에서 보면, 2개의 색은 융합되어 황색으로 보인다. 이 현상은 컬러 TV, 인쇄의 색재현이나, 쇠라(Seurat) 등의 인상파 화가들의 점묘화(pointillistic painting) 등에 응용되고 있다. 이것도 가법 혼색의 일종으로 병치(倂置) 혼색이라고 하는데, 주로 TV 등의 색 재현에 해당하며, 순도가 높고 밝은 색의 재현에 이용된다.

그런데 동시 혼색으로 얻을 수 있는 색의 밝기는 위에서와 같이, 각 성분 색광의 밝기 합으로, 계시 혼색이나 병치 혼색에서는 중간적인 밝기가 된다. 이 때문에 계시 혼색과 병치 혼색을 평균 혼색(average color mixing)이라고 부를 때도 있다.

그리고 감법 혼색으로 얻을 수 있는 색의 밝기가 정확하게 감산이 되는 것은 아니다. 예를 들어, 평탄한 50%의 분광 투과율을 가지는 회색 필터 2매를 겹쳤다고 가정하자. 밝기가 감산으로 감소하면 1.0－0.5－0.5＝0되어 새까맣게 되어야 하나, 실제로의 밝기는 곱셈(승법)식으로 감소하여 0.5×0.5＝0.25가 되므로 25%의 밝기가 된다. 그러나 이를 승법 혼색이라고는 부르지 않고, 관례적으로 감법 혼색이라고 부르고 있다. 일반적인 감법 혼색에서 얻을 수 있는 색의 밝기는 단순 감법 또는 곱셈으로는 얻을 수 없으며, 후술에서와 같이 혼색 성분의 분광 반사(투과)율의 복잡한 함수가 된다.

4.2 가법 혼색

가법 혼색에는 위에서와 같이, 동시 혼색, 계시 혼색, 병치 혼색이 있는데, 이하에서는 동시 혼색을 대상으로 설명한다. 백색[W]를 가시 파장역 (400~700 nm)에서, 400~500 nm, 500~600 nm, 600~700 nm로 3등분하면, 대략 청색[B], 녹색[G], 적색[R]에 대응하므로,

$$[R]+[G]+[B]=[W] \tag{4.1}$$

라고 쓸 수 있다.

또, 이러한 삼원색을 2색씩 혼색하면,

$$[R]+[G]=[Y]$$
$$[G]+[B]=[C] \tag{4.2}$$
$$[B]+[R]=[M]$$

가 되어, 감법 혼색의 원색인 시안[C], 마젠타[M], 옐로우[Y]를 얻을 수 있다(컬러 권두(책 머리) 그림). [그림 4.1]은 식 (4.2)의 결과를 개념적으로 나타내고 있다.

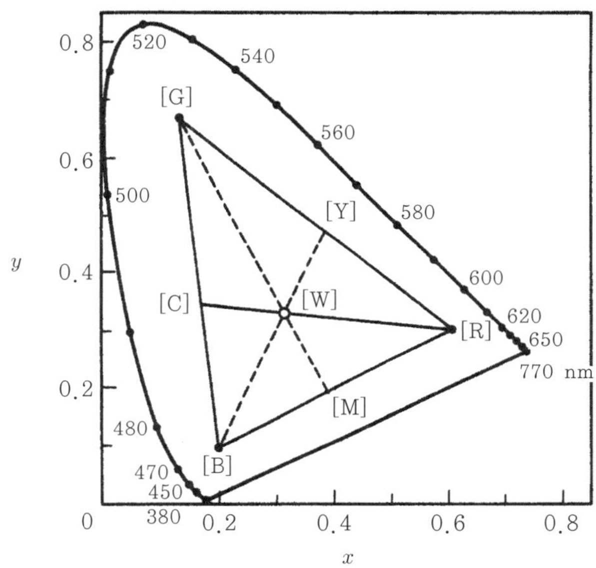

[그림 4.1] 적색[R], 녹색[G], 청색[B]의 가법 혼색

가법 혼색에서 사용하는 서로 다른 3종의 색 자극을 가법 혼색의 원색(additive primaries)이라고 부르며, 원색으로서 서로 다르면 임의의 색 자극을 사용해도 무관하나, 보통은 [R], [G], [B]의 3색을 사용한다.

또, [R], [G], [B]를 혼합량 R, G, B로 혼색했을 때 얻을 수 있는 색 [F]는 등색식에 의해,

$$[F]=R[R]+G[G]+B[B] \tag{4.3}$$

로 나타낼 수 있다. 그러면 [R], [G], [B]는 등량 혼색으로 백색[W]가 되는 것이기 때문에, 예를 들어 $R>G>B$의 경우,

$$
\begin{aligned}
[\mathrm{F}] &= R[\mathrm{R}] + G[\mathrm{G}] + B[\mathrm{B}] \\
&= (R-B)[\mathrm{R}] + (G-B)[\mathrm{G}] + B([\mathrm{R}] + [\mathrm{G}] + [\mathrm{B}]) \\
&= (R-B)[\mathrm{R}] + (G-B)[\mathrm{G}] + B[\mathrm{W}]
\end{aligned}
\tag{4.4}
$$

라고 쓸 수 있다.

따라서 색 [F]는 [R]과 [G]를 혼색한 색 [F_0]에 [W]를 더한 색이 되어 [F_0]보다 밝고, 순도가 낮은 색이 된다는 것을 알 수 있다. 일반적으로 3색의 가법 혼색은 2색의 가법 혼색에 [W]를 혼색한 것과 같은 값이며, 식 (4.4)에 의해 대략적인 색을 짐작할 수 있다.

또한 [그림 4.1]로부터 알 수 있듯이, 예를 들어 [R]와 [C]을 적당하게 혼색하면 무채색 자극 [W]를 얻을 수 있으며, 혼색에 의해 특정의 무채색 자극을 만들 수 있는 2개의 색 자극을 보색(complementary color)이라고 한다. 보색이 되는 쌍은, [R]과 [C] 이외에 [G]와 [M], [B]와 [Y] 등, 무수히 존재한다. 하지만, 색 자극으로 파장 λ_1의 단색광을 선택하고, 그 보색이 되는 단색광의 파장을 λ_2로 하면, λ_2는 일률적으로 정해진다.

실제로 표준광 A와 C로 일련의 λ_1에 대한 λ_2를 구해 보면, [그림 4.2]의 결과를 얻을 수 있다. 여기서 λ_1과 λ_2의 관계는 거의 쌍곡선으로 근사 되어, 표준광 A와 C에 대해서,

$$
\begin{aligned}
&\mathrm{A} : (506.7 - \lambda_1) \cdot (\lambda_2 - 576.8) = 172.4 \\
&\mathrm{C} : (496.0 - \lambda_1) \cdot (\lambda_2 - 563.8) = 262.1
\end{aligned}
\tag{4.5}
$$

가 된다(Azuma, 1980). 그러면 표준광 A에 대한 $\lambda_2 = 630$ nm 적색 단색광의 보색은

$$
\begin{aligned}
\lambda_1 &= 506.7 - \frac{172.4}{630 - 576.8} \\
&= 503.5\mathrm{nm}
\end{aligned}
\tag{4.6}
$$

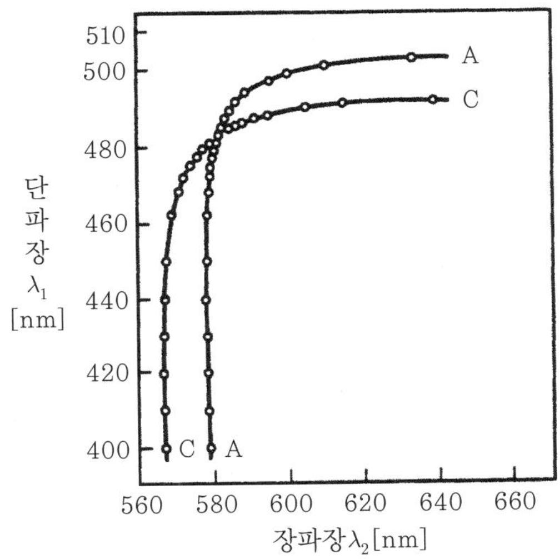

[그림 4.2] 표준광 A와 C에서의 보색 관계에 있는 파장 λ_1과 λ_2 (Azuma, 1980)

라고 구할 수가 있다. 이러한 관계는 단색광뿐만 아니라 임의의 색광에 대해 적용할 수 있다. 어떤 색광의 주파장을 λ_1로 하여 그 보색광의 주파장이 λ_2가 된다고 생각하면 된다.

4.3 가법 혼색의 계산 방법

색광의 동시 혼색에 관한 많은 실험 결과로부터, 혼색하는 색광과 혼색으로 얻어지는 색광의 사이에는 다음과 같이 간단한 관계를 가진다. 색광 $[F_1]$과 $[F_2]$, 색광$[F_3]$과 $[F_4]$가 등색일 때,

(1) 비례 법칙

색광의 강도를 일정 배수(α배)로 하여도 등색은 성립한다. 즉,

$$\alpha[\mathrm{F}_1] = \alpha[\mathrm{F}_2], \quad \alpha[\mathrm{F}_3] = \alpha[\mathrm{F}_4] \tag{4.7}$$

가 성립한다.

(2) 가산 법칙

등색의 색광을 더해 얻을 수 있는 색광에 대해서도 등색은 성립한다. 즉,

$$
\begin{aligned}
&[\mathrm{F}_1]+[\mathrm{F}_3]=[\mathrm{F}_2]+[\mathrm{F}_4]\\
&[\mathrm{F}_1]+[\mathrm{F}_4]=[\mathrm{F}_2]+[\mathrm{F}_3]
\end{aligned}
\tag{4.8}
$$

이 성립한다.

비례 법칙과 가산 법칙을 합쳐 그라스만(Grassmann)의 법칙이라고 부르는데, 이것이 현재 측색학의 기초가 되고 있다.

그라스만의 법칙을 이용해, 가법 혼색의 3 자극치 관계를 생각해 보자. 2개의 색 자극 [R]과 [G]의 단위량(예를 들면 1W)의 3 자극치를(X_{R}, Y_{R}, Z_{R}), (X_{G}, Y_{G}, Z_{G}), 색도 좌표를(x_{R}, y_{R}), (x_{G}, y_{G})로 하자. 그러면 이러한 2개의 색 자극을 혼합량 R, G만큼 가법 혼색해 얻을 수 있는 색 자극 [F]의 3 자극치 (X_{F}, Y_{F}, Z_{F})는,

$$
\begin{aligned}
X_{\mathrm{F}} &= R\cdot X_{\mathrm{R}} + G\cdot X_{\mathrm{G}}\\
Y_{\mathrm{F}} &= R\cdot Y_{\mathrm{R}} + G\cdot Y_{\mathrm{G}}\\
Z_{\mathrm{F}} &= R\cdot Z_{\mathrm{R}} + G\cdot Z_{\mathrm{G}}
\end{aligned}
\tag{4.9}
$$

이다. 또는, 행렬로 표시하면

$$
\begin{bmatrix} X_{\mathrm{F}}\\ Y_{\mathrm{F}}\\ Z_{\mathrm{F}} \end{bmatrix}
=
\begin{bmatrix} X_{\mathrm{R}} & X_{\mathrm{G}}\\ Y_{\mathrm{R}} & Y_{\mathrm{G}}\\ Z_{\mathrm{R}} & Z_{\mathrm{G}} \end{bmatrix}
\begin{bmatrix} R\\ \\ G \end{bmatrix}
\tag{4.10}
$$

라고 쓸 수 있다.

따라서, 색 자극 [F]는 XYZ 공간에서 벡터 [R]과 [G]의 합성 선상에 있으며, 색도도 상에서는 [그림 4.1]에 나타내는 것처럼 점 R(x_{R}, y_{R})과 G(x_{G}, y_{G})를 연결한 직선상에 있다. 혼합 비율을 바꾸면 일정 휘도는 아니나 직선 RG 상에서 여러 가지 색을 혼색으로 얻을 수 있다.

여기에 3번째의 색 자극 [B]를 추가하여 3색을 혼합한다고 가정한자. 예를 들면, 색 [G]와 [B]의 혼색으로 색 [C]를 만들고, 그것에 색 [R]을 혼색하면, 일반적으로 휘도는 일정하지 않지만, 직선 CR상의 모든 색을 혼색으로 얻을 수 있다. 혼합 비율을 바꾸면 일정한 휘도는 아니지만, ΔRGB내의 모든 점을 혼색으로 얻을 수 있으며, 이 색의 영역을 색역(color gamut)이라고 부른다. 색역은 단순히 「색의 영역」이라는 의미가 강하며, 색재현에 의해 실현될 수 있는 색역의 경우는 색재현 영역((reproducible) color gamut)의 용어를 사용하는 경우가 많다.

그런데 3색의 가법 혼색에서는 색 자극 [R], [G], [B]의 혼합량을 R, G, B로 하면, 식 (4.10)과 같이 혼색으로 얻을 수 있는 색 자극 [F]의 3 자극치 (X_F, Y_F, Z_F)는

$$\begin{bmatrix} X_F \\ Y_F \\ Z_F \end{bmatrix} = \begin{bmatrix} X_R & X_G & X_B \\ Y_R & Y_G & Y_B \\ Z_R & Z_G & Z_B \end{bmatrix} \begin{bmatrix} R \\ G \\ B \end{bmatrix} \tag{4.11}$$

로 구할 수 있다. 다만, (X_B, Y_B, Z_B)는 색 자극 [B]의 3 자극치이다. 구체적인 예로서 [R], [G], [B]의 3 자극치를

$$\begin{aligned} &X_R = 20, \quad Y_R = 10, \quad Z_R = 3 \\ &X_G = 2, \quad Y_G = 10, \quad Z_G = 3 \\ &X_B = 20, \quad Y_B = 10, \quad Z_B = 70 \end{aligned} \tag{4.12}$$

으로 하면, 표준광 D_{65}와 같은 색도 좌표를 가지며, $Y=10$이 되는 조건 등색 쌍을 [R], [G], [B]의 혼색에 의해 만드는 것을 가정해 보자. 표준광 D_{65}의 색도 좌표 x_D, y_D는

$$x_D = 0.3127, \quad y_D = 0.3290 \tag{4.13}$$

이므로 다음과 같은 식이 된다.

$$\begin{aligned} X &= Y \cdot \frac{x_D}{y_D} \\ &= 10 \times \frac{0.3127}{0.3290} \\ &= 9.5046 \\ Z &= Y \cdot \frac{1 - x_D - y_D}{y_D} \\ &= 10 \times \frac{1 - 0.3127 - 0.3290}{0.3290} \\ &= 10.8906 \end{aligned} \tag{4.14}$$

따라서 식 (4.11)로부터

$$\begin{bmatrix} 9.5046 \\ 10.0000 \\ 10.8906 \end{bmatrix} = \begin{bmatrix} 20 & 2 & 20 \\ 10 & 10 & 10 \\ 3 & 3 & 70 \end{bmatrix} \begin{bmatrix} R \\ G \\ B \end{bmatrix} \tag{4.15}$$

이므로, 양변에 우변 제1항의 역행렬을 곱하면

$$\begin{aligned} \begin{bmatrix} R \\ G \\ B \end{bmatrix} &= \begin{bmatrix} 20 & 2 & 20 \\ 10 & 10 & 10 \\ 3 & 3 & 70 \end{bmatrix}^{-1} \begin{bmatrix} 9.5046 \\ 10.0000 \\ 10.8906 \end{bmatrix} \\ &= \begin{bmatrix} 1/18 & -4/603 & -1/67 \\ -1/18 & -1/9 & 0 \\ 0 & -3/670 & 1/67 \end{bmatrix} \begin{bmatrix} 9.5046 \\ 10.0000 \\ 10.8906 \end{bmatrix} \\ &= \begin{bmatrix} 0.2991 \\ 0.5831 \\ 0.1178 \end{bmatrix} \end{aligned} \tag{4.16}$$

을 얻을 수 있고, 색 자극 [R], [G], [B]의 혼합량 R, G, B가 구해진다.

가법 혼색으로 얻을 수 있는 색의 휘도는 $R+G+B=1.0$의 경우, 3색의 휘도의 중간 값이 된다. 따라서, △RGB내에서 얻을 수 있는 색의 휘도는 일반적으로 색도 좌표에 의해서 변화한다. 그러나 상기의 예에서는 3색 모두 $Y=10.0$이었으므로 혼색의 결과 또한 모두 $Y=10.0$이 되는 것이다. 예를 들면, [R], [G], [B]를 최대 휘도로 혼색했을 때에 백색을 얻을 수 있도록 선택하면, 가법 혼색에 의해 얻을 수 있는 색의 휘도는 일정한 값이 되지 않는다. 이때 일정 휘도에 있어서의 색재현 영역은 [그림 4.3]에 나타내는 것과 같이 변화한다(MacAdam, 1951). [그림 4.3]에서 색의 휘도는 백색의 휘도에 대한 비율로 표시되어 있다.

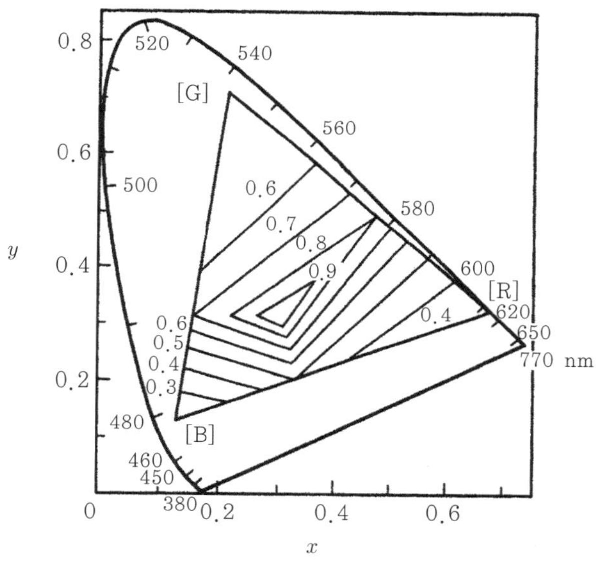

[그림 4.3] 가법 혼색에 의한 휘도별 색재현 영역(숫자는 백색에 대한 휘도비) (MacAdam, 1951)

이상에서 동시 혼색에서의 3 자극치의 관계에 대해서 설명했는데, 평균 혼색의 경우도 완전히 동일하게 취급할 수가 있다. 다만 평균 혼색의 경우, 혼합 비율 R은 계시 혼색에서는 전체 시간 중에서 색 자극 [R]의 제시된 시간의 비율이며, 병치 혼색에서는 전체 면적 중에서 색 자극 [R]의 제시된 면적의 비율이다. 따라서 평균 혼색으로 색 자극 [R], [G], [B]의 혼합 비율을 R, G, B로 하면 $R+G+B=1$이 되어, 변수가 2개이므로 3색이 자유롭게 혼합되지 않는다.

이 때문에 평균 혼색에서는 4번째의 색 자극 [K]를 도입한다. [K]의 혼합 비율을 K로 하면 $R+G+B+K=1$이 되어, 자유로운 3색 혼합을 실현할 수 있다. [그림 4.4]는 이 원리를 원판으로 실현하는 방법을 나타내고 있는데, 원판에 (a)와 같이 잘라 (b)와 같이 조합한다. 혼합 비율은 (c)에 나타내는 것처럼 각도를 변화시키면 된다. 보통 색 자극 [K]를 흑색으로 하는데 이와 같은 원판을 맥스웰(Maxwell)의 원판(Maxwell disk)이라고 부른다. 고속으로 Maxwell의 원판을 회전하여 목적의 색과 등색이 되도록 R, G, B, K의 혼합량을 조절하면, R, G, B는 원판의 색 자극 [R], [G], [B]를 원 자극으로 했을 때의 3 자극치에 해당된다.

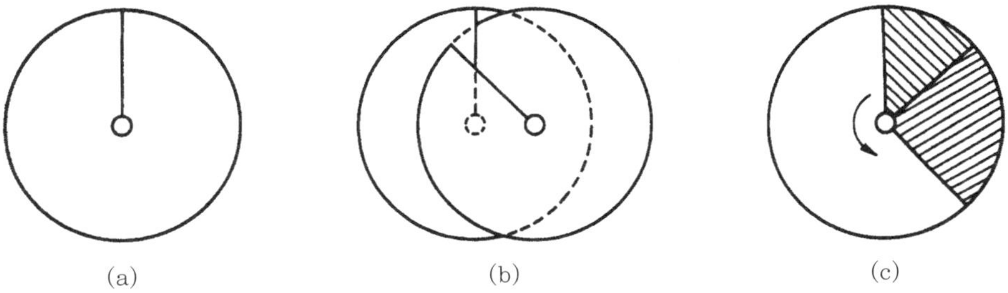

[그림 4.4] Maxwell의 원판을 조립하는 방법

4.4 감법 혼색

가법 혼색은 색광의 혼합이지만, 감법 혼색은 색 필터라든지 색소 등의 흡수 매질의 중합에 의한 것이다. 또, 감법 혼색에 사용하는 흡수 매질의 색을 감법 혼색의 원색(subtractive primaries)이라고 부르는데, 보통 [R], [G], [B]의 보색에 상당하는 시안 색소[C], 마젠타 색소[M], 옐로우 색소[Y]의 삼원색을 사용한다. [그림 4.5]는 컬러 사진 등에서 사용하는 C, M, Y의 분광 농도를 나타낸다. 감법 혼색에 의해 얻을 수 있는 색의 3 자극치는 이러한 혼합량과 3 자극치의 관계가 단순하지 않기 때문에, 가법 혼색의 경우와 같이 간단하게 구할 수는 없다.

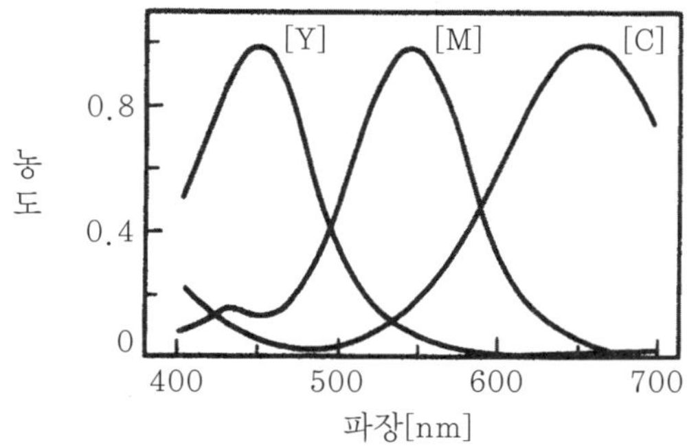

[그림 4.5] 감법 혼색의 원색별 각 색소의 분광 농도

그러나, 감법 혼색의 결과를 근사적으로 예측하는 것은 앞서 설명(4.2절)한 바와 같이 취급할 수 있다. 즉, 2색을 혼색해서 얻을 수 있는 색의 분광 투과율은 2 성분의 분광 투과율의 곱이므로, 예를 들어 R 필터와 R 필터를 겹치면 [R]만을 투과 하고, R 필터와 G 필터를 겹치면 공통으로 투과하는 빛은 없다. 따라서 감법 혼색을 기호(*)로 나타내면

$$
\begin{aligned}
&[R]*[R]=[R]\\
&[G]*[G]=[G]\\
&[B]*[B]=[B]\\
&[R]*[G]=[G]*[B]=[B]*[R]=[K]
\end{aligned}
\tag{4.17}
$$

가 된다. 다만 [K]는 흑색의 의미로, 투과하는 빛이 없는 것을 의미한다. 다음은 감법 혼색의 삼원색에서 다른 2색 및 3색 전부를 조합하여 혼색해 보면

$$
\begin{aligned}
[C]*[M] &= ([G]+[B])*([B]+[R])\\
&= [G]*[B]+[R]*[G]+[B]*[B]+[B]*[R]\\
&= [B]\\
[M]*[Y] &= ([B]+[R])*([R]+[G])\\
&= [B]*[R]+[G]*[B]+[R]*[R]+[R]*[G]\\
&= [R]
\end{aligned}
$$

$$
\begin{aligned}
[Y]*[C] &= ([R]+[G])*([G]+[B]) \\
&= [R]*[G]+[B]*[R]+[G]*[G]+[G]*[B] \\
&= [G]
\end{aligned}
$$

$$
\begin{aligned}
[C]*[M]*[Y] &= ([G]+[B])*([B]+[R])*([R]+[G]) \\
&= [B]*([R]+[G]) \\
&= [B]*[R]+[G]*[B] \\
&= [K]
\end{aligned} \tag{4.18}
$$

가 된다(권두(책 머리) 컬러 그림). 식 (4.18)의 마지막 식 이외에서 [K]는 색깔을 변화시키지 않기 때문에 생략한다. 또, [그림 4.6]은 현실의 C와 M의 분광 투과율을 간략하게 모델화하여 나타내고 있는데, 감법 혼색 [C]*[M]에 의해 [B]가 생기는 것을 알 수 있다.

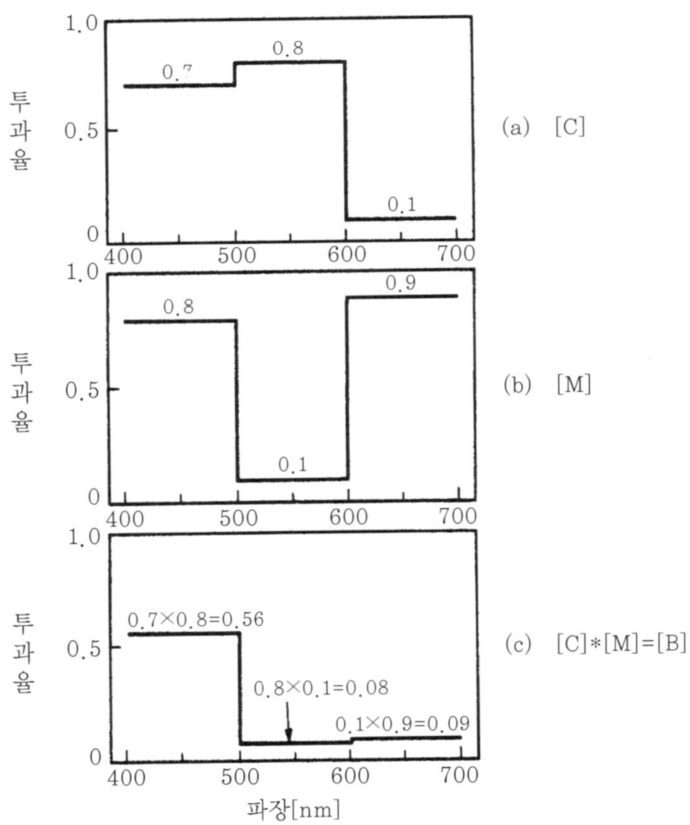

[그림 4.6] 시안 색소 [C]와 마젠타 색소 [M]의 혼합에 의한 분광 투과율 변화

이상에서 원색을 등량 혼합했을 경우를 나타내고 있는데 혼합 비율을 변화시켜도 동일한 취급이 가능하다. 즉, 원색 [C], [M], [Y]를 혼합량 c, m, y로 혼색했을 때 얻을 수 있는 색 [F]는

$$[\mathrm{F}] = [\mathrm{C}]^{c} * [\mathrm{M}]^{m} * [\mathrm{Y}]^{y} \tag{4.19}$$

로 나타낼 수 있다. 다만, 혼합량은 END(등가 중성 농도)로 나타내고 있어 $c = m = y$일 때 [K]가 되는 것으로 한다.

예로서 $c > m > y$라고 두면

$$\begin{aligned} [\mathrm{F}] &= [\mathrm{C}]^{c} * [\mathrm{M}]^{m} * [\mathrm{Y}]^{y} \\ &= [\mathrm{C}]^{c-y} * [\mathrm{M}]^{m-y} * ([\mathrm{C}] * [\mathrm{M}] * [\mathrm{Y}])^{y} \\ &= [\mathrm{C}]^{c-y} * [\mathrm{M}]^{m-y} * [\mathrm{K}]^{y} \end{aligned} \tag{4.20}$$

이므로, 색 [F]는 [C]와 [M]을 혼색한 색 [F_0]에 [K]를 더한 색이 되며, [F_0]보다도 어두운 색이 된다는 것을 알 수 있다. 따라서 [C], [M], [Y]의 3색의 감법 혼색은 2색의 감법 혼색에 [K]를 혼색한 것과 같은 값이며, 이것에 의해 대략적인 색의 짐작이 가능하다.

3색의 가법 혼색의 경우는 2색의 혼색보다 밝고, 순도가 낮은 색이 되는데, 이것은 [W]가 덧셈으로 더해졌기 때문이다. 한편, 감법 혼색에서는 [K]가 곱셈이 되므로 순도는 변하지 않는 것에 주의를 필요로 한다. 이와 같은 예측 방법은 대략의 색깔을 예측하는 데는 사용할 수 있지만, 정확한 결과가 필요한 경우에는 다음 절에서 설명하는 방법을 이용해야 한다.

4.5 감법 혼색의 계산 방법

감법 혼색의 계산 예로서 램버트-비어(Lambert-Beer)의 법칙(참고 1(4.5))이 성립하는 경우에 대해서 소개한다. 2개의 감법 혼색 원색으로 색 필터 C와 M에 대해서 생각해 보자. 이들 단위량(예를 들면 피크 농도로 1.0)의 분광 투과율을 $T_{\mathrm{C}}(\lambda)$, $T_{\mathrm{M}}(\lambda)$로 하여 c, m 단위씩 겹치기로 한다. 그러면 이 때 감법 혼색으로 얻을 수 있는 색의 분광 투과율 $T(\lambda)$는 램버트-비어의 법칙에 의해

$$T(\lambda) = \{T_{\mathrm{C}}(\lambda)\}^{c} \cdot \{T_{\mathrm{M}}(\lambda)\}^{m} \tag{4.21}$$

이 된다.

따라서 그때의 3 자극치 X, Y, Z는,

$$\begin{aligned} X &= k\int_{\mathrm{vis}} T(\lambda) \cdot P(\lambda) \cdot \bar{x}(\lambda)d\lambda \\ Y &= k\int_{\mathrm{vis}} T(\lambda) \cdot P(\lambda) \cdot \bar{y}(\lambda)d\lambda \\ Z &= k\int_{\mathrm{vis}} T(\lambda) \cdot P(\lambda) \cdot \bar{z}(\lambda)d\lambda \end{aligned} \tag{4.22}$$

로 구할 수 있다. 여기서

$$k = \frac{100}{\int_{\mathrm{vis}} P(\lambda) \cdot \bar{y}(\lambda)d\lambda} \tag{4.23}$$

이며, $P(\lambda)$는 조명광의 분광 분포를, $\bar{x}(\lambda)$, $\bar{y}(\lambda)$, $\bar{z}(\lambda)$는 등색 함수를 뜻한다. 또, 적분 $\left(\int_{\mathrm{vis}}\right)$은 가시 파장역의 범위를 의미한다.

식 (4.22)의 적분은 더 이상은 변형할 수 없으며, 색 [F]의 3 자극치는 색 [C]와 [M]의 3 자극치와 관련지을 수 없다. 따라서 감법 혼색의 결과는 간단히 예측할 수 없고, 감법 혼색의 보색(subtractive complementary color)도 존재는 하지만 가법 혼색의 보색과 같이 간단하게 구할 수 없다.

현재 감법 혼색에 의한 컬러 사진은 [그림 4.5]에 나타낸 것과 같은 분광 농도를 가지는 C, M, Y를 사용하고 있는데, 이러한 3 색소는 복수층 구성으로 발색하고 있으므로 색 필터의 겹침과 동일하게 취급할 수가 있다. 이러한 색소의 피크 농도를 0.5, 1.0, 1.5, 2.0, 2.5, 3.0으로 변화시켜, 표준광 D_{65}, XYZ 표색계에서 색도 좌표를 계산하면 [그림 4.7]과 같이 된다. 가법 혼색의 원색은 강도가 변화해도 색도 좌표는 변함없지만, 감법 혼색의 원색은 농도가 변화하면 색도 좌표가 크게 변화하는 것을 알 수 있다. 특히 Y는 고농도가 될수록 빨강을 띠며 점차 갈색에 가까워지는 것을 알 수 있다.

다음은 이러한 3 색소를 혼합하는 경우를 생각해 보자. 식 (4.20)에 나타낸 것과 같이 [C], [M], [Y] 3색의 감법 혼색은 2색의 감법 혼색에 [K]를 혼색한 것과 같은 값이다. 따라서 3색 혼합 대신에 2색 혼합 [C]+[M], [M]+[Y], [Y]+[C]을 생각하면 된다. 우선 [C]와 [M]을 혼합하면, 그 3 자극치는 식 (4.22), (4.23)으로 구해진다. 이 때 혼합량 c, m을 다양하게 변화시키면 일정한 시감 투과율 Y(예를 들면 $Y=10$)의 색은 무수히 얻을 수 있는데, 이러한 색도 점을 묶으면 [그림 4.7]의 파선으로 가리킨 궤적 [C]+[M]과 같이 된다.

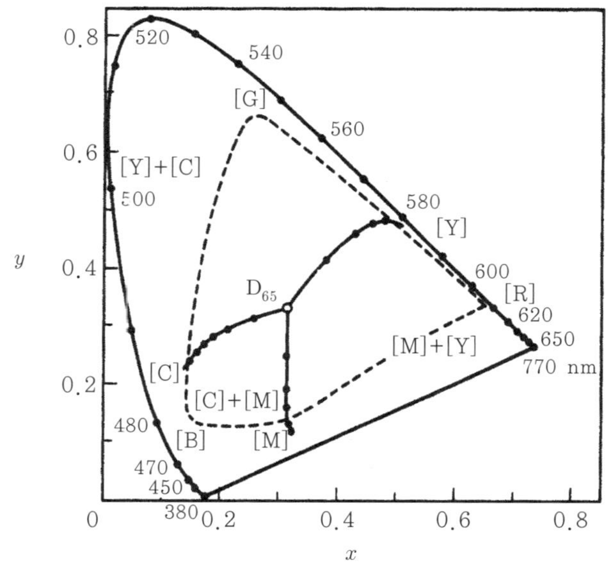

[그림 4.7] 시안[C] · 마젠타[M] · 옐로우[Y] 색소의 감법 혼색(검은색 점은 중심에서부터 피크 농도 0.5 → 3.0의 변화에 대응)

동일한 방법으로 [M]+[Y]와 [Y]+[C]의 궤적도 구할 수 있다. 따라서, [그림 4.5]의 3 색소의 혼색으로 얻을 수 있는 $Y=10$ 이상의 색의 색재현 영역은 파선으로 둘러싸인 영역의 내부가 된다. 가법 혼색에서는 [그림 4.3]에 나타낸 것과 같이, 색재현 영역은 직선으로 둘러싸인 삼각형의 영역이 된다. 그러나 감법 혼색에서의 색재현 영역은 곡선으로 둘러싸인 영역이 되며, 혼색의 결과나 보색의 예측이 어렵다는 것을 알 수 있다.

감법 혼색에서는 원색의 혼합량과 3 자극치의 관계는 앞에서 설명한 것과 같이 상당히 복잡하다. 색재현에는 다양한 유형의 감법 혼색이 채용되어 있으나, 그 시스템에 따라 원색의 혼합량과 3 자극치의 관계는 다르다. 램버트-비어의 법칙은 필터나 투명한 색소 등에서는 높은 정밀도로 성립하며, 산란성이 높은 색소나 안료 등에서는 쿠벨카-문크(Kubelka-Munk)의 이론 등을 사용한다. 다음 장에서는 시스템에 따른 그 관계를 소개한다.

4.6 조건 등색

3 자극치를 정의한 식에서 알 수 있는 것처럼, $R(\lambda)$와는 다른 $R'(\lambda)$에 대해서도

$$\begin{aligned}
\int_{\text{vis}} R(\lambda)\cdot P(\lambda)\cdot \bar{x}(\lambda)d\lambda &= \int_{\text{vis}} R'(\lambda)\cdot P(\lambda)\cdot \bar{x}(\lambda)d\lambda \\
\int_{\text{vis}} R(\lambda)\cdot P(\lambda)\cdot \bar{y}(\lambda)d\lambda &= \int_{\text{vis}} R'(\lambda)\cdot P(\lambda)\cdot \bar{y}(\lambda)d\lambda \\
\int_{\text{vis}} R(\lambda)\cdot P(\lambda)\cdot \bar{z}(\lambda)d\lambda &= \int_{\text{vis}} R'(\lambda)\cdot P(\lambda)\cdot \bar{z}(\lambda)d\lambda
\end{aligned} \tag{4.24}$$

가 성립하며, $R(\lambda)$와 $R'(\lambda)$가 등색이 되는 경우가 있다. 그러나 조명광을 $P(\lambda)$와는 다른 $P'(\lambda)$로 바꾸면 일반적으로 식 (4.24)는 성립하지 않게 되며

$$\begin{aligned}
\int_{\text{vis}} R(\lambda)\cdot P'(\lambda)\cdot \bar{x}(\lambda)d\lambda &\neq \int_{\text{vis}} R'(\lambda)\cdot P'(\lambda)\cdot \bar{x}(\lambda)d\lambda \\
\int_{\text{vis}} R(\lambda)\cdot P'(\lambda)\cdot \bar{y}(\lambda)d\lambda &\neq \int_{\text{vis}} R'(\lambda)\cdot P'(\lambda)\cdot \bar{y}(\lambda)d\lambda \\
\int_{\text{vis}} R(\lambda)\cdot P'(\lambda)\cdot \bar{z}(\lambda)d\lambda &\neq \int_{\text{vis}} R'(\lambda)\cdot P'(\lambda)\cdot \bar{z}(\lambda)d\lambda
\end{aligned} \tag{4.25}$$

로 등색 관계가 성립하지 않게 된다.

이와 같이 분광 분포가 서로 다른 2개의 색 자극이 「특정의 관측 조건」에서 같은 색으로 보이는 것을 조건 등색(metamerism)이라고 부른다. 조건 등색이 성립하는 2개의 색 자극을 조건 등색 쌍(metamer)라고 부르는데, [그림 4.8]은 조건 등색 쌍의 예를 나타내고 있다. 또한 특정의 조건이란 상기의 조명광의 분광 분포 이외에 관측자의 등색 함수나 관찰의 시각(視角) 등이 있다.

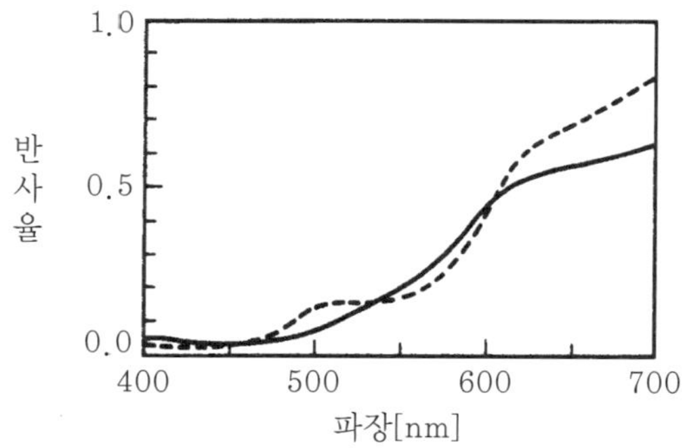

[그림 4.8] XYZ 표색계에서 표준광 D_{65}에 대한 조건등색 쌍

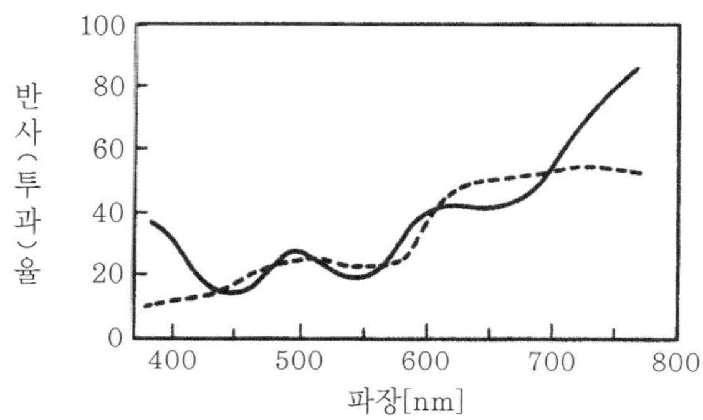

[그림 4.9] 실제 피부색(파선)과 컬러 필름에서 재현한 피부색(실선) (Ohta, 1973c)

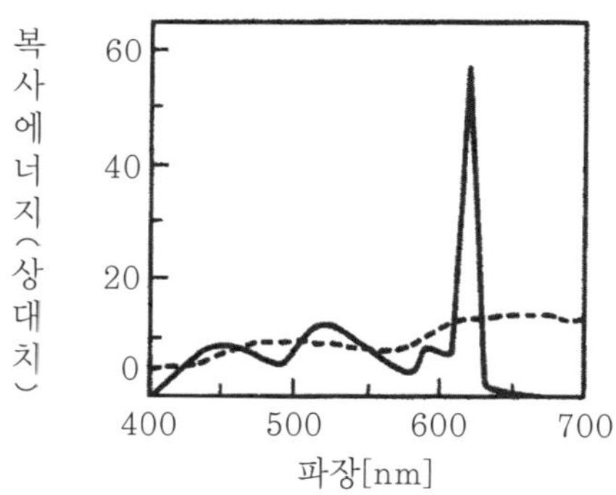

[그림 4.10] 실제 피부색(파선)과 컬러 TV에서 재현한 피부색(실선) (Wyszecki & Stiles, 1982)

현재, 널리 실용화되어 있는 컬러 사진, 인쇄, TV에서 피사체의 $R(\lambda)$와 재현 색의 $R'(\lambda)$는 일반적으로 $R(\lambda) \neq R'(\lambda)$이므로, 그러한 색재현은 모두 조건 등색의 원리에 근거하고 있다. [그림 4.9]는 4800K의 흑체 복사에서 조건 등색이 되는 실제 피부색과 컬러 사진으로 재현한 피부색의 분광 반사(투과)율을 나타낸다(Ohta, 1973).

또, [그림 4.10]은 햇빛 아래에서의 실제 피부색과 컬러 TV로 재현한 피부색의 분광 복사 에너지를 나타내고 있는데, 이것 또한 조건 등색의 일례이다(Wyszecki와 Stiles, 1982). 이러한 조건 등색 쌍은 어떤 조건하에서 모두 동일한 3 자극치를 가지는 것이지만, 분광 특성에는 큰 차이가 있다는 것을 알 수 있다.

4.7 컬러 매칭의 알고리즘

가법 혼색 또는 감법 혼색에 의해 얻을 수 있는 색을 목적의 색에 맞추는 일을 컬러 매칭(color matching)이라고 부른다. 컬러 매칭은 색을 분광 특성으로 맞출 것인지, 3 자극치로 맞출 것인지에 따라 분광 컬러 매칭(spectral color matching)과 조건 등색 컬러 매칭(metameric color matching)으로 분류할 수 있다. 분광 컬러 매칭에서는 혼색으로 얻을 수 있는 색과 목적색의 분광 반사(투과)율이 일치하므로 조명광 등이 변화해도 등색은 유지된다. 한편, 조건 등색 컬러 매칭에서는 혼색으로 얻을 수 있는 색과 목적색의 분광 특성이 일치하지 않고 어떤 조건하에서만 3 자극치가 일치하므로 조명광 등이 변화하면 등색은 유지되지 않는다.

분광 컬러 매칭은 일반적으로 컬러 매칭에서 사용하는 원색과 목적의 색을 구성하는 원색이 동일하지 않으면 달성할 수 없다. 하지만 양자가 동일하다는 것은 현실에서는 지극히 드문 일이며, 컬러 매칭의 대부분은 조건 등색 컬러 매칭이 된다. 따라서 이하에서는 조건 등색 컬러 매칭에 대해 설명하며, 특별히 기재하지 않는 한, 컬러 매칭은 조건 등색 컬러 매칭을 가리키는 것으로 한다. 다만, 색재현 해석에서는 분광 컬러 매칭이 필요할 수도 있으므로 그 개략적인 내용을 4.8절에서 설명한다.

그런데, 어떤 문제를 풀기 위한 계산 순서를 알고리즘(algorithm)이라고 부르는데, 가법 혼색에 의한 컬러 매칭의 알고리즘은 4.3절에서 설명한 것과 같이, 간단한 행렬 연산으로 올바르게 기술할 수가 있다. 한편, 감법 혼색에서는 4.5절에서와 같이, 원색의 혼합량과 측색값의 관계가 가령 램버트-비어의 법칙과 같이 비선형의 항을 포함하므로 간단한 알고리즘은 존재하지 않는다.

왜냐하면, 감법 혼색의 원색으로서 C, M, Y를 이용하여 그 혼합량을 c, m, y로 두면, 혼합물의 3 자극치 X, Y, Z는 어떤 함수 f_X, f_Y, f_Z에 의해

$$
\begin{aligned}
X &= f_X(c, m, y) \\
Y &= f_Y(c, m, y) \\
Z &= f_Z(c, m, y)
\end{aligned}
\tag{4.26}
$$

로 쓸 수 있다. 그러나 이러한 함수의 역함수는 간단한 형태로 구해지지 않기 때문이다. 이 때문에 종래에는 조색사(color matcher)로 불리는 경험이 풍부한 사람이 예측에 의해 컬러 매칭을 실시했었지만, [그림 4.11]에 나타내는 것처럼, 목적색으로의 접근은 능률적이지 않고 상당한 시간이 걸리는 것이었다.

그러나 최근의 컴퓨터의 진보에 의해 순차 근사법의 알고리즘을 이용하여 이 문제를 용이하게 풀 수 있게 되었다. 이와 같은 방법을 컴퓨터 컬러 매칭(computer color matching, CCM)이라고 부르며, 색채 산업의 광범위한 분야에서 활용되고 있다. [그림 4.11]에서는 CCM에 의한 목적색에의 접근을 나타내고 있는데, 조색사와 비교하여 꽤 능률적이라는 것을 알 수 있다.

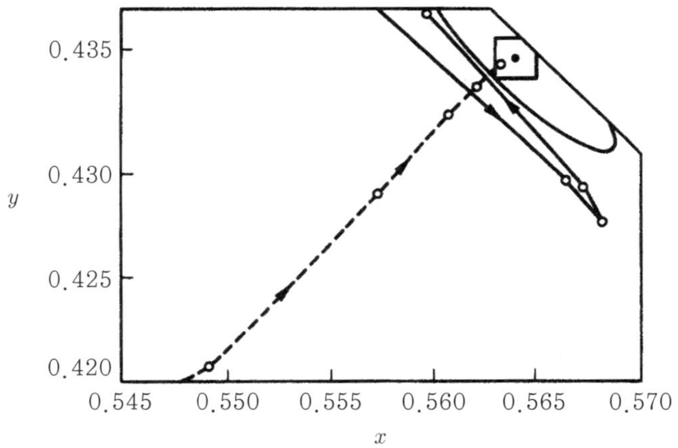

[그림 4.11] 조색사(실선)와 CCM(파선)에 의한 목적색(검은색 점)에의 접근(타원을 조색사, 사각형은 CCM의 목표 색차 (Billmeyer, Jr. & Saltzman, 1981)

다음은 CCM의 대표적인 알고리즘으로서 뉴튼-랩슨(Newton-Raphson)법에 의한 순차 근사법의 원리와 계산 결과의 예를 나타낸다. 순차 근사법에는 뉴튼-랩슨법 이외에도 협공(regula falsi)법(참고 2(4.7)), simplex법(참고 3(4.7)) 등이 있다.

우선, 뉴튼-랩슨법에 대해 $f(x)=0$의 근을 구하는 경우를 예로 설명한다. $f(x)=0$의 근에 가까운 $x=x_0$에서 테일러(Taylor) 전개하여, 일차의 항만을 취하면, x의 작은 변화 Δx에 대해서

$$f(x_0+\Delta x)=f(x_0)+f'(x_0)\cdot\Delta x \tag{4.27}$$

가 성립한다. 다만, $f'(x_0)$는 $f(x)$의 미분 계수 $f'(x)$에 x_0를 대입한 것이다. 따라서, $f(x)=0$의 보다 정확한 값 x_1은 $f(x_0+\Delta x)=0$으로 두고

$$\begin{aligned} x_1 &= x_0+\Delta x \\ &= x_0-\frac{f(x_0)}{f'(x_0)} \end{aligned} \tag{4.28}$$

로 구할 수 있다. 이것은 [그림 4.12]에서 가리키는 것처럼, 점(x_0, y_0)에서 접선을 그어, 그 접선과 x축과의 교점 x_1을 구하는 것에 상당한다.

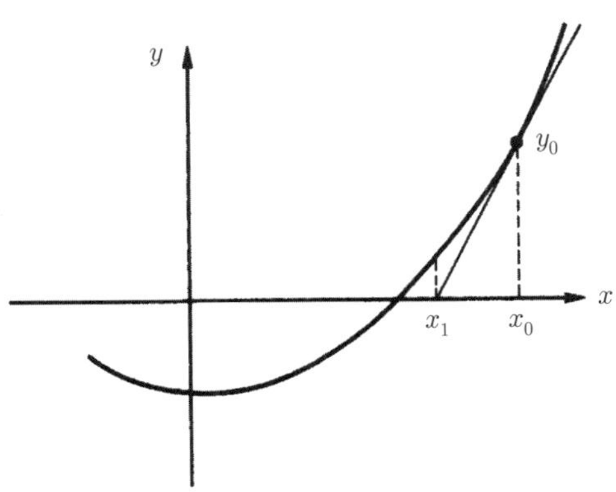

[그림 4.12] Newton-Raphson법의 원리

이것을 컬러 매칭에 적용하는 경우, 식 (4.26)에서 초기치를 c_0, m_0, y_0로 두고, 그 때의 3 자극치를 X_0, Y_0, Z_0로 한다. 여기서 c_0, m_0, y_0에 작은 변화 Δc, Δm, Δy를 더했을 때 3 자극치가 ΔX, ΔY, ΔZ만 변화했다고 가정하면 식 (4.27)과 동일하게, 예를 들어 X에 대해서는

$$\begin{aligned} X_0 + \Delta X &= f_X(c_0 + \Delta c, m_0 + \Delta m, y_0 + \Delta y) \\ &= f_X(c_0, m_0, y_0) + \Delta c \cdot \frac{\partial f_X}{\partial c} + \Delta m \cdot \frac{\partial f_X}{\partial m} + \Delta y \cdot \frac{\partial f_X}{\partial y} \\ &= X_0 + \Delta c \cdot \frac{\partial f_X}{\partial c} + \Delta m \cdot \frac{\partial f_X}{\partial m} + \Delta y \cdot \frac{\partial f_X}{\partial y} \end{aligned} \tag{4.29}$$

를 얻는다. 다만, $\partial f_X / \partial c$는 함수 f_X의 c에 관한 편미분 계수를 나타낸다. 식 (4.29)를 정리하면

$$\Delta X = \Delta c \cdot \frac{\partial X}{\partial c} + \Delta m \cdot \frac{\partial X}{\partial m} + \Delta y \cdot \frac{\partial X}{\partial y} \tag{4.30}$$

가 되어, 동일하게 ΔY, ΔZ도

$$\begin{aligned} \Delta Y &= \Delta c \cdot \frac{\partial Y}{\partial c} + \Delta m \cdot \frac{\partial Y}{\partial m} + \Delta y \cdot \frac{\partial Y}{\partial y} \\ \Delta Z &= \Delta c \cdot \frac{\partial Z}{\partial c} + \Delta m \cdot \frac{\partial Z}{\partial m} + \Delta y \cdot \frac{\partial Z}{\partial y} \end{aligned} \tag{4.31}$$

가 된다.

식 (4.30), (4.31)을 행렬 표시하면

$$\begin{bmatrix} \Delta X \\ \Delta Y \\ \Delta Z \end{bmatrix} = \begin{bmatrix} \partial X/\partial c & \partial X/\partial m & \partial X/\partial y \\ \partial Y/\partial c & \partial Y/\partial m & \partial Y/\partial y \\ \partial Z/\partial c & \partial Z/\partial m & \partial Z/\partial y \end{bmatrix} \begin{bmatrix} \Delta c \\ \Delta m \\ \Delta y \end{bmatrix} \tag{4.32}$$

가 되는데, 양변에 우변 제 1항 행렬의 역행렬을 곱하면

$$\begin{bmatrix} \Delta c \\ \Delta m \\ \Delta y \end{bmatrix} = \begin{bmatrix} \partial X/\partial c & \partial X/\partial m & \partial X/\partial y \\ \partial Y/\partial c & \partial Y/\partial m & \partial Y/\partial y \\ \partial Z/\partial c & \partial Z/\partial m & \partial Z/\partial y \end{bmatrix}^{-1} \begin{bmatrix} \Delta X \\ \Delta Y \\ \Delta Z \end{bmatrix} \tag{4.33}$$

를 얻을 수 있으며, 초기치 c_0, m_0, y_0를

$$\begin{aligned} c_1 &= c_0 + \Delta c \\ m_1 &= m_0 + \Delta m \\ y_1 &= y_0 + \Delta y \end{aligned} \tag{4.34}$$

와 같이 수정하면 보다 정확한 근사치를 얻을 수 있게 된다.

[그림 4.13]은 위의 계산을 컴퓨터로 실시할 때의 프로그램의 흐름도를 나타낸다. 이 프로그램을 이용하여 컬러 필름의 컬러 매칭을 해 보면, [그림 4.14]에 나타내는 것처럼 목적한 색에 대해서 효율적인 접근이 이루어진다.

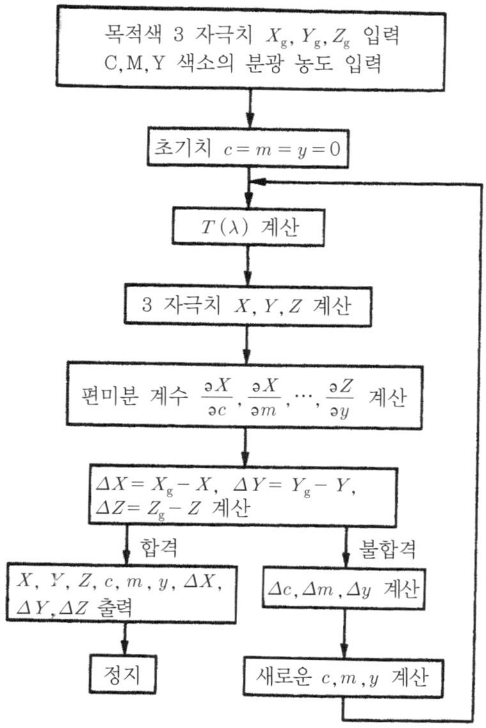

[그림 4.13] Newton–Raphson법에 의한 컬러 매칭 흐름도 (Ohta, 1971c)

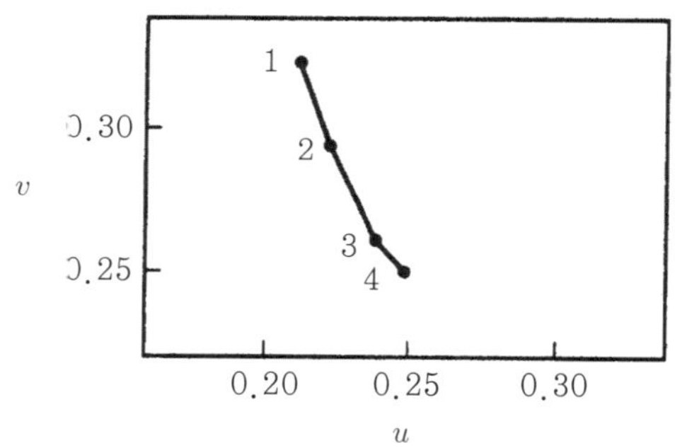

[그림 4.14] Newton–Raphson법에 의한 목적색(u =0.25, v =0.25)에의 접근(컬러 필름), 숫자는 반복횟수 (Ohta, 1971c)

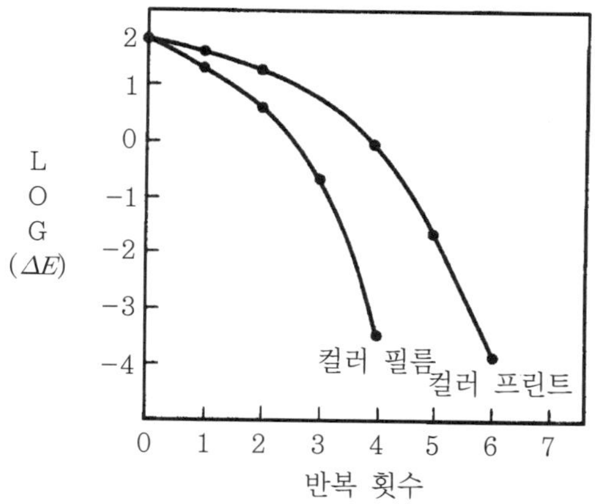

[그림 4.15] Newton-Raphson법에 의한 색차 ΔE의 감소 (Ohta, 1971c)

또, 컬러 인쇄물(반사형)에서도 같은 컬러 매칭이 가능하며, 양자 모두 색차(ΔE)는 [그림 4.15]와 같이 매우 빠르게 감소하여 수렴하는 것을 알 수 있다. 실제의 컬러 매칭에서는 색차를 균등하게 평가하기 위해서 2.6절에서 설명한 균등 색공간을 이용하는 경우가 많다(참고 4(4.7)).

4.8 분광 컬러 매칭의 알고리즘

분광 컬러 매칭의 목적은 혼색으로 얻을 수 있는 색과 목적색의 분광 특성을 일치시키는 것이다. 따라서 3 자극치의 일치만을 구하는 조건 등색 컬러 매칭과 비교하여 어려운 조건이기 때문에 실현 가능성에 대해서는 4.7절에서 설명한 바와 같다. 분광 컬러 매칭의 알고리즘은 주로 분광 특성과의 차의 제곱합이 최소가 되게 하는 최소 자승법을 사용하나, 목적에 따라서는 분광 특성의 차가 최대인 것를 최소로 하는 minimax법(참고 5(4.8))을 이용하는 경우도 있다. 그리고 사용하는 원색의 수가 적은 경우는 참고 2,3(4.7)에서 나타낸 협공법이나 simplex법을 응용할 수도 있다.

여기에서는 대표적인 알고리즘인 최소 자승법에 따른 분광 컬러 매칭의 방법을 소개한다. 편의상, 램버트-비어의 법칙을 가정하여 계산을 농도 단위로 실시하는 것으로 한다. 혼색에 m종의 색소를 성분으로 이용해, 그러한 분광 농도를 $d_j(\lambda)$, 혼합량을 $c_j(j=1,\ 2,\ \cdots,\ m)$라고 하면, 얻을 수 있는 혼합물의 분광 농도의 $\widehat{D}(\lambda)$는

$$\hat{D}(\lambda) = \sum_{j=1}^{m} c_j \cdot d_j(\lambda) \tag{4.35}$$

가 된다. 목적색의 분광 농도를 $D(\lambda)$라고 하면, $D(\lambda)$와 $\hat{D}(\lambda)$의 차의 제곱합 S는,

$$S = \int \{D(\lambda) - \hat{D}(\lambda)\}^2 d\lambda \tag{4.36}$$

로 표시된다. 여기서, 적분 $\left(\int\right)$은 계산할 파장 범위에서 계산한다.

그러면 분광 컬러 매칭은 식 (4.36)의 S를 최소로 하는 것에 상당하므로, $\partial S/\partial c_1 = \partial S/\partial c_2 = \cdots = \partial S/\partial c_m = 0$이 되면 된다. 식 (4.35)를 이용해, 가령 $\partial S/\partial c_1$를 구체적으로 쓰면,

$$\begin{aligned} \frac{\partial S}{\partial c_1} &= \frac{\partial \int \{D(\lambda) - \hat{D}(\lambda)\}^2 d\lambda}{\partial c_1} \\ &= -2\int d_1(\lambda)\{D(\lambda) - \hat{D}(\lambda)\} d\lambda \end{aligned} \tag{4.37}$$

이므로,

$$\int d_1(\lambda) \cdot D(\lambda) d\lambda = \int d_1(\lambda) \hat{D}(\lambda) d\lambda \tag{4.38}$$

가 되어, 이하 동일하게

$$\begin{aligned}
&\int d_2(\lambda) \cdot D(\lambda) d\lambda = \int d_2(\lambda) \cdot \widehat{D}(\lambda) d\lambda \\
&\int d_3(\lambda) \cdot D(\lambda) d\lambda = \int d_3(\lambda) \cdot \widehat{D}(\lambda) d\lambda \\
&\cdots\cdots\cdots\cdots\cdots\cdots\cdots\cdots \\
&\int d_m(\lambda) \cdot D(\lambda) d\lambda = \int d_m(\lambda) \cdot \widehat{D}(\lambda) d\lambda
\end{aligned} \tag{4.39}$$

를 얻을 수 있다.

성분 색소나 목적색의 농도 분포를 가령 $D(\lambda)$ 대신에 D_1, D_2, $\cdots$, D_n과 같이 n 점에서 이산적으로 취하면, 식 (4.38)의 적분은 곱셈으로 바뀌어,

$$\begin{aligned}
\sum_{i=1}^{n} d_{1i} \cdot D_i \Delta\lambda &= \sum_{i=1}^{n} d_{1i} \cdot \widehat{D}_i \cdot \Delta\lambda \\
&= \sum_{i=1}^{n} d_{1i} \left[\sum_{j=1}^{m} c_j \cdot d_{ji} \right] \Delta\lambda \\
&= \sum_{j=1}^{m} c_j \left[\sum_{i=1}^{n} d_{1i} \cdot d_{ji} \right] \Delta\lambda
\end{aligned} \tag{4.40}$$

로 쓸 수 있다. 여기서 $\Delta\lambda$는 곱셈의 파장 폭이다. 보기 쉽도록 다음의 행렬 (c), (D), (A)를 도입한다.

$$\begin{aligned}
&(c) = (c_1 \quad c_2 \quad \cdots \quad c_m) \\
&(D) = (D_1 \quad D_2 \quad \cdots \quad D_n) \\
&(A) = \begin{bmatrix} d_{11} & d_{12} & \cdots & d_{1n} \\ d_{21} & d_{22} & \cdots & d_{2n} \\ \cdots & \cdots & \cdots & \cdots \\ d_{m1} & d_{m2} & \cdots & d_{mn} \end{bmatrix}
\end{aligned} \tag{4.41}$$

그러면 식 (4.38), (4.39)는 식 (4.40)을 참조하여

$$(D) \cdot {}^t(A) = (c) \cdot (A) \cdot {}^t(A) \tag{4.42}$$

와 같이 정리할 수 있다. 다만, ${}^t(A)$는 행렬 (A)의 전치 행렬이다. 따라서, 분광 컬러 매칭에서 필요로 하는 성분 색소의 혼합량 $c_j (j=1, 2, \cdots, m)$는 식 (4.42)로부터

$$(c) = (D) \cdot {}^t(A) \cdot \{(A) \cdot {}^t(A)\}^{-1} \tag{4.43}$$

으로 구할 수가 있다.

이 방법에 의해 컬러 필름에서 램버트-비어의 법칙을 가정하여 분광 컬러 매칭한 예를 나타내 보자. [그림 4.16]의 실선은 목적색의 분광 농도 $D(\lambda)$를 나타낸다. 이 색을 [그림 4.5]에 나타낸 C, M, Y에 의해 식 (4.43)을 이용해 분광 컬러 매칭 하면, 이들 3색소의 혼합량 c, m, y는 $c=1.0211$, $m=0.8860$, $y=0.9133$으로 구해진다. [그림 4.16]의 파선은 이러한 색소량에 대응하는 3색소의 분광 농도를 나타낸다. [그림 4.16]에서는 $S=0$으로 분광 컬러 매칭이 되었으므로, $\hat{D}(\lambda)$와 $D(\lambda)$는 완전하게 일치한다.

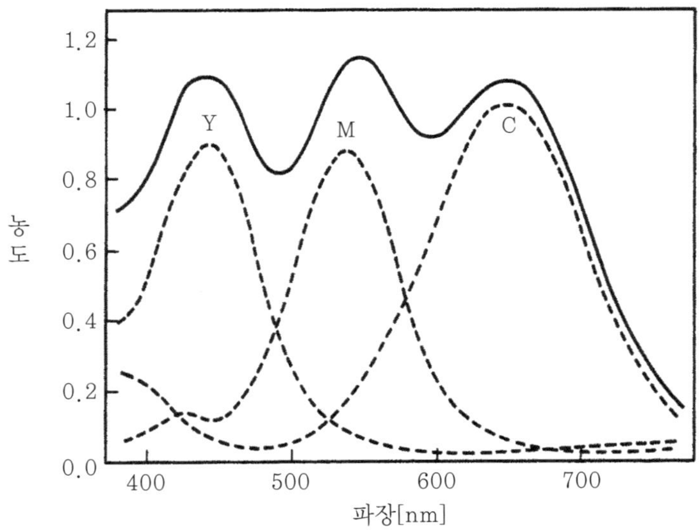

[그림 4.16] 컬러 필름에서의 분광 컬러 매칭

참고 1(4.5) 램버트-비어의 법칙

입사광의 강도 I_0와 투과광의 강도 I와의 비율(빛의 감쇠)의 대수가 흡수 매체의 두께 d에 비례하여

$$\log\frac{I_0}{I}=\alpha d \tag{4.44}$$

로 주어지는 것을 램버트(Lambert)의 법칙이라고 부른다. 여기서 α는 정수로 흡수 계수(absorption coefficient)라고 부른다. 또, 빛의 감쇠의 대수가 흡수 매체에 포함되는 흡수 물질의 농도 c에 비례하여

$$\log\frac{I_0}{I}=\beta c \tag{4.45}$$

로 주어지는 것을 비어(Beer)의 법칙이라고 부른다. 여기서 β는 정수이다. 램버트의 법칙과 비어의 법칙을 합하여

$$\log\frac{I_0}{I}=kcd \tag{4.46}$$

의 관계가 있는 것을 램버트-비어(Lambert Beer)의 법칙이라고 부른다. 여기에 k는 농도에 무관한 정수로, kcd는 흡광도(absorbance) 또는 광학 농도(optical density)라고 부른다. 특히 농도 c를 몰 농도로 나타냈을 때의 k를 몰 흡광 계수(molar absorption coefficient)라고 부르며, 분광 분석에 있어 물질을 정량할 때에 필요하다.

참고 2(4.7) 협공법에 따른 컬러 매칭

협공법에서는, 예를 들어 방정식 $y=f(x)$에서 $f(x)=0$의 근을 구할 때, [그림 4.17]에 나타내는 것처럼 x를 순차로 $x=0$, 1, 2, …와 같이 변화시켜, $f(a)<0<f(b)$가 되는 점 a, $b(a<b)$를 구한다. 다음은 $c=(a+b)/2$로 $f(c)$의 부호를 조사한다. $f(c)<0$으면 $d=(b+c)/2$로, $f(c)>0$면 $d=(a+c)/2$로 $f(d)$의 부호를 조사해 음과 양으로 분류하여 새로운 값을 정한다. 이러한 순서로 요구하는 정밀도까지 얻을 때까지 반복하면 된다.

협공법에 의해 컬러 매칭을 실시하려면, 식 (4.26)을 변형하여, 목적 함수 φ를

$$\varphi=[\{X-f_X(c,m,y)\}^2+\{Y-f_X(c,m,y)\}^2+\{Z-f_z(c,m,y)\}^2] \tag{4.47}$$

로 하고, $\varphi=0$이 되는 c, m, y를 구하면 된다. 예를 들면, [그림 4.5]의 C, M, Y를 컬러 필름에서 사용해 XYZ 표색계, 4800K의 흑체 복사하에서 목적색을 $u=0.25$, $v=0.25$, $Y=10$으로 했을 경우, 협공법에서는 [그림 4.18]과 같은 수렴을 한다. 초기치는 $c=m=y=0$의 점이며, 그다지 효율적인 수렴은 아니다.

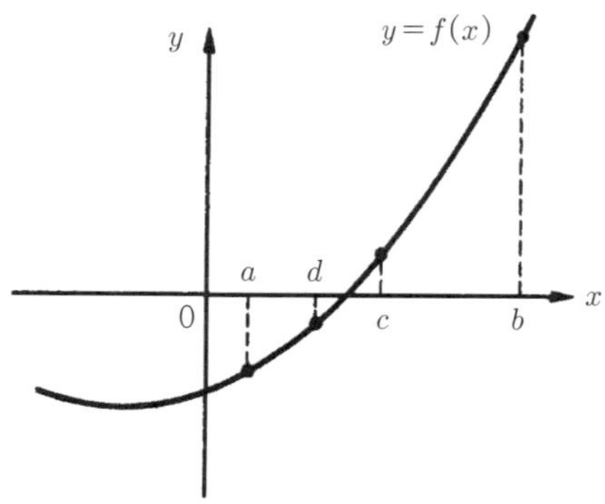

[그림 4.17] 협공법의 원리

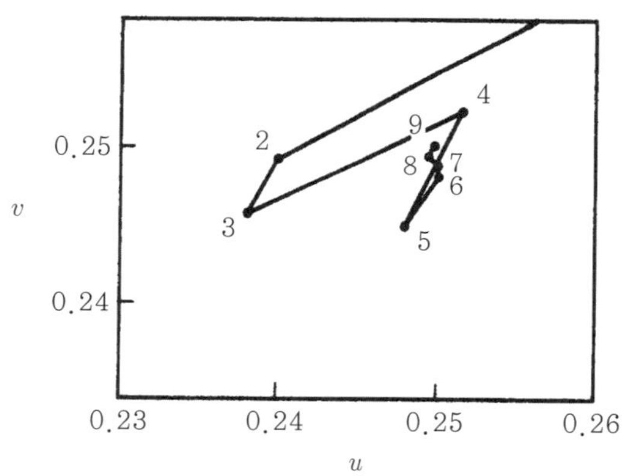

[그림 4.18] 협공법에 의한 목적색($u=0.25$, $v=0.25$)에의 접근(컬러 필름), 숫자는 반복 횟수 (Ohta, 1971c)

협공법은 프로그래밍이 용이하고, 함수 f가 복잡한 경우 또는 명백한 형태로 주어지지 않는 경우에 유효한 방법이다.

참고 3(4.7) simplex법에 따른 컬러 매칭

이 방법은 simplex라고 부르는 도형의 정점에 변수를 할당해 simplex의 크기와 형태를 바꾸어 함수의 최적화를 실시하는 방법이다(Kowalik & Osborne, 1968). simplex는 n차원 공간의 $(n+1)$개의 점의 집합이며, $n=2$의 경우는 삼각형 $n=3$의 경우는 사면체이다. simplex의 정점을 벡터 x_i로 나타내고 새로운 벡터를 다음과 같이 정한다.

$$
\begin{aligned}
&① \ x_h = \max\{f(x_i)\}, \quad i=1, 2, \cdots, n+1 \\
&② \ x_s = \max\{f(x_i)\}, \quad i \neq h \\
&③ \ x_l = \min\{f(x_i)\}, \quad i=1, 2, \cdots, n+1 \\
&④ \ x_0 = \Sigma\frac{x_i}{n+1}, \quad i \neq h, i=1, 2, \cdots, n+1
\end{aligned}
\tag{4.48}
$$

그 다음, 이 방법에서 이용하는 3종의 조작을 다음과 같이 정한다.

$$
\begin{aligned}
&① \ \text{거울상(鏡像)} \quad x_r = (1+\alpha)x_0 - \alpha x_h \\
&② \ \text{확장} \quad x_e = \beta x_r + (1-\beta)x_0 \\
&③ \ \text{수축} \quad x_c = r x_h + (1-r)x_0
\end{aligned}
\tag{4.49}
$$

여기서, $\alpha(>0)$, $\beta(>1)$, $r(1>r>0)$는 계수이며, 예를 들어 $\alpha=1$, $\beta=2$, $r=1/2$ 등의 값을 사용한다. 이러한 조작을 2차원에서 실시하는 경우를 [그림 4.19]에 나타낸다.

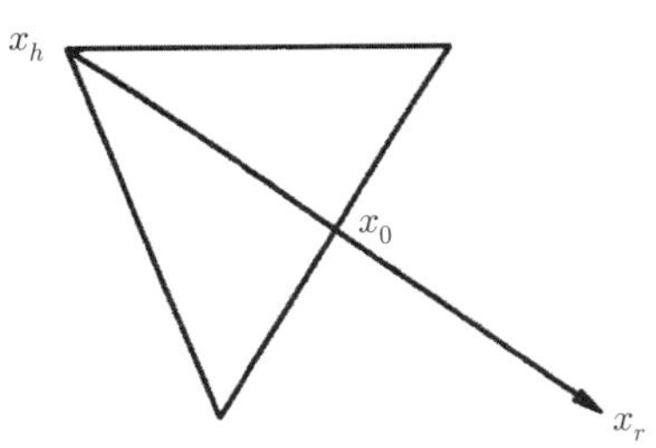

① 거울상

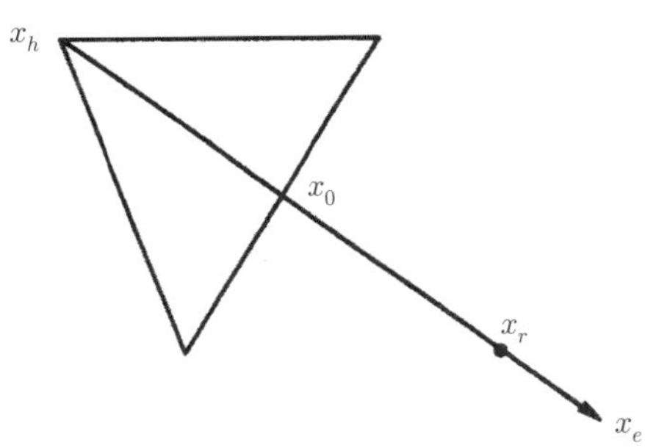

② 확장

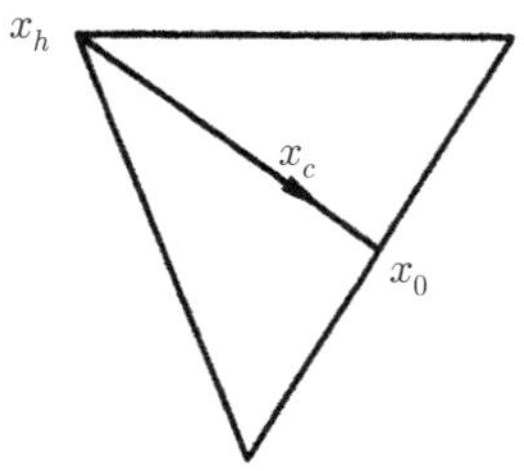

③ 수축

[그림 4.19] simplex의 변형 조작(2차원의 경우)

이 방법의 의도는 simplex의 정점 내에서 함수 값의 가장 큰 것을 선택하면, 그 거울상에 있어서의 함수 값은 작아진다는 가정에 따르고 있다. 이 가정에 의하면 같은 과정의 반복으로 함수의 최소치가 구해진다. [그림 4.20]은 simplex법의 흐름도(flow chart)를 나타낸다.

simplex법을 컬러 매칭에 적용해 보면, 그 수렴은 뉴튼-랩슨법보다는 늦지만, 협공법보다는 7배 이상이나 빠르다는 것을 알 수 있다. 그리고 협공법이나 simplex법에서는 함수의 미분을 필요로 하지 않기 때문에 프로그래밍이 용이하고 사용하는 변수(색소량) c_1, c_2, c_3에

$$c_i' = |c_i|$$

$$c_i' = c_i^2 \qquad (i=1, 2, 3) \tag{4.50}$$

$$c_i' = \exp(c_i)$$

등의 변수 변환을 하여, 새로운 변수 c_i'를 사용하면 $c_i' \geq 0$이 되어 항상 실행 가능한 해를 구할 수가 있는 등의 특징이 있다.

실제, 목적색이 색재현 영역의 밖에 있는 경우, 색소량 c_i에 어떠한 제한도 두지 않고 simplex법으로 컬러 매칭을 실시하면 $c_i < 0$의 실행 불능의 해를 얻게 된다. 여기서 식 (4.50)에 의해 c_i'로 변환 후 컬러 매칭을 실시하면 $c_i' = 0$이 되는 실행 가능한 해를 얻을 수 있다. 당연히 목적색과의 색차는 크지만 이것이 목적색과 색재현 영역의 최단 거리를 가져온다.

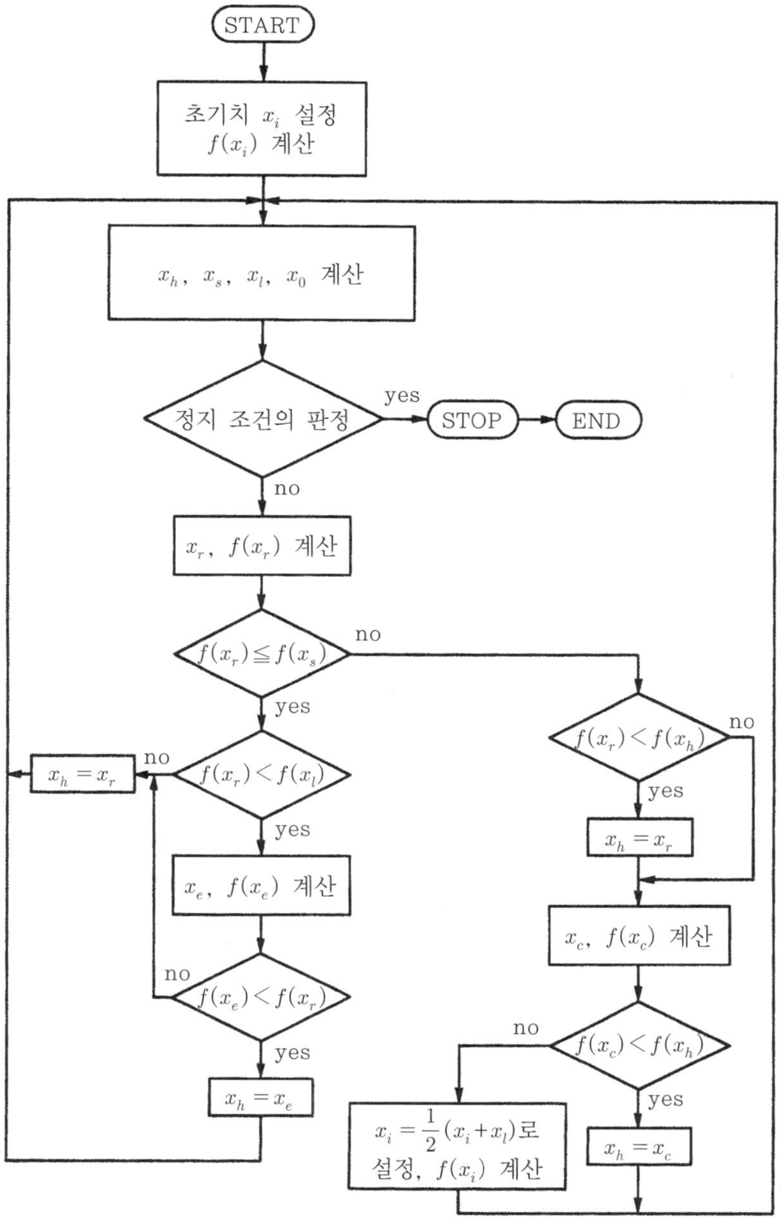

[그림 4.20] simplex법의 흐름도 (Ohta, 1973c)

참고 4(4.7) 균등 색공간에서의 컬러 매칭

XYZ 표색계에서는 색차를 균등하게 평가할 수 없기 때문에, 컬러 매칭에는 균등 색공간을 사용하는 경우가 많다. 균등 색공간으로 $L^*a^*b^*$ 색공간을 사용하면, 식 (4.32), (4.33)의 행렬 요소는 $\partial X/\partial c$, $\partial X/\partial m$, …, $\partial Z/\partial y$ 대신에 $\partial L^* / \partial c$, $\partial L^* / \partial m$, …, $\partial b^* / \partial y$ 등을 사용하지 않으면 안 된다. 이러한 편미분 계수는 식 (2.12)로부터

$$\frac{\partial L^*}{\partial c} = \frac{116}{3} \cdot \left(\frac{Y}{Y_n}\right)^{-\frac{2}{3}} \cdot \frac{1}{Y_n} \cdot \frac{\partial Y}{\partial c}$$

$$\frac{\partial a^*}{\partial c} = \frac{500}{3}\left\{\left(\frac{X}{X_n}\right)^{-\frac{2}{3}} \cdot \frac{1}{X_n} \cdot \frac{\partial X}{\partial c} - \left(\frac{Y}{Y_n}\right)^{-\frac{2}{3}} \cdot \frac{1}{Y_n} \cdot \frac{\partial Y}{\partial c}\right\} \tag{4.51}$$

$$\frac{\partial b^*}{\partial c} = \frac{200}{3}\left\{\left(\frac{Y}{Y_n}\right)^{-\frac{2}{3}} \cdot \frac{1}{Y_n} \cdot \frac{\partial Y}{\partial c} - \left(\frac{Z}{Z_n}\right)^{-\frac{2}{3}} \cdot \frac{1}{Z_n} \cdot \frac{\partial Z}{\partial c}\right\}$$

등으로 구해진다.

또, 편미분 계수 $\partial X/\partial c$, $\partial X/\partial m$, …, $\partial Z/\partial y$는, 식 (4.26)의 함수 f_X, f_Y, f_Z에 의존한다. 예를 들면, X는 식 (4.22)에서 $k=1$로 하면

$$\begin{aligned} X &= f_X(c, m, y) \\ &= \int_{\text{vis}} T(\lambda) \cdot P(\lambda) \cdot \bar{x}(\lambda) d\lambda \end{aligned} \tag{4.52}$$

이다. 따라서, $\partial X/\partial c$는

$$\frac{\partial X}{\partial c} = \int_{\text{vis}} \frac{\partial T(\lambda)}{\partial c} \cdot P(\lambda) \cdot \bar{x}(\lambda) d\lambda \tag{4.53}$$

가 되는데, 분광 투과율 $T(\lambda)$는 컬러 필름에서 램버트-비어의 법칙을 가정하면 C, M, Y의 분광 농도를 $D_C(\lambda)$, $D_M(\lambda)$, $D_Y(\lambda)$로 하여

$$\log\{T(\lambda)\} = -\{c \cdot D_C(\lambda) + m \cdot D_M(\lambda) + y \cdot D_Y(\lambda)\} \tag{4.54}$$

이므로

$$\frac{\partial T(\lambda)}{\partial c} = -(\ln 10) \cdot D_C(\lambda) \cdot T(\lambda) \tag{4.55}$$

가 된다. 여기서, ln은 e를 기저로 하는 대수로, ln10=2.3026이다.

그 다음은 식 (4.55)를 식 (4.53)에 대입하면

$$\frac{\partial X}{\partial c} = -(\ln 10)\int_{\text{vis}} D_C(\lambda)\cdot T(\lambda)\cdot P(\lambda)\cdot \bar{x}(\lambda)d\lambda \tag{4.56}$$

를 얻을 수 있다. 이하, 동일한 계산으로

$$\frac{\partial X}{\partial m} = -(\ln 10)\int_{\text{vis}} D_M(\lambda)\cdot T(\lambda)\cdot P(\lambda)\cdot \bar{x}(\lambda)d\lambda$$

$$\cdots\cdots\cdots\cdots \tag{4.57}$$

$$\frac{\partial Z}{\partial y} = -(\ln 10)\int_{\text{vis}} D_Y(\lambda)\cdot T(\lambda)\cdot P(\lambda)\cdot \bar{z}(\lambda)d\lambda$$

등의 결과를 얻을 수 있다.

참고 5(4.8) minimax법에 따른 분광 컬러 매칭

4.8절의 최소 자승법에서는 $D(\lambda)$와 $\hat{D}(\lambda)$의 차의 제곱합이 최소가 되도록 c_j를 정했다. minimax법에서는 그 대신에 차의 최대치 $\Delta_{\max}$가 최소가 되도록 c_j를 정한다. 차의 최대치 $\Delta_{\max}$는 당연히

$$|D(\lambda) - \hat{D}(\lambda)| \le \Delta_{\max} \tag{4.58}$$

를 충족시킨다. 식 (4.58)은

$$-\Delta_{\max} \le D(\lambda) - \hat{D}(\lambda) \le \Delta_{\max} \tag{4.59}$$

와 같은 값이며, 식 (4.35)로 부터, $\hat{D}(\lambda)$를 고쳐 쓰면

$$-\Delta_{\max} \le D(\lambda) - \sum_{j=1}^{m} c_j \cdot d_j(\lambda) \le \Delta_{\max} \tag{4.60}$$

가 된다.

따라서 minimax법에서는 식 (4.60)의 부등식을 충족시키는 $\Delta_{\max}$를 최소로 하는 c_j를 구하는 것이 된다. 최대치(maximum) $\Delta_{\max}$를 최소(minimize)가 되도록 하므로 이 방법을 minimax법이라고 부르는 것이다. 식 (4.60)은 미지수 c_j의 1차식(선형)이며, 또 최소로 하는 $\Delta_{\max}$를 목적 함수로 생각하면 이것도 선형이므로, 이 문제는 선형 계획법으로 풀 수가 있다. 또, 그 외의 선형인 조건, 예를 들면

$$0 \leq c_j, \quad (j = 1, 2, \cdots, m) \tag{4.61}$$

과 같은 제한 조건도 간단하게 계산이 가능하다.

다시, [그림 4.5]의 C, M, Y를 컬러 필름에 사용하여 분광 컬러 매칭을 한 결과를 [그림 4.21]에 나타낸다. [그림 4.21]에서 실선은 목적색의 $D(\lambda)$를 나타내고 있다. 이 색에 대해서 최소 자승법으로 분광 컬러 매칭을 하면, $c=0.9$, $m=-0.1$, $y=0.6$으로 음의 색소량을 얻게 되어 실행이 불가능하게 된다. 한편, minimax법은 식 (4.61)의 제한 조건을 부과하면, $c=0.8176$, $m=0.0$, $y=0.5134$로 실행 가능한 해를 얻을 수 있어 $\Delta_{\max}=0.078$이 된다. 점선은 minimax법으로 구한 $\hat{D}(\lambda)$를 나타내고 있다.

최소 자승법에서도 $m=-0.1$로 음이 되는 색소를 미리 제외하여 계산하면, $c=0.8777$, $y=0.5704$로 실행 가능한 해를 얻을 수 있지만, minimax법에서는 즉시 실행 가능한 해를 얻을 수 있는 특징이 있다. 파선은 M를 미리 제외해 최소 자승법으로 구한 $\hat{D}(\lambda)$를 나타내는데, $\Delta_{\max}=0.090$이 되어, minimax법에 의한 값보다 커진다.

minimax법의 특징은 분광 컬러 매칭에 사용하는 색소의 수가 많아지면 보다 명확해 진다. 예를 들면, 다시 램버트-비어의 법칙을 가정해서 [그림 4.22]에 나타내는 12종의 색소에 의한 분광 컬러 매칭을 한다고 가정해 보자.

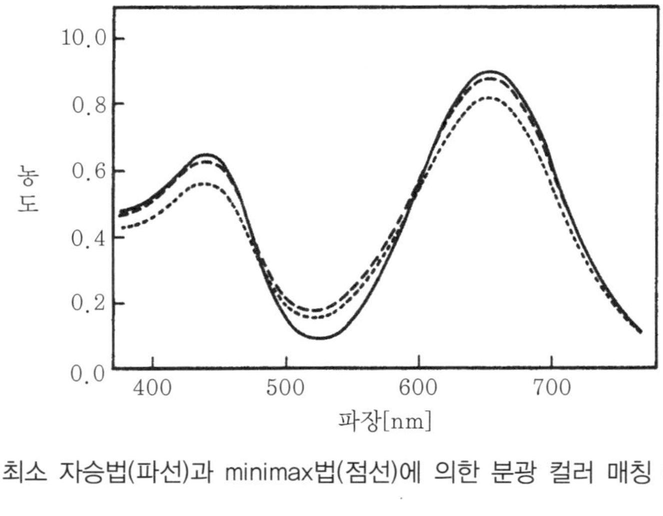

[그림 4.21] 최소 자승법(파선)과 minimax법(점선)에 의한 분광 컬러 매칭 (Ohta, 1972e)

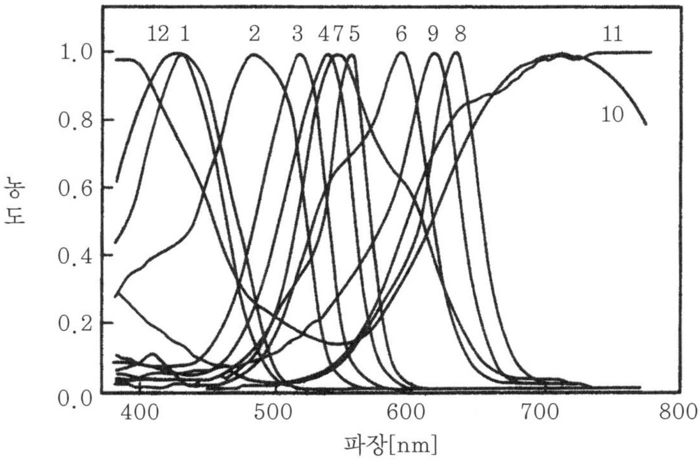

[그림 4.22] 분광 컬러 매칭을 사용하는 12종 색소의 분광 농도 (Ohta, 1972f)

목적색은 Y=50의 회색이며, [그림 4.23]에 minimax법에 의한 계산 결과를 나타낸다. 최소 자승법은 여러 종류의 색소에 대해 음의 색소량을 있어서 실행 가능한 해를 얻을 수 없다.

음의 색소량을 부여하는 색소를 미리 제외할 수도 있지만, 그 때 얻어지는 결과가 실행 가능하다는 보증도 없고 또 최선이라고도 할 수 없다. 따라서 모든 조합을 계산할 필요가 있는데, 그 총수 N은

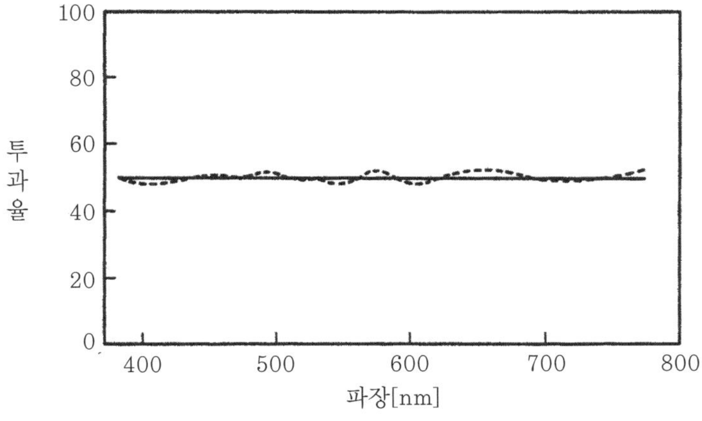

[그림 4.23] Y=50의 회색 분광 컬러 매칭 (Ohta, 1972f)

$$N = \sum_{i=1}^{12} {}_{12}C_i = 2^{12} - 1 = 4095 \tag{4.62}$$

가 되어 실질적이지 않다. 그러나 minimax법에 의하면 즉시 실행 가능한 해를 얻을 수 있고 효율적이다.

Chapter

5 색재현의 원리

색재현이란 컬러 인쇄, 사진, TV 등에서 원래의 색을 재현하는 것이다. 색재현은 전술(제1장)한 삼원색의 원리에 근거한 가법 혼색 또는 감법 혼색을 이용한다. 이 장에서는 색재현의 원리에 대하여 설명하며, 색재현성을 지배하는 요인들에 대하여 현재 지속적으로 발전되고 있는 이론 등을 포함하여 설명한다. 각각의 색재현 시스템의 구체적인 내용에 대해서는 다음 장(Chapter 6)에서 소개한다.

5.1 색재현의 목표

색재현(color reproduction)이란, 피사체나 컬러 원고 등의 본래 물체(original)로부터 컬러 매칭에 의해 재현 화상을 만드는 것이다. 앞서 기술한(4.7절) 바와 같이 컬러 매칭에는 분광 컬러 매칭과 조건 등색 컬러 매칭이 있기 때문에, 색재현에도 이에 상당하는 2종류의 색재현이 있다고 할 수 있다. 분광 컬러 매칭은 오리지널과 재현색의 분광 특성이 일치하므로 이상적인 「색의 재현」이라고 말할 수 있으며, 임의의 조건하에서 등색이 보증 된다. 한편, 조건 등색 컬러 매칭은 일정한 조건하에서 「컬러 어피어런스(color appearance), 색의 현시」를 일치시키는 것이므로 조건이 바뀌면 등색은 보증 되지않기 때문에, 그 색재현의 정확성은 좁고 한정적인 것이라고 할 수 있다.

그러나 분광 컬러 매칭은 특별한 경우를 제외하고는 실현이 곤란하며, 컬러 인쇄, 사진, TV 등에서의 컬러 매칭은 모두 조건 등색 컬러 매칭을 의미한다. 조건 등색 컬러 매칭은 전술(4.7절)과 같이 3 자극치 X, Y, Z의 일치된 값을 구하는 것이다. 식(2.5), (2.6)에서와 같이, 3 자극치는 완전 확산 반사면에 대해서 $Y=100$이 되도록 규격화되어 있어서, 밝기의 절대값은 포함하지 않으므로 불충분하다고 할 수 있다. 이 때문에 색재현의 목표로는 밝기의 절대치를 포함하는 경우도 생각할 수 있다.

Hunt는 다양한 조건을 고려하여, 색재현을 〈표 5.1〉에 나타내는 것처럼, 6개의 카테고리로 분류하였다(Hunt, 1970). 여기서, $R(\lambda)$는 분광 반사(투과)율, $P(\lambda)$는 조명광의 분광 분포, L은 휘도이며, 첨자 1, 2로 오리지널과 재현색을 구별한다. 또, 기호(~)는 컬러 어피어런스가 일치하는 것을 의미한다. 다음은 Hunt의 정의에 따라 각각의 카테고리 내용에 대해 설명한다.

〈표 5.1〉

카테고리	조건	목표
분광적 색재현	—	$R_1(\lambda)=R_2(\lambda)$
측색적 색재현	$P_1(\lambda)=P_2(\lambda)$	$(X_2,\ Y_2,\ Z_2)=(X_1,\ Y_1,\ Z_1)$
정확한 색재현	$P_1(\lambda)=P_2(\lambda)$	$(X_2,\ Y_2,\ Z_2,\ L_2)=(X_1,\ Y_1,\ Z_1,\ L_1)$
등가인 색재현	$P_1(\lambda)\neq P_2(\lambda),\ L_1 \fallingdotseq L_2$	$(X_2,\ Y_2,\ Z_2,\ L_2)\sim(X_1,\ Y_1,\ Z_1,\ L_1)$
대응적 색재현	$P_1(\lambda)\neq P_2(\lambda),\ L_1\neq L_2$	$(X_2,\ Y_2,\ Z_2,\ L_2)\sim(X_1,\ Y_1,\ Z_1,\ L_1)$
선호 색재현	—	$(X_2,\ Y_2,\ Z_2,\ L_2)=(X_P,\ Y_P,\ Z_P,\ L_P)$

주 1. 기호 (~)는 컬러 어피어런스가 일치하는 것을 나타낸다.
2. $(X_P,\ Y_P,\ Z_P,\ L_P)$는 선호색의 3 자극치와 휘도를 의미한다.

(1) 분광적 색재현(spectral color reproduction)

앞에서 말한 바와 같이, 항상 $R_1(\lambda)=R_2(\lambda)$가 되도록 하는 것인데, 보통은 실현 불가능하다. 특수한 실현 예로서 Lippmann 컬러 사진이 있다. 이것은 극히 미세(~0.05μm)한 할로겐화 은(AgX) 입자를 이용한 컬러 사진으로, 사진 유제층 내에서 입사광과 반사광의 간섭에 의해 얻어지는 흑백 사진 화상을 이용하는 것이다. 하지만 장치가 복잡하고 재현 화상이 불안정하여 실용화되지 않고 있다.

(2) 측색적 색재현(colorimetric color reproduction)

조명광이 $P_1(\lambda)=P_2(\lambda)$일 때, 오리지널과 재현 색의 3 자극치가 일치하도록 조건 등색 컬러 매칭에 의해 재현한다. 3 자극치의 Y는 오리지널과 재현 색의 백색을 기준으로 하여 정규화하고 있으므로, $L_1\neq L_2$이라도 무관하다. 측색적 색재현은 간단하게 측색 재현이라고도 하며, 컬러 TV 및 프린터에 의한 컬러 하드카피 등에 주로 사용되고 있다.

(3) 정확한 색재현(exact color reproduction)

조명광이 $P_1(\lambda) = P_2(\lambda)$일 때, 오리지널과 재현 색의 3 자극치가 일치하며 또한 $L_1 = L_2$가 되도록 재현한다.

(4) 등가인 색재현(equivalent color reproduction)

조명광이 $P_1(\lambda) \neq P_2(\lambda)$일 때, 오리지널과 재현 색의 3 자극치는 일치하지 않지만, 컬러 어피어런스가 일치하도록 재현한다. 휘도는 반드시 엄밀하게 일치할 필요는 없으나 대략 근접한 재현이 필요하다.

(5) 대응적 색재현(corresponding color reproduction)

조명광이 $P_1(\lambda) \neq P_2(\lambda)$이고 $L_1 \neq L_2$일 때, 오리지널과 재현 색의 3 자극치는 일치하지 않지만, 컬러 어피어런스가 일치하도록 재현한다. 밝은 햇빛 아래에서 오리지널을 촬영하여, 재현 색을 암실에서 투영하여 관찰하는 경우 등이 이에 해당된다. 이 경우는, 컬러 사진의 특성 곡선의 기울기를 보정함으로써, 컬러 어피어런스의 일치를 도모한다.

(6) 선호 색재현(preferred color reproduction)

잘 알려진 몇 개의 오리지널(피부색, 파란 하늘, 잔디색 등)색을 선호색으로 재현한다. 당연히 컬러 어피어런스는 일치하지 않지만, 전체적인 화질의 향상이 기대되는 방법으로, 일반 사진 및 디지털 카메라 업계에서 주로 사용되고 있다. 선호색 재현에 있어 주관적으로 추구하는 색으로서 피부색, 푸른 하늘, 초원의 녹색 등이 대표적인 색으로 알려져 있으나 그 가치관은 분야별로 다른 특징을 보인다. 예를 들어 동양인들은 피부색으로 노란색보다는 핑크 빛 띠는 것을 선호하는 경향이 있는 반면, 백인들은 핑크 빛 띠는 것을 오히려 싫어하는 경우가 있다. 이 때문에 사진 필름의 프린트 특성은 판매 지역별로 미세한 수정을 거친 제품이 판매되고 있다.

이러한 색재현 이외에도 계측 등을 목적으로, 재현 화상의 색을 의도적으로 오리지널과 차이를 두는 경우도 있다. 예를 들면, 흑백 화상을 광학 농도의 레벨에 따라 색을 변화시키는 Pseudo color 사진이나 노광된 빛과는 관계가 없는 색으로 발색하는 위조 컬러(false color) 사진 등이 있으나, 여기에서는 자세한 설명을 생략한다.

현재 컬러 사진 등에서는 일반적으로 조명광은 $P_1(\lambda) \neq P_2(\lambda)$, $L_1 \neq L_2$이므로 대체로 대응적 색재현을 행하고, 그 이외에 선호색으로의 색재현을 가미하고 있다고 생각된다. 선호색으로의 색재현은 실용상의 중요성 때문에 많은 연구와 보고가 이루어지고 있다. 예를 들면 Bartleson 등은 주광과 백열 전구 조건 하에서, 컬러 사진의 선호하는 재현 색을 실험하여 [그림 5.1]의 결과를 얻었다(Bartleson & Bray, 1962). 이 그림으로부터 선호하는 재현 색은 오리지널의 색뿐만 아니라 기억색(memory color)과도 다르다는 것을 알 수 있다(비고).

비고

기억색

특정 사물과 관련하여 기억되고 있는 색을 말하며, 많은 경험에 의하여 그 사물의 색의 특징적인 성질이 강조되어 기억되고 있다. 일반적으로 기억색은 오리지널의 사물과 비교해 밝은 색은 보다 밝고 어두운 색은 보다 어두우며, 또한 뚜렷한 색은 보다 선명하게 기억되는 경향이 있다.

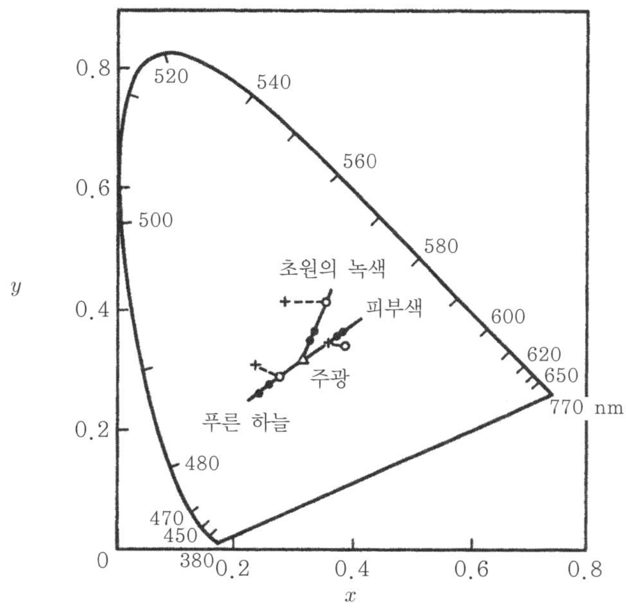

[그림 5.1] 주광(표준광 C)에서의 오리지널색(○), 기억색(×), 선호색(● : 2회 실험) (Bartleson & Bray, 1962)

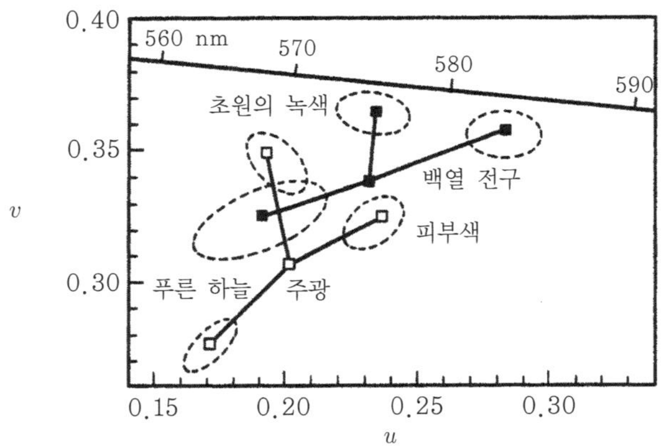

[그림 5.2] 주광하에서의 컬러 인쇄(□)와 백열 전구하에서의 컬러 필름(■)의 선호색 재현 (Hunt, 1974)

선호색에 관해서는 앞에서 말한 바틀슨(Bartleson)의 연구가 잘 알려져 있으며, 그 이외에도 예를 들면 맥아담(MacAdam)은 선호하는 피부색을(MacAdam, 1951), 샌더스(Sanders)는 피부색(얼굴과 손), 녹차, 버터, 포테이토 칩의 선호색에 그 중요성을 두었다(Sanders, 1959). 또 최근에는 Hunt 등이 컬러 인쇄와 컬러 필름에서의 선호하는 재현 색을 구하여, [그림 5.2]에 나타낸 것처럼 지금까지의 견해와 일치한 결과를 얻었다(Hunt, 1974). 더욱이 재현 색은 각 메이커의 색채 시스템의 설계 전략의 영향도 받아, 색재현에서 더 나아가 색 표현(color representation)의 영역으로 발전하고 있다고 말할 수 있다.

5.2 가법 혼색에 의한 색재현

색재현의 목표는 여러 가지가 있으나, 대략 5.1절에서 설명한 바와 같이 대응적 색재현이라고 할 수가 있다. 대응적 색재현은 측색적인 재현에 휘도 변화 등을 추가해 예측할 수 있으므로, 측색적 재현을 먼저 이해 할 필요가 있다. 또한, 측색 재현은 이론적으로 해석하기 쉽기 때문에 이하에서는 측색 재현을 근거로 하여 색재현 이론을 전개한다. 색재현은 혼색에 의해 이루어지며, 혼색에는 가법 혼색과 감법 혼색이 있으므로, 색재현의 이론도 양자로 구별하여 취급한다. 여기에서는 우선 가법 혼색에 의한 색재현 이론을 소개한다.

컬러 인쇄, 사진, TV 등의 색재현 시스템은 [그림 5.3]에 나타내는 것처럼, 화상 입력(컬러 스캐너, 컬러 필름, TV카메라 등)계, 색 신호 처리계, 화상 출력(컬러 인쇄, 컬러 페이퍼, 컬러 TV 등)계로 나누어 생각할 수 있다.

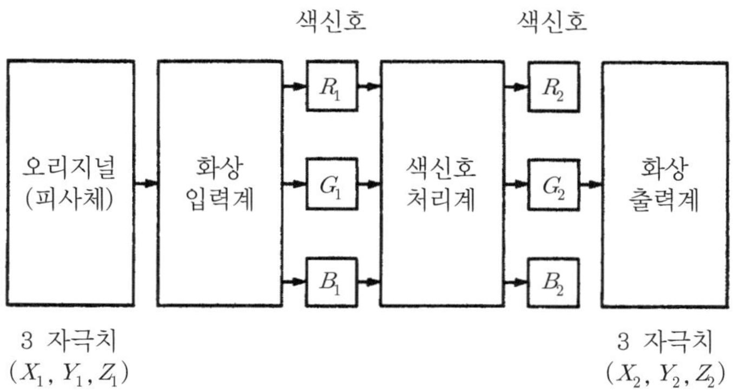

[그림 5.3] 색재현 시스템

화상 입력계는 적색(R) · 녹색(G) · 청색(B)의 3개의 채널에서 오리지널의 색에 응답하는데, 각 채널의 분광 감도를 $S_R(\lambda)$, $S_G(\lambda)$, $S_B(\lambda)$로 하여, 응답량을 R_1, G_1, B_1로 두면

$$
\begin{aligned}
R_1 &= \int_s H(\lambda) \cdot S_R(\lambda) d\lambda \\
G_1 &= \int_s H(\lambda) \cdot S_G(\lambda) d\lambda \\
B_1 &= \int_s H(\lambda) \cdot S_B(\lambda) d\lambda
\end{aligned}
\tag{5.1}
$$

가 된다. 여기서, 적분 $\left(\int_s\right)$은 분광 감도가 양의 영역을 취하는 것으로 하며, $H(\lambda)$는, 조명광의 분광 분포 $P(\lambda)$와 오리지널의 분광 반사(투과)율과의 곱이다. 또 분광 감도는

$$\int_{s} P(\lambda) \cdot S_{R}(\lambda) d\lambda = \int_{s} P(\lambda) \cdot S_{G}(\lambda) d\lambda$$
$$= \int_{s} P(\lambda) \cdot S_{B}(\lambda) d\lambda \qquad (5.2)$$
$$= 1$$

로 정규화되어 있는 것으로 한다.

한편, 오리지널의 3 자극치 (X_1, Y_1, Z_1)는 식 (2.5)에서

$$X_1 = \int_{vis} H(\lambda) \cdot \bar{x}(\lambda) d\lambda$$
$$Y_1 = \int_{vis} H(\lambda) \cdot \bar{y}(\lambda) d\lambda \qquad (5.3)$$
$$Z_1 = \int_{vis} H(\lambda) \cdot \bar{z}(\lambda) d\lambda$$

이다. 여기서, 조명광의 분광 분포 $P(\lambda)$는

$$\int_{vis} P(\lambda) \cdot \bar{y}(\lambda) d\lambda = 1 \qquad (5.4)$$

로 정규화되어 있는 것으로 한다.

다음은 화상 출력계의 입력어 대해서 생각해 보자. 가법 혼색에서는 삼원색의 혼합량에 상당한다. 가법 혼색의 원색 R, G, B의 3 자극치를 (X_R, Y_R, Z_R), (X_G, Y_G, Z_G), (X_B, Y_B, Z_B)로 하고, 혼합량을 R_2, G_2, B_2로 한다면, 혼색으로 얻을 수 있는 색의 3 자극치 (X_2, Y_2, Z_2)는 식 (4.11)로부터

$$\begin{bmatrix} X_2 \\ Y_2 \\ Z_2 \end{bmatrix} = \begin{bmatrix} X_R & X_G & X_B \\ Y_R & Y_G & Y_B \\ Z_R & Z_G & Z_B \end{bmatrix} \begin{bmatrix} R_2 \\ G_2 \\ B_2 \end{bmatrix} \qquad (5.5)$$

라고 쓸 수 있다.

그러면 측색 재현에서는 $X_1 = X_2$, $Y_1 = Y_2$, $Z_1 = Z_2$이므로, 식 (5.3), (5.5)로부터

$$\begin{bmatrix} \int_{\text{vis}} H(\lambda) \cdot \bar{x}(\lambda) d\lambda \\ \int_{\text{vis}} H(\lambda) \cdot \bar{y}(\lambda) d\lambda \\ \int_{\text{vis}} H(\lambda) \cdot \bar{z}(\lambda) d\lambda \end{bmatrix} = \begin{bmatrix} X_{\text{R}} & X_{\text{G}} & X_{\text{B}} \\ Y_{\text{R}} & Y_{\text{G}} & Y_{\text{B}} \\ Z_{\text{R}} & Z_{\text{G}} & Z_{\text{B}} \end{bmatrix} \begin{bmatrix} R_2 \\ G_2 \\ B_2 \end{bmatrix} \tag{5.6}$$

로 쓸 수 있다. 만약 3개 채널에서의 응답량과 가법 혼색의 삼원색의 혼합량이 동일하다고 하면, $R_1 = R_2$, $G_1 = G_2$, $B_1 = B_2$이므로, 식 (5.1), (5.6)으로부터

$$\begin{bmatrix} \int_{\text{s}} H(\lambda) \cdot S_{\text{R}}(\lambda) d\lambda \\ \int_{\text{s}} H(\lambda) \cdot S_{\text{G}}(\lambda) d\lambda \\ \int_{\text{s}} H(\lambda) \cdot S_{\text{B}}(\lambda) d\lambda \end{bmatrix} = \begin{bmatrix} X_{\text{R}} & X_{\text{G}} & X_{\text{B}} \\ Y_{\text{R}} & Y_{\text{G}} & Y_{\text{B}} \\ Z_{\text{R}} & Z_{\text{G}} & Z_{\text{B}} \end{bmatrix}^{-1} \times \begin{bmatrix} \int_{\text{vis}} H(\lambda) \cdot \bar{x}(\lambda) d\lambda \\ \int_{\text{vis}} H(\lambda) \cdot \bar{y}(\lambda) d\lambda \\ \int_{\text{vis}} H(\lambda) \cdot \bar{z}(\lambda) d\lambda \end{bmatrix} \tag{5.7}$$

를 얻을 수 있다.

식 (5.7)은 우변 제 1항의 행렬(3 자극치 행렬의 역행열)을 (g_{ij})로 하면

$$\begin{bmatrix} \int_{\text{s}} H(\lambda) \cdot S_{\text{R}}(\lambda) d\lambda \\ \int_{\text{s}} H(\lambda) \cdot S_{\text{G}}(\lambda) d\lambda \\ \int_{\text{s}} H(\lambda) \cdot S_{\text{B}}(\lambda) d\lambda \end{bmatrix} = \begin{bmatrix} g_{11} & g_{12} & g_{13} \\ g_{21} & g_{22} & g_{23} \\ g_{31} & g_{32} & g_{33} \end{bmatrix} \times \begin{bmatrix} \int_{\text{vis}} H(\lambda) \cdot \bar{x}(\lambda) d\lambda \\ \int_{\text{vis}} H(\lambda) \cdot \bar{y}(\lambda) d\lambda \\ \int_{\text{vis}} H(\lambda) \cdot \bar{z}(\lambda) d\lambda \end{bmatrix} \tag{5.8}$$

로 쓸 수 있다. 여기서 예를 들면

$$\int_{s} H(\lambda) \cdot S_{R}(\lambda)d\lambda = g_{11}\int_{vis} H(\lambda) \cdot \bar{x}(\lambda)d\lambda + g_{12}\int_{vis} H(\lambda) \cdot \bar{y}(\lambda)d\lambda$$
$$+ g_{13}\int_{vis} H(\lambda) \cdot \bar{z}(\lambda)d\lambda \quad (5.9)$$
$$= \int_{vis} H(\lambda)\{g_{11} \cdot \bar{x}(\lambda) + g_{12} \cdot \bar{y}(\lambda) + g_{13} \cdot \bar{z}(\lambda)\}d\lambda$$

를 얻을 수 있다. 식 (5.9)가 임의의 $H(\lambda)$에 대해서 성립하기 위해서는

$$S_{R}(\lambda) = g_{11} \cdot \bar{x}(\lambda) + g_{12} \cdot \bar{y}(\lambda) + g_{13} \cdot \bar{z}(\lambda) \quad (5.10)$$

가 아니면 안 된다. 여기서 식을 간소화 하기위해 적분 $\left(\int_{s}\right)$와 $\left(\int_{vis}\right)$의 영역은 동일한 것으로 취급했다.

같은 방법으로 $S_{G}(\lambda)$, $S_{B}(\lambda)$에 대해서도 성립하므로, 결국

$$S_{G}(\lambda) = g_{21} \cdot \bar{x}(\lambda) + g_{22} \cdot \bar{y}(\lambda) + g_{23} \cdot \bar{z}(\lambda)$$
$$S_{B}(\lambda) = g_{31} \cdot \bar{x}(\lambda) + g_{32} \cdot \bar{y}(\lambda) + g_{33} \cdot \bar{z}(\lambda) \quad (5.11)$$

가 된다. 식 (5.10), (5.11)을 정리하여 행렬로 표시하면

$$\begin{bmatrix} S_{R}(\lambda) \\ S_{G}(\lambda) \\ S_{B}(\lambda) \end{bmatrix} = \begin{bmatrix} g_{11} & g_{12} & g_{13} \\ g_{21} & g_{22} & g_{23} \\ g_{31} & g_{32} & g_{33} \end{bmatrix} \begin{bmatrix} \bar{x}(\lambda) \\ \bar{y}(\lambda) \\ \bar{z}(\lambda) \end{bmatrix} \quad (5.12)$$

를 얻을 수 있다. 식 (5.12)는「측색 재현을 위한 화상 입력계의 분광 감도는 등색 함수의 일차 결합」이라는 것을 나타내고 있다.

위의 방법은 간소화를 위해 $R_1 = R_2$, $G_1 = G_2$, $B_1 = B_2$로 가정하고 있으나, (R_1, G_1, B_1)와 (R_2, G_2, B_2)가 비례 관계에 있거나 또는 일반적으로 일차 결합의 관계에 있더라도, 식 (5.12)에 나타내는 결론은 영향을 받지 않는다(참고 1(5.2)). 실제 6.1

절에서 가리키는 것과 같이, 가법 혼색에 의한 컬러 TV는 등색 함수의 일차 결합에 근사하는 분광 감도를 사용하고 있다.

또, 5.3절에서 가리키는 것처럼, 감법 혼색에서의 색재현의 처리는 가법 혼색에서의 처리를 이용하여 근사적으로 귀결할 수 있으므로, 감색법 컬러 사진의 분광 감도 또한 등색 함수의 일차 결합에 가까운 형태를 목표로 하고 있다. 이와 같이 조건 등색으로 등색을 실현하는 분광 감도를 등색 감도(color matching sensitivity)라고 부른다. 또, 앞에서 설명한 바(3.1절)와 같이 화상 입력계의 분광 감도가 등색 함수의 일차 결합인 것을 루터 조건(Luther condition)이라고 부르는데, 등색 감도는 루터 조건을 충족한다고 말할 수 있다.

5.3 감법 혼색에 의한 색재현

다음은 5.2절에서 설명한 바와 같이, 감법 혼색에도 같은 이론을 적용해 보기로 한다. 화상 출력계는 시안(C), 마젠타(M), 옐로우(Y)의 3 색소를 사용하는 것으로 하여, 이론적으로 용이하도록 여기에서는 램버트-비어의 법칙을 가정한다. 일반적으로 모든 감법 혼색에서 램버트-비어의 법칙이 성립하는 것은 아니지만, 그 경우도 재현색의 3 자극치 (X_2, Y_2, Z_2)를 가지는 혼색량 (R_2, G_2, B_2)을 구할 수 있다면, 그 후는 여기서 소개하는 기본적인 이론의 연장선에서 취급할 수가 있다.

C, M, Y 단위량의 분광 투과율을 $T_{\mathrm{C}}(\lambda)$, $T_{\mathrm{M}}(\lambda)$, $T_{\mathrm{Y}}(\lambda)$로 하여, 그러한 혼합량을 농도 단위로서 c, m, y로 한다. 여기에서는 혼합량을 농도 단위로 나타내므로, (R_2, G_2, B_2) 대신에 (c, m, y)의 기호를 사용한다. 그러면 식 (4.21)과 같이 혼합물의 분광 투과율은

$$T(\lambda) = \{T_{\mathrm{C}}(\lambda)\}^{c} \cdot \{T_{\mathrm{M}}(\lambda)\}^{m} \cdot [T_{\mathrm{Y}}(\lambda)]^{y} \tag{5.13}$$

로 나타낼 수 있다.

여기서 재현 색의 3 자극치 (X_2, Y_2, Z_2)는

$$
\begin{aligned}
X_2 &= \int_{\text{vis}} T(\lambda) \cdot P(\lambda) \cdot \bar{x}(\lambda) d\lambda \\
Y_2 &= \int_{\text{vis}} T(\lambda) \cdot P(\lambda) \cdot \bar{y}(\lambda) d\lambda \\
Z_2 &= \int_{\text{vis}} T(\lambda) \cdot P(\lambda) \cdot \bar{z}(\lambda) d\lambda
\end{aligned} \tag{5.14}
$$

로 쓸 수 있다. 여기서 다시 조명광의 분광 분포 $P(\lambda)$는

$$
\int_{\text{vis}} P(\lambda) \cdot \bar{y}(\lambda) d\lambda = 1 \tag{5.15}
$$

로 정규화되어 있는 것으로 한다. 식 (5.13)에서 알 수 있는 것처럼 식 (5.14)는 식 (5.5)와 같은 분해를 할 수 없다. 결국 식 (5.6) 이하의 전개는 할 수 없기 때문에, 식 (5.12)에 나타낸 것과 같은 분광 감도를 구할 수가 없다.

따라서 해석을 더욱 전개 시키자면, 일련의 근사가 필요하다. 우선, 제1 근사로서 [그림 4.5]에 나타낸 것과 같은 C, M, Y를 [그림 5.4]와 같은 블록 형의 흡수를 가지는 블록 색소(block dye)로 근사하는 것을 고려할 수 있다. 블록 색소에서는 가시 파장역을 파장 λ_2, λ_3으로 3 등분하여, C, M, Y는 각각 R, G, B 광, 즉 $\lambda_3 \sim \lambda_4$, $\lambda_2 \sim \lambda_3$, $\lambda_1 \sim \lambda_2$의 파장역에서만 빛을 흡수한다고 가정한다. 다만, [그림 5.4]에서는 $\lambda_1 = 400$ nm, $\lambda_2 = 490$ nm, $\lambda_3 = 580$ nm, $\lambda_4 = 700$ nm로 하고 있다.

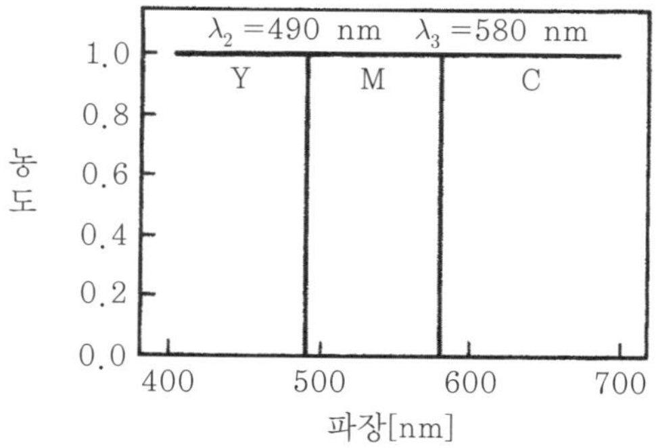

[그림 5.4] 블록 색소의 분광 농도

그러면 이들 3 색소의 혼합물의 분광 투과율 $T(\lambda)$는, 예를 들어 $\lambda_3 < \lambda \leq \lambda_4$에서는 C의 색소량 c에만 의존하여 10^{-c}가 되므로 이러한 3 색소를 c, m, y씩 혼합하면 $T(\lambda)$는 파장역 $\lambda_1 \sim \lambda_4$에 대해서

$$T(\lambda) = \begin{cases} 10^{-c} \ (\lambda_3 < \lambda \leq \lambda_4) \\ 10^{-m} \ (\lambda_2 < \lambda \leq \lambda_3) \\ 10^{-y} \ (\lambda_1 \leq \lambda \leq \lambda_2) \end{cases} \tag{5.16}$$

와 같이 쓸 수 있다. 식 (5.16)을 식 (5.14) 대입하면, 예를 들어 X_2는

$$\begin{aligned} X_2 &= \int_{\text{vis}} T(\lambda) \cdot P(\lambda) \cdot \bar{x}(\lambda) d\lambda \\ &= 10^{-c} \int_{\lambda 3}^{\lambda 4} P(\lambda) \cdot \bar{x}(\lambda) d\lambda + 10^{-m} \int_{\lambda 2}^{\lambda 3} P(\lambda) \cdot \bar{x}(\lambda) d\lambda \\ &+ 10^{-y} \int_{\lambda 1}^{\lambda 2} P(\lambda) \cdot \bar{x}(\lambda) d\lambda \\ &= 10^{-c} \cdot X_{\mathrm{R}} + 10^{-m} \cdot X_{\mathrm{G}} + 10^{-y} \cdot X_{\mathrm{B}} \end{aligned} \tag{5.17}$$

라고 쓸 수 있다. 다만, X_{R}, X_{G}, X_{B}는 우변의 제 1, 2, 3항의 적분의 값을 나타낸다.

동일하게 정리하면 Y_2, Z_2는

$$\begin{aligned} Y_2 &= 10^{-c} \cdot Y_{\mathrm{R}} + 10^{-m} \cdot Y_{\mathrm{G}} + 10^{-y} \cdot Y_{\mathrm{B}} \\ Z_2 &= 10^{-c} \cdot Z_{\mathrm{R}} + 10^{-m} \cdot Z_{\mathrm{G}} + 10^{-y} \cdot Z_{\mathrm{B}} \end{aligned} \tag{5.18}$$

가 된다. 다만, Y_{R}, Y_{G}, Y_{B} 및 Z_{R}, Z_{G}, Z_{B}는 X_{R}, X_{G}, X_{B}를 정하는 식 (5.17)의 $\bar{x}(\lambda)$ 대신에 $\bar{y}(\lambda)$ 및 $\bar{z}(\lambda)$를 대입하여 얻을 수 있는 값이다. 식 (5,17), (5.18)을 정리하여 행렬 표시하면

$$\begin{bmatrix} X_2 \\ Y_2 \\ Z_2 \end{bmatrix} = \begin{bmatrix} X_{\mathrm{R}} & X_{\mathrm{G}} & X_{\mathrm{B}} \\ Y_{\mathrm{R}} & Y_{\mathrm{G}} & Y_{\mathrm{B}} \\ Z_{\mathrm{R}} & Z_{\mathrm{G}} & Z_{\mathrm{B}} \end{bmatrix} \begin{bmatrix} 10^{-c} \\ 10^{-m} \\ 10^{-y} \end{bmatrix} \tag{5.19}$$

가 된다.

여기서, 식 (5.19)는 $10^{-c} \rightarrow R_2$, $10^{-m} \rightarrow G_2$, $10^{-y} \rightarrow B_2$ 라고 생각하면, 식 (5.5)와 완전히 같은 형태인 것을 알 수 있다. 즉, 현실의 C, M, Y가 블록 색소로 근사 할 수 있다고 하면 이러한 감법 혼색은 가법 혼색으로 치환이 가능하다. 이 때 삼원색은 $\lambda_3 \sim \lambda_4$, $\lambda_2 \sim \lambda_3$, $\lambda_1 \sim \lambda_2$의 파장역을 투과하는 R, G, B 광이며, 삼원색의 혼합량이 10^{-c}, 10^{-m}, 10^{-y}에 대응하는 것이다. 결국, 블록 색소에서의 근사가 가능하면, 감법 혼색의 경우에서도 측색 재현에 필요한 등색 감도는 등색 함수의 일차 결합이 된다고 결론지을 수 있다.

그러나 현실의 C, M, Y의 흡수는 블록형과 상당한 차이가 있어, 이 결론은 현실과 동떨어져 있을 가능성도 있다. 그러나 근사의 정밀도를 더욱 높이기 위해서, 현실의 C, M, Y의 부흡수를 고려하여 부흡수를 갖는 블록 색소로 동일한 계산을 실시해도 완전히 같은 결론 즉, 등색 감도는 등색 함수의 일차 결합이라는 것을 얻을 수 있는 것이다(참고 2(5.3)).

한편, 다른 계산에 의하면 현실의 C, M, Y의 흡수는 부흡수를 가지는 블록 색소에 의해 일정한 정밀도로 근사가 가능하다고 알려져 있다(참고 3(5.3)). 이와 같이 현실의 색소에 대해서도 등색 함수의 일차 결합이 등색 감도가 괜찮은 근사라고 결론지을 수 있다. 그러나 5.4절에서 설명하는 것처럼, 이와 같은 등색 감도는 음의 부분을 포함하므로 실현이 곤란하고, 실제의 분광 감도는 현실적인 요인을 고려하여 등색 감도와는 다른 형태를 취하고 있다.

5.4 분광 감도와 등색 감도

앞절(5.2, 5.3절)에서 설명한 것과 같이, 측색 재현에 필요한 등색 감도는 등색 함수의 일차 결합이 된다. 예를 들면 참고 3(5.3)에서 구한 삼원색의 3 자극치를 식 (5.12)에 대입하면 대응하는 등색 감도를 구할 수가 있다. [그림 5.5]는 계산에 사용한 삼원색의 색도 좌표, [그림 5.6]은 계산으로 구해진 등색 감도를 나타낸다. 이러한 삼원색과 등색 감도를 조합하면 모든 색을 재현할 수 있다. 여기서 [그림 5.5]의 △RGB의 내부 색은 삼원색 양의 혼합량으로 등색 할 수 있음에도 불구하고 측색 재현을 위해서 음의 부분을 갖는 등색 감도를 필요로 하는 것에는 주의를 요한다.

그런데 [그림 5.6]에 나타낸 것과 같이, 이렇게 구한 등색 감도는 음의 부분을 포함하므로 보통 수단으로는 실현될 수 없다. 이러한 문제점을 피하기 위한 방법으로 두 가지를 생각할 수 있다. 제 1의 방법은 등색 감도를 일차 변환하여, 모두 양의 감도가 되도록 하는 방법이다.

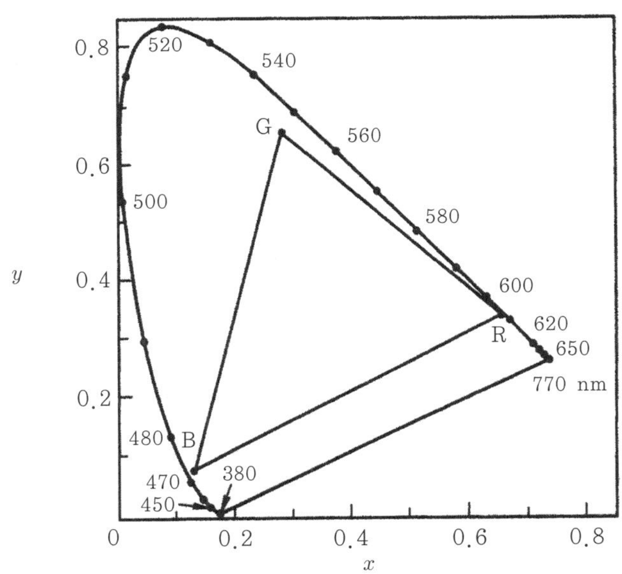

[그림 5.5] 블록 색소에 대응하는 삼원색의 색도 좌표

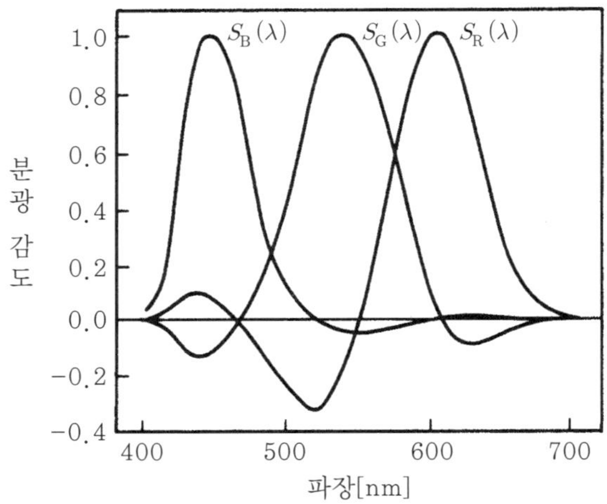

[그림 5.6] 블록 색소의 대응하는 등색 감도

제 2의 방법은 어떠한 근사를 하여 음의 감도를 보상하는 방법이다. 현실적으로는 어느 한편을 채용할 것이 아니라 양자를 아울러 사용하는 경우가 많다.

제 1의 방법에서는 변환에 의해 새로운 등색 감도를 얻을 수 있으나, 대응하는 원색은 실재(實在)의 원색이 아니기 때문에 컬러 사진 등으로는 실현될 수 없다. 그러나 이 새로운 등색 감도와 3 자극치는 간단한 일차 변환에 의해 원래의 등색 감도와 3 자극치로 되돌릴 수 있으므로, 이 방법은 디지털 처리에 의한 색재현에 적절하다. 또, 제 2의 방법에서는 등색 감도의 변형이나 행렬 연산에 의한 3 자극치의 수정을 이용하는 것으로, 이는 현실적인 근사 방법으로써 색재현의 실제에 관해 다루는 6.2 절에서 소개하기로 한다.

우선, 제 1의 방법으로 등색 감도는 등색 함수를 일차 변환한 것이므로, 일반화하여 등색 함수 $\bar{x}(\lambda)$, $\bar{y}(\lambda)$, $\bar{z}(\lambda)$를 일차 변환해 얻을 수 있는 분광 감도 $C(\lambda)$를 생각하면 된다(Ohta, 1982a). 일차 변환의 계수를 g_1, g_2, g_3로 하면 $C(\lambda)$는

$$C(\lambda) = g_1 \cdot \bar{x}(\lambda) + g_2 \cdot \bar{y}(\lambda) + g_3 \cdot \bar{z}(\lambda) \tag{5.20}$$

로 쓸 수 있다. 등색 감도 $S_R(\lambda)$, $S_G(\lambda)$, $S_B(\lambda)$도 당연히 이에 포함된다. 또, 이러한 계수는 임의의 값을 취할 수 있으므로

$$\int_{\text{vis}} C(\lambda)d\lambda = 1 \tag{5.21}$$

로 정규화하는 것으로 한다. 다만, 적분 $\left(\int_{\text{vis}}\right)$은 가시 파장역에서 구하는 것으로 한다.

그리고 CIE 등색 함수는 등 에너지로 정규화되어 있으므로

$$\int_{\text{vis}} \bar{x}(\lambda)d\lambda = \int_{\text{vis}} \bar{y}(\lambda)d\lambda = \int_{\text{vis}} \bar{z}(\lambda)d\lambda = W \tag{5.22}$$

이다. 여기서 W는 정수이다. 그러면 식 (5.20)~(5.22)로부터

$$C(\lambda) = g_1 \cdot p(\lambda) + g_2 \cdot q(\lambda) + r(\lambda) \tag{5.23}$$

라고 쓸 수 있다. 다만

$$\begin{aligned} p(\lambda) &= \bar{x}(\lambda) - \bar{z}(\lambda) \\ q(\lambda) &= \bar{y}(\lambda) - \bar{z}(\lambda) \\ r(\lambda) &= \frac{\bar{z}(\lambda)}{W} \end{aligned} \tag{5.24}$$

이다.

그 다음은 다음의 3개의 조건하에서 계수 g_1, g_2를 구해 본다. 즉, 분광 감도 $C(\lambda)$가

① 모두 양의 값을 가진다.

② 단독의 피크를 가진다.

③ 얻어진 3개의 등색 감도를 $L(\lambda)$, $M(\lambda)$, $S(\lambda)$로 했을 때, 서로 겹치는 부분이 최소이다.

라는 조건을 충족하는 경우이다. 3번째의 조건은 색신호의 분리를 효과적으로 행하기 위해서 필요하고, 수학적으로는 다음의 목적 함수 F

$$F = \int_{\text{vis}} \{L(\lambda) \cdot M(\lambda) + M(\lambda) \cdot S(\lambda) + S(\lambda) \cdot L(\lambda)\} d\lambda \tag{5.25}$$

를 최소로 하는 것에 대응한다.

우선, 조건 ①을 충족하는 계수 g_i를 구해 보자. 계산에는 XYZ 표색계의 등색 함수를 사용해 적분을 근사하는 곱셈은 파장역 380~770 nm로 5 nm 간격으로 계산했다. 이 때 식 (5.22)에서 W=21.371이다. 자세한 계산은 원 논문에 기재되어 있는데, g_i는 일률적으로 정해지는 것은 아니고 [그림 5.7]의 실선으로 둘러싸인 넓은 영역이 된다.

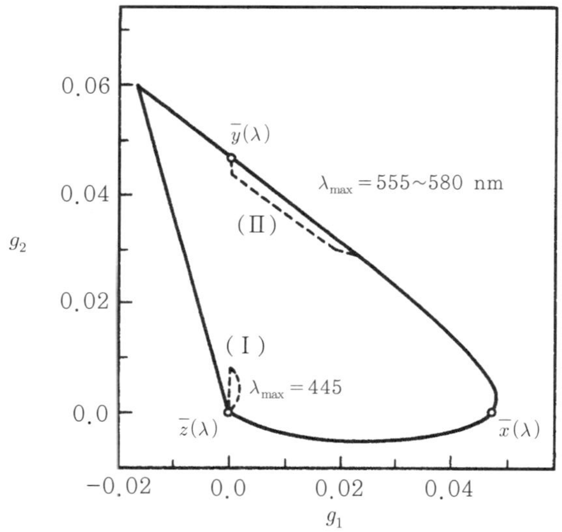

[그림 5.7] 조건 ① (실선)과 조건 ②를 만족하는 영역(파선) (Ohta, 1982a)

등색 함수 $\bar{x}(\lambda)$, $\bar{y}(\lambda)$, $\bar{z}(\lambda)$는 조건 ①을 충족하고 있으므로, 당연히 이 영역에 포함되어 있으며 1/W=1/21.371=0.0468이므로,

$$\begin{aligned} &\bar{x}(\lambda) : g_1 = 0.0468, \quad g_2 = 0 \\ &\bar{y}(\lambda) : g_1 = 0, \quad g_2 = 0.0468 \\ &\bar{z}(\lambda) : g_1 = 0, \quad g_2 = 0 \end{aligned} \tag{5.26}$$

이다.

다음은 조건 ①과 ②를 동시에 충족하는 영역을 구하여 보면, [그림 5.7]의 파선으로 둘러싸인 영역 (I), (II)가 된다. 여기서 단독 피크의 분광 감도를 갖는 계수의 영역은 단지 양의 분광 감도를 갖는 계수의 영역과 비교하여 극히 좁다는 것을 알 수 있다. [그림 5.7]은 대응하는 피크 파장을 또한 나타내는데, 영역 (I)은 445 nm, 영역 (II)는 555~580 nm로 지극히 좁은 영역이다. 피크 파장의 분포를 더욱 상세하게 나타낸 것이 [그림 5.8]이다.

이러한 결과는 상당히 주목할 만한 것이다. 즉, B 감도로서 445 nm에 단독의 피크를 갖는 양의 분광 감도는 설정 가능하고, G 감도로서 예를 들어 550 nm에 단독의 피크를 가지는 양의 분광 감도는 설정 가능하다. 그러나 R 감도로서 예를 들어 650 nm에 단독의 피크를 가지는 양의 분광 감도는 원리적으로 설정 불가능한 것을 알 수 있다. 만약, 화상 입력계의 R 감도로서 650 nm에 피크를 갖는 분광 감도를 사용한다면 얻을 수 있는 색 신호는 측색적으로 큰 오차를 가지는 것으로, 그 보정을 위해서 주의할 필요가 있다.

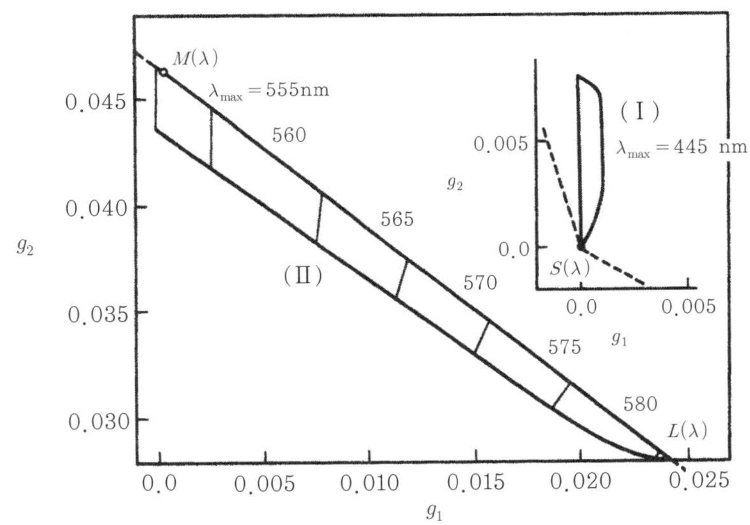

[그림 5.8] 영역 (Ⅰ)과 영역 (Ⅱ)의 확대 (Ohta, 1982a)

마지막으로, 조건 ①~③를 만족시키는 계수 g_i를 구해 보자. 이 경우, 식 (5.25)를 최소로 하는 계수 g_i는 어느 영역이 아니라 일률적으로 정해져 [그림 5.8]에서 $L(\lambda)$, $M(\lambda)$, $S(\lambda)$로 가리키는 점이 된다. 구체적으로 계수 g_i는

$$L(\lambda): g_1 = 0.02370, \quad g_2 = 0.02808$$
$$M(\lambda): g_1 = 0.00070, \quad g_2 = 0.04623 \tag{5.27}$$
$$S(\lambda): g_1 = 0.0, \quad g_2 = 0.0$$

이다. 여기서는 $g_1 + g_2 + g_3 = 1/W$이지만, 보다 편리하도록 $g_1 + g_2 + g_3 = 1$로 등 색 감도 $L(\lambda)$, $M(\lambda)$, $S(\lambda)$를 구해 보면

$$L(\lambda) = 0.50652\bar{x}(\lambda) + 0.60012\bar{y}(\lambda) - 0.10664\bar{z}(\lambda)$$
$$M(\lambda) = 0.01496\bar{x}(\lambda) + 0.98803\bar{y}(\lambda) - 0.00299\bar{z}(\lambda) \tag{5.28}$$
$$S(\lambda) = 1.00000\bar{z}(\lambda)$$

를 얻을 수 있다. [그림 5.9]는 이렇게 얻은 등색 감도 $L(\lambda)$, $M(\lambda)$, $S(\lambda)$를 나타내고 있는데, 대략적으로 각각 R, G, B 감도에 대응한다.

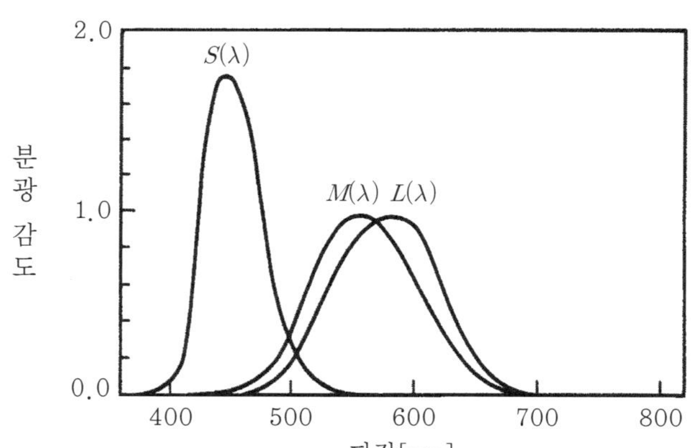

[그림 5.9] 조건 ①~③을 만족하는 등색 감도 (Ohta, 1982a)

[그림 5.9]에 나타낸 등색 감도는 조건 ①~③를 모두 충족시키고 있다. 즉, 이러한 등색 감도는 모두 양의 값으로 단독의 피크를 가지며, 한편 서로 겹치는 부분이 최소로 되어 있다. 그러나 여기서도, G와 R 감도의 겹침은 매우 크다고 할 수 있다. 즉, 실현 가능성을 고려하여 음의 분광 감도를 피하면 필연적으로 G와 R 감도의 겹침이 커져서 색 분리성은 떨어진다. 따라서 이와 같은 화상 입력계에서는 큰 색 보정이 필요하다.

이렇게 상반되는 요인을 고려하면서 분광 감도를 설계하는 것으로, 지금까지는 경험과 시행 착오를 반복하여 왔다. 그러나 최근에는 컴퓨터의 급속한 발전으로 복잡한 비선형 최적화도 단시간에 할 수 있게 되었다. 이러한 방법의 최적 분광 감도 설계에 대해서는 Chapter 7에서 자세하게 설명한다.

5.5 오리지널의 휘도와 Tone(색조)의 재현

오리지널이나 재현 색의 명암의 지각을 계조(gradation)라고 부르며, 오리지널의 계조를 화상에서 재현하는 것을 tone의 재현(tone reproduction)이라고 한다. tone의 재현에는 오리지널 휘도의 정확한 재현을 목표로 하는 객관적 tone의 재현과 재현색을 관찰했을 때, 오리지널과의 「어피어런스」의 일치를 목표로 하는 주관적 tone의 재현이 있다. 객관적 tone의 재현은 오리지널의 휘도를 정확하게 재현하므로 이상적인 tone의 재현이라고 생각된다. 사진의 특성 곡선에서는 직선부의 기울기를 감마(gamma, γ)라고 부르는데, 객관적 Tone의 재현은 $\gamma=1$을 실현하는 것에 대응한다.

그러나 몇 가지 이유로 객관적 tone의 재현은 반드시 현실적이라고 할 수는 없다. 먼저, 오리지널의 휘도 범위와 화상 출력계의 동적 영역(dynamic range)이 달라, 일반적으로 후자가 좁기 때문에 불일치가 일어나 올바른 tone의 재현은 실현될 수 없다는 것을 들 수 있다(비고). 따라서 오리지널로부터의 휘도 신호를 무리 없이 화상 출력계의 한정된 동적 영역으로 변환할 필요가 있다.

비고

동적 영역(Dynamic range)

어떤 시스템에서 취급하는 변수를 P로 두고, P의 최대치를 $P_{\max}$, 최소치를 $P_{\min}$으로 했을 때, 양자의 비율 $R=P_{\max}/P_{\min}$를 동적 영역이라고 부른다. 비율 R의 대수를 취해, $\log(R)$을 동적 영역이라고 부르는 경우도 있으나, 이것은 대수 동적 영역이라고 부르며, 구별하여 사용하는 것이 좋다. 예를 들면, R이 10~10000의 범위에서 변화한다면, $R=10000/10=1000$의 동적 영역이 있으며, 대수 동적 영역은 $\log(1000)=3$이라고 한다.

다음은 관찰 조건에 따라 최적 tone의 재현이 다르다는 것을 들 수 있다. 예를 들면, 컬러 사진에서는 경우에 따라서, $\gamma \neq 1$이 바람직한 경우가 있고, 또 컬러 TV에서도 동적 영역이 너무 넓으면 불쾌감이 생겨, 주위의 밝기에 따라 동적 영역의 최적치가 다를 수도 있다.

이 때문에 실제의 색재현 시스템은 화상 출력계의 동적 영역, 관찰 조건을 가미하여 최적 tone의 재현을 설정하고 있다. 각각의 색재현 시스템의 tone의 재현은 제 6장에서 구체적으로 소개하기로 하고, 여기에서는 일반론적으로 상기의 두 요인에 대하여 설명한다. 그러기 위해서는 우선, tone의 재현 곡선의 가로축에 대응하는 오리지널의 휘도 범위를 알아야 할 필요가 있다. 컬러 사진, TV의 오리지널은 풍경, 인물 등의 피사체이며, 컬러 인쇄, 복사의 오리지널은 컬러 사진 등이므로, 출발점으로서 피사체의 휘도 범위가 중요하다.

[그림 5.10]은 일상 생활에서의 밝기의 기준을 나타내는데, 밝기는 직사 태양광의 10^5 lx와 달이 없는 밤의 0.0003 lx 사이인, 10^8 정도의 넓은 동적 영역에서 변화한다. 그러나 사진을 촬영할 때는 이 전부의 범위를 동시에 대상으로 할 필요는 없고 더 좁은 범위에서 행해진다. 실제의 동적 영역을 구하기 위하여, 사계절을 통한 여러 기후에서의 측정이 행해진다.

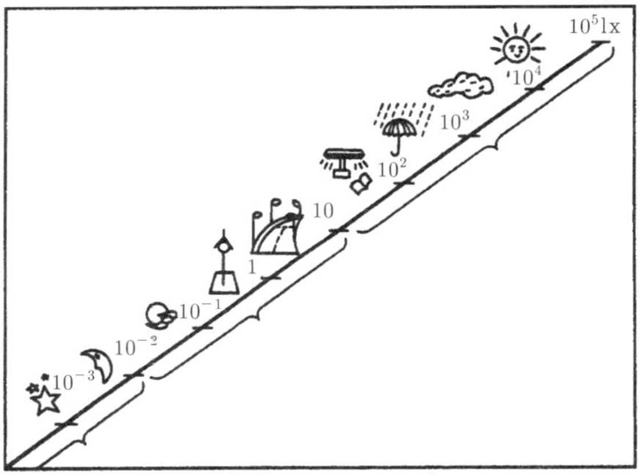

[그림 5.10] 밝기(조명)의 기준 (조명학회, 1967)

[그림 5.11]은 그러한 풍경의 일례이며, 번호가 가리키는 장소의 휘도는 〈표 5.2〉에 나타내는 것과 같다(Nelson, 1977). 피사체의 휘도는 햇빛이 있는 맑은 날, 응달의 64 cd/m^2에서 흰 구름의 12400 cd/m^2까지 변화하며 동적 영역은 200 정도이다.

[그림 5.11] 휘도를 측정한 풍경의 예(번호는 측정점) (Nelson, 1977)

〈표 5.2〉 측정점[그림 5.11]의 휘도(Nelson, 1977)

번호	피사체	휘도(cd/m^2)
1	흰 구름	12400
2	푸른 하늘	4600
3	초원의 녹색	3420
4	양지의 다리	2730
5	양지의 물	1580
6	밝은 음지의 다리	1030
7	왼쪽 나무의 줄기	461
8	어두운 음지의 다리	335
9	오른쪽 나무의 줄기	114
10	나무의 어두운 부분	64

또, [그림 5.12]는 126종의 풍경에 대한 동적 영역의 빈도 분포를 나타내고 있다. 점 데이터는 실측치이며 곡선은 빈도 분포를 Fitting한 결과이다. 여기에서 동적 영역의 최소치는 28, 최대치는 760, 평균치는 160(대수 값으로 log(160)＝2.2)인데, 태양광으로 밝게 비추어진 풍경에서는 동적 영역이 1000을 넘는 일도 드물지 않다. 그러나 실제의 촬영에서는 카메라 렌즈 표면, 카메라 본체 내부, 필름 표면에서의 빛의 반사와 산란에 의해 평균적인 동적 영역은 수백 정도라고 알려져 있다.

그런데, 색재현 시스템이 원리적으로 넓은 동적 영역을 실현할 수 없는 경우가 있어, 원리적으로는 가능해도 표면 반사에 의해 제한되어 동적 영역의 불일치가 발생하는 경우가 많다.

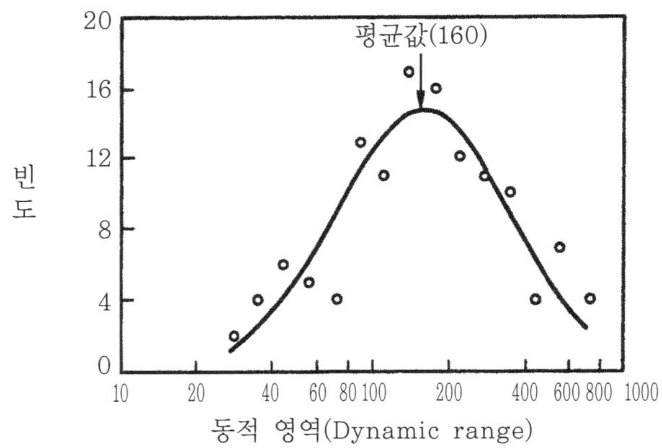

[그림 5.12] 풍경내 휘도의 동적 영역의 빈도 분포(○는 실측치) (Nelson, 1977)

표면 반사는 최고 농도를 제한할 뿐만 아니라, tone의 재현 곡선 전체의 형태에도 영향을 준다. 표면 반사가 없을 때의 반사율을 R, 표면 반사율을 S로 두면, 표면 반사가 일어날 때의 반사율 R'는 근사적으로

$$R' = \frac{R+S}{1+S} \tag{5.29}$$

의 관계가 된다(Yule, 1967 ; 참고 4(5.5)).

예를 들면, [그림 5.13]의 실선의 반사 농도는, $\gamma=1$의 객관적 tone의 재현을 나타내고 있으나, 표면 반사 $S=0.05$가 되면 파선과 같이 농도가 저하한다. 따라서 목표로 하는 tone의 재현을 실현하려면 표면 반사에 의한 농도 저하를 미리 고려해 γ를 설정해야 한다.

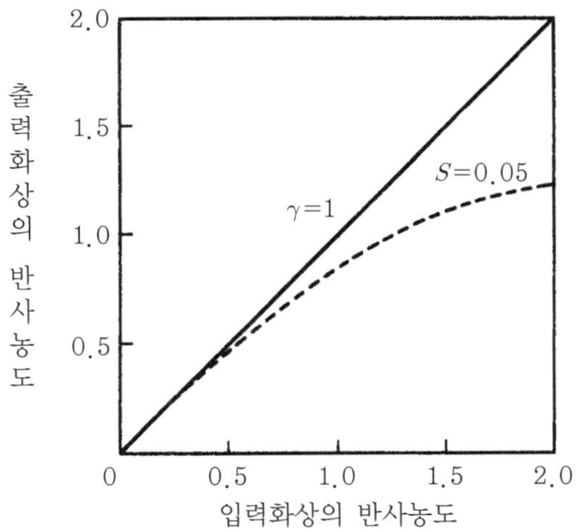

[그림 5.13] 표면 반사(S=0.05)에 의한 반사농도의 저하

동적 영역의 불일치의 원인은 표면 반사 이외에도 여러 가지가 있지만, 이 불일치를 극복하는 일반적인 방법은 아직 확립되어 있지 않다. 요컨대 불일치에 의해 초과된 동적 영역을 어떻게 처리할 것인가에 대해, L^*c^*h 색공간에서 처리 할 경우 색상각 h는 불변하게, 명도 L^*와 채도 c^*를 적당하게 변환하여 불일치를 해소하는 방법이 널리 쓰여지고 있다.

이와 같이 색재현 영역(color gamut)이 다른 2개의 시스템에서 각 색에 대해 대응을 짓는 것을 색역 변환(gamut mapping 또는 색역 사상)이라고 부른다. 색역 변환의 방법은 색 보정에 자주 이용되는데, 6.7절에서 자세하게 설명한다. 일단, 최적 색역 변환이 정해지면, 최적 tone의 재현은 그 색역 변환의 최적 근사로 구해진다.

또한, 관찰 조건에 따라 최적 tone의 재현은 달라진다고 보고되고 있다. 예를 들면, [그림 5.14]는 사진의 특성 곡선을 나타내고 있는데, 객관적 tone의 재현을 위해서는 그림과 같이 $\gamma=1$로 해야 한다. 하지만 일반 컬러 프린트의 tone 재현은, $\gamma>1$으로 설정되어 있다. 이것은 피사체의 콘트라스트를 필요 이상으로 경직되어 보이게 하는 원인이 될 것 같다.

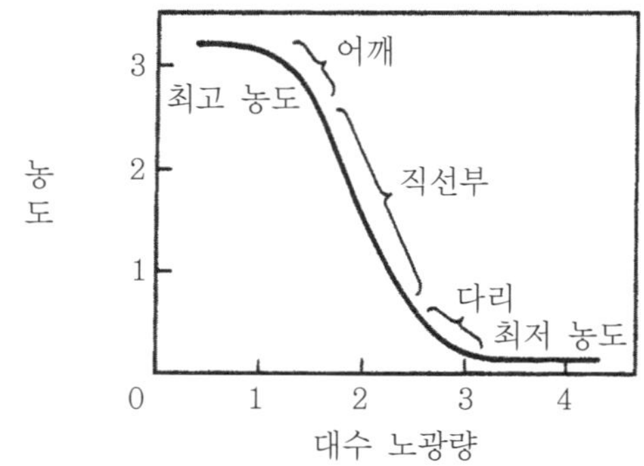

[그림 5.14] 전형적인 사진의 특성 곡선

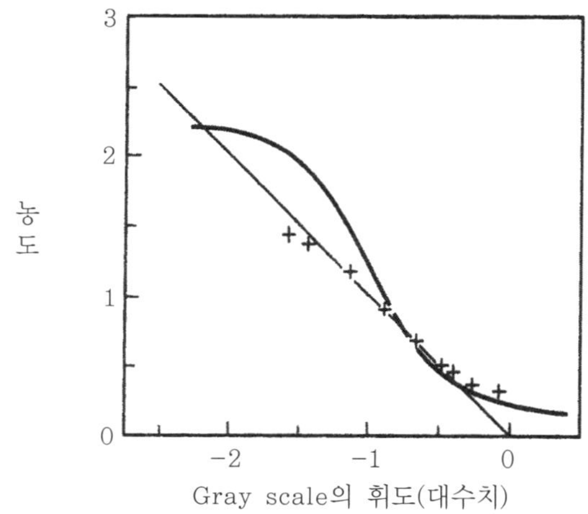

[그림 5.15] 컬러 프린트의 특성 곡선(실선)과 Gray scale의 어피어런스 농도(+) (Hunt, 1995)

그러나 프린트의 표면 반사 등에 의해 γ의 저하가 일어나, 결과적으로는 $\gamma=1$에 가까워지게 된다. [그림 5.15]는 컬러 프린트의 특성 곡선과 이것에 gray scale을 노광했을 때 그 어피어런스의 농도를 나타내고 있는데, 컬러 프린트의 높은 γ에도 불구하고 어피어런스의 농도는 대략, $\gamma=1$이 되는 것을 알 수 있다(Hunt, 1995).

또, 컬러 필름에서도 최적 tone의 재현은 $\gamma=1$이 아닌 경우가 많다. 예를 들면, $\gamma=1$에 가까운 영화 필름을 암실에서 관찰하면, 화상의 tone 재현이 부드러운 tone ($\gamma<1$)으로 보여 이른바 「졸리는 듯한」 기분이 드는 것을 실험적으로 알 수 있었다. 그 후, 암실에서의 최적인 γ를 실험적으로 구하여, 그 원인이 눈의 순응과 측면 억제(lateral inhibition)에 의한 것이라고 설명하였다(비고). [그림 5.16]은 실험적으로 구한 암실, 약간 어두운 암실, 명실에서 최적의 tone 재현을 나타내는데, 주위가 어

두울수록 높은 γ를 선호한다고 할 수 있다(Hunt, 1995). 이 현상도 색재현 시스템의 tone 재현을 설계할 때에 고려해야 하는 요인이다.

> **비고**
> **측면 억제**
> 망막에 광 자극이 닿으면, 좁은 범위 내에서 응답이 유도되는데, 거기에 인접하는 넓은 범위에 걸쳐 대항적으로 응답이 유도되는 현상.

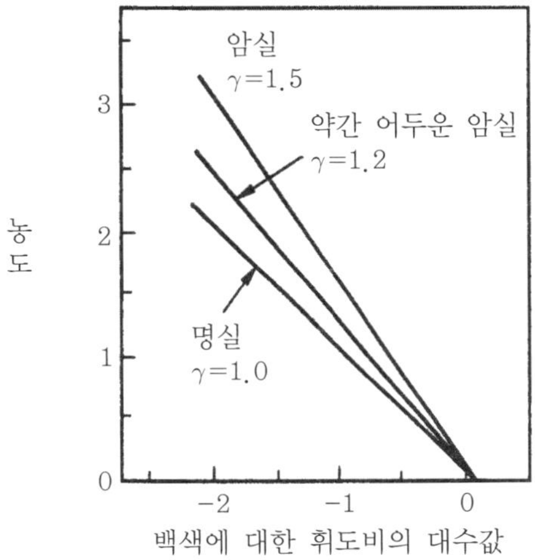

[그림 5.16] 최적 γ의 관찰 조건 의존도 (Hunt, 1995)

또, 컬러 인쇄도 컬러 프린트와 같은 관찰 조건이므로 대략 $\gamma=1$을 목표로 한다. 그러나 후술(6.5절)하는 바와 같이, 마스킹 등의 다양한 화상 처리 기술을 응용할 수 있으므로, 그 tone의 재현은 작성자의 의도에 따라 매우 다양화 되어 있다. 예를 들면, 하이라이트 부분을 딱딱한 tone으로, 쉐도우 부분을 부드러운 tone으로 하는 등, 도안에 따라 최적화를 적응적으로 행하고 있다. 이와 같이 컬러 인쇄는 작업량이 많아도 컬러 프린트와는 달리 대량 생산을 전제로 하므로, 조금 지나치게 말하면 도안마다 tone의 재현을 설정하여 행하고 있다.

한편, 컬러 TV에는 객관적 tone의 재현이 최적이라고 생각되지만, 실제로는 너무 콘트라스트가 높으면 눈이 부셔 불쾌하게 느껴지므로 최적 동적 영역(콘트라스트)이 따로 존재한다. 최적 콘트라스트는 실내 조명광의 색온도에는 그다지 의존하지 않고, 30:1~50:1 정도라고 한다. 컬러 TV 주위의 밝기를 큰 폭으로 변화시켜, 최적 휘도의 동적 영역을 구하면, 그 최고 휘도와 최저 휘도는 [그림 5.17]과 같이 된다(Fujio, 1968). 여기서 최적 콘트라스트는 6 이상 60 이하에 걸쳐 변화하는 것을 알 수 있다.

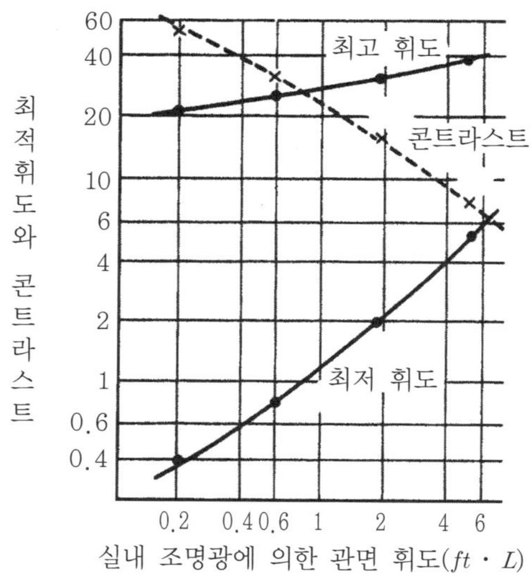

[그림 5.17] 컬러 TV의 최적 휘도와 콘트라스트 (Fujio, 1968)

결국, tone의 재현은 동적 영역의 불일치와 관찰 조건에서 영향을 받아 반 의도적으로, 반 필연적으로 정해져 버린다. 또, 객관적 tone의 재현과 주관적 tone의 재현은 상반되는 것은 아니고, 양쪽 모두 어피어런스의 차원에서 $\gamma=1$에 가까운 tone의 재현을 목표로 하고 있는 것으로 생각된다. 그러나 현재까지 실험적 사실이 아직 불충분하고, 향후 여러 조건에서의 최적 tone 재현의 해석이 필요하다.

5.6 가법 혼색과 감법 혼색의 삼원색

현재의 색재현은 삼원색 원리에 근거하고 있으므로, 가색법 및 감색법에서 사용하는 원색의 수는 양쪽 다 3 종류이다. 가색법에서 사용하는 삼원색은 적색(R) · 녹색(G) · 청색(B) 광이고, 감색법에서 사용하는 삼원색은 시안 색소(C) · 마젠타 색소(M) · 옐로우 색소(Y)이며, R이 C의 보색인 것처럼, 삼원색은 서로 보색의 관계에 있다. 색재현 영역을 증가시킬 목적으로 4색 이상의 원색을 사용하는 시도도 있으나,

원색의 수의 증가에 따른 색재현 영역의 증가는 기대에 비해 적어, 현재 실용화는 많이 이루어지지 않고 있다(참고 5(5.6)).

만약, 무수한 원색을 사용해도 괜찮다고 하면, 색재현 영역은 큰 폭으로 증가한다. 어떤 명도에서 가장 선명한 색을 최명색(optimal color)이라고 부르며, 반사율이 0이나 1인 블록 형의 분광 반사율을 가진다(참고 6(5.6)). 최명색에 의한 색재현 영역은 확실히 커지기는 하지만 이는 원색이 무수하여 이론적으로 한계이며, 삼원색에 의한 색재현 영역이 얼마나 한계에 가까운가를 나타내는 지표이기도 하다.

그런데 컬러 TV는 가색법의 대표적인 것으로, 그 삼원색 R, G, B는 보통 형광체의 발광에 의해 얻을 수 있다. 삼원색의 혼합량을 음으로는 할 수 없기 때문에, 컬러 TV에서의 색재현 영역은 삼원색의 색도 좌표가 색도도 상에서 만들어지는 삼각형으로 정해진다. 색재현 영역이 넓은 것은 풍부한 색재현이 가능한 것으로 이 삼각형의 면적을 가능한 한 크게 하는 것이 바람직하다. 그러나 현실적으로 형광체의 발광 특성과 발광 효율을 고려하여 적당한 형광체를 선택하고 있다.

현재 한국, 일본, 미국, 캐나다에서의 컬러 TV의 색재현은 미국의 NTSC(National Television System Committee) 방식에 근거하고 있다. NTSC 방식 이외에도 프랑스, 러시아를 제외한 유럽의 표준 방식이 되어 있는 PAL(Phase Alternation by Line) 방식, 프랑스, 러시아에서 사용하고 있는 SECAM(SEquential Color And Memory) 방식 등이 있다. PAL 방식은 재생 컬러 화상의 색상이 불변하도록 NTSC 방식을 개량한 것이다. 또, SECAM 방식은 NTSC, PAL 방식이 진폭 변조로 신호를 보내는데 대해, 주파수 변조로 신호를 보내고 있어 색재현의 왜곡이 적은 특징이 있다.

각 방식에서 사용하고 있는 R, G, B 삼원색의 색도 좌표 (x_R, y_R), (x_G, y_G), (x_B, y_B)가 NTSC 방식에서는

$$\begin{aligned} x_R &= 0.67, \quad x_G = 0.21, \quad x_B = 0.14 \\ y_R &= 0.33, \quad y_G = 0.71, \quad y_B = 0.08 \end{aligned} \tag{5.30}$$

이며, PAL · SECAM 방식에서는

$$\begin{aligned} x_R &= 0.64, \quad x_G = 0.29, \quad x_B = 0.15 \\ y_R &= 0.33, \quad y_G = 0.60, \quad y_B = 0.06 \end{aligned} \tag{5.31}$$

이다. PAL, SECAM 방식의 원색은 EBU(European Broadcasting Union, 유럽 방송 연맹) 방식의 원색이라고도 부른다.

또한, 최근 CCIR(International Radio Consultative Committee, 국제 무선통신 자문위원회)가 규정한 고화질 TV(High Definition TeleVision, HDTV, 비고)의 삼원색은

$$x_R = 0.64, \quad x_G = 0.30, \quad x_B = 0.15$$
$$y_R = 0.33, \quad y_G = 0.60, \quad y_B = 0.06 \tag{5.32}$$

이며, 이들 색도 좌표가 국제적인 표준으로 널리 사용되기 시작하고 있다.

비고

HDTV

TV에서는 디스플레이에 1초에 30 혹은 60 프레임의 비율로 횡 방향으로 주사해 화상을 형성시키고 있다. 주사하는 선을 주사선(scanning line)이라고 부르는데, 주사선의 개수는 NTSC 방식에서는 525개, PAL, SECAM 방식에서는 625개이다. 주사선의 개수를 더욱 늘려 화질을 높인 TV를 고화질 TV(HDTV)라고 부르는데, 주사선의 수는 1050개, 1125개, 1250개 등이 제안되어 있고 1080개가 표준으로 자리잡아 가고 있다.

NTSC 방식의 삼원색은 이 방식을 정했던 시기에 사용했던 형광체의 색도 좌표에 가까웠지만, 그 후의 형광체 기술의 발전에 의해 현재는 형광체의 색도 좌표와는 조금 차이가 난다. 한편, EBU 방식에서는 형광체의 기술 발전을 고려하였으며 현재의 형광체의 색도 좌표에 가깝게 정해져 있다. 덧붙여 기준이 되는 백색은 NTSC 방식에서는 표준광 C($x=0.310$, $y=0.316$), EBU · HDTV 방식에서는 표준광 D_{65}($x=0.313$, $y=0.329$)를 사용하고 있다. 표준광 C가 표준광 D_{65}보다 색온도는 조금 높지만 본질적인 차이는 없다. 또한 현재 NTSC 방식의 대부분의 컬러 TV의 백색은 색온도가 상당히 높고 대략 9300K으로 설정되어 있다.

앞에서 설명한 바와 같이, NTSC와 EBU 방식에서 삼원색의 색도 좌표는 조금 다르지만, 그 색재현 영역은 [그림 5.18]에 나타내는 것처럼, 양자 모두 충분한 크기를 가지고 있다. 실제, [그림 5.19]는 NTSC 방식의 삼원색으로 얻을 수 있는 색재현 영역과 비교한 인쇄 잉크, 그림물감 등의 색도 영역을 곡선으로 가리키는데, 컬러 TV에서는 대체로 이러한 피사체의 색도를 재현할 수 있다는 것을 알 수 있다.

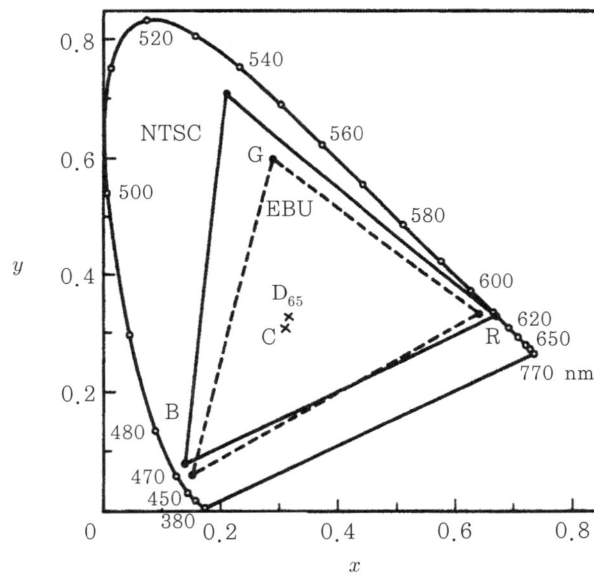

[그림 5.18] NTSC 방식(실선)과 EBU 방식(파선)의 색재현 영역

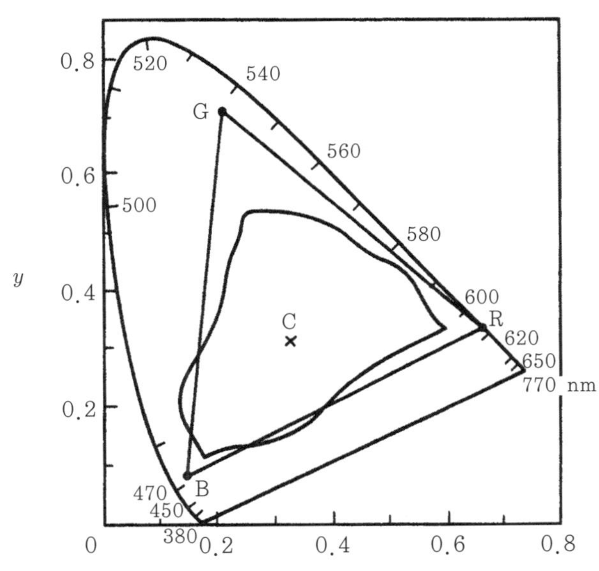

[그림 5.19] NTSC 방식의 색재현 영역과 인쇄 잉크, 물감 등의 색도 영역 (Sato, 1985)

다만, [그림 5.19]는 휘도 정보를 나타내지는 않지만, 컬러 TV에서는 휘도의 동적 영역이 좁기 때문에 색재현에서 문제가 되는 것은 색도 영역이 아니고 콘트라스트 비의 부족에 의한 경우가 많다.

다음 컬러 사진의 원색에서의 삼원색은 R, G, B의 보색인 C, M, Y이다. 감색법의 원색은 불안정 원색이므로, 가색법의 원색과 같이 일률적으로 정하는 것은 곤란하다(참고 3(5.3)). 그 때문에 컬러 사진에서는 삼원색의 국제적인 규정은 존재하지 않고 오랜 경험을 통해 각 메이커가 독자적으로 선택하고 있는 실정이다. 예를 들면, 컬러 사진에서 사용하고 있는 C, M, Y의 분광 농도의 일례는 이미 [그림 4.5]에 나타냈지만, [그림 5.20]에는 극히 최근의 컬러 반전 필름에서 사용하고 있는 C, M, Y의 분광 농도를 나타낸다.

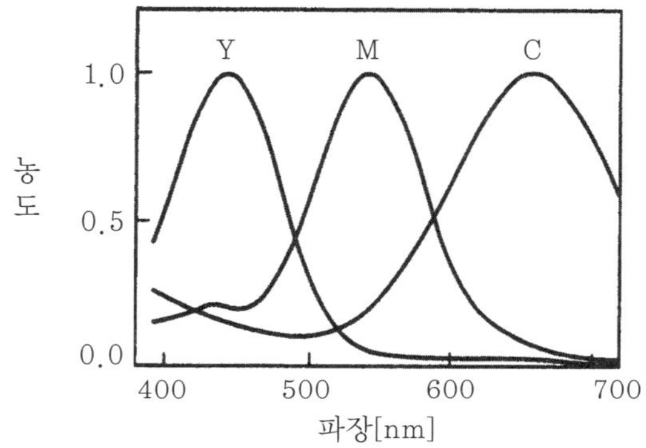

[그림 5.20] 최근 컬러 반전 필름에 사용되는 C, M, Y의 분광 농도

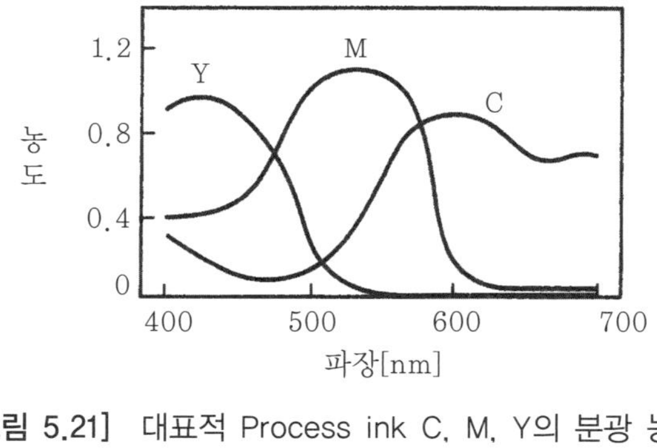

[그림 5.21] 대표적 Process ink C, M, Y의 분광 농도

컬러 인쇄에서도 C, M, Y를 사용하는데, 컬러 사진과는 달리 4번째의 색재로 흑색 잉크(K)를 사용하고 있는 것이 특징이다. 컬러 인쇄에서 사용하는 C, M, Y, K의 잉크를 Process ink라고 부르며, [그림 5.21]은 대표적인 Process ink의 C, M, Y에 대한 분광 농도를 나타낸다.

컬러 인쇄에서 4종의 잉크를 사용하는 것은 삼원색 원리와 모순된 것처럼 보인다. 그러나 이것은 C+M+Y=K인 것을 이용해 일정한 비율의 C, M, Y를 K로 치환하여, 잉크의 절약과 화질의 향상을 꾀하는데, 중복 바탕색 제거(under color removal, UCR)라고 부른다.

Process ink의 분광 농도는 메이커에 의해 다르나, 인쇄 과정의 표준화를 위해서는 컬러 TV와 같이 표준적인 특성을 규정하는 것이 바람직하다. 특히 컬러 매니지먼트의 영역에서 다른 미디어와의 정보 교환을 하는 경우, Process ink의 특성 표준화는 대단히 중요해진다. 이 때문에 미국에서는 〈표 5.3〉의 특성을 가지는 SWOP (Specification for Web Offset Publication) 컬러를 제안하고 있다(ANSI CGATS TR 001-1995). 또, 일본에서도 21개 메이커의 평균 특성을 가지는 잉크를 Japan Color Ink라고 부르고, 〈표 5.4〉의 특성으로 규정하고 있다(Kaji, 1996).

〈표 5.3〉 SWOP 컬러의 측색치

색	L^*	a^*	b^*
C	56.0	-37.6	-40.0
M	47.2	68.1	-4.0
Y	84.3	-5.8	84.3
K	18.6	0.4	1.0
R	46.9	62.2	41.8
G	51.5	-61.6	26.1
B	26.6	17.6	-41.2

〈표 5.4〉 Japan Color Ink의 측색치

색	L^*	a^*	b^*
C	53.9	-37.5	-50.4
M	46.3	74.4	-4.8
Y	86.5	-6.6	91.1
K	12.5	0.7	1.2
R	46.5	68.5	48.0
G	49.0	-73.5	25.0
B	21.0	20.0	-51.0

또한, 최근 컬러 인쇄물 등이 눈부시게 발전하고 있는데, 여기에서도 역시 C, M, Y를 사용하고 있다. 이러한 색재현 시스템에서 사용하는 C, M, Y는 지금까지 「입수 가능한 색재 중에서 최적인 것을 경험적으로 선택한다」라는 것이 실상이었다. 분광 농도의 개량이 부흡수를 줄이는 등, 많은 시행 착오를 겪어 왔다.

이 때문에 일반적인 경향을 파악할 목적으로, [그림 5.22]의 모델 색소에 의한 색재현 영역을 표준광 A의 조건 하에서 구한 결과가 [그림 5.23]이다(Clarkson & Vickerstaff, 1948). 그림에서, (a)의 block 색소가 항상 선호되는 것은 아니고, 어두운 색에 대해서는 (b)의 경사를 갖는 block 색소가 큰 색재현 영역을 실현한다는 것을 알 수 있다.

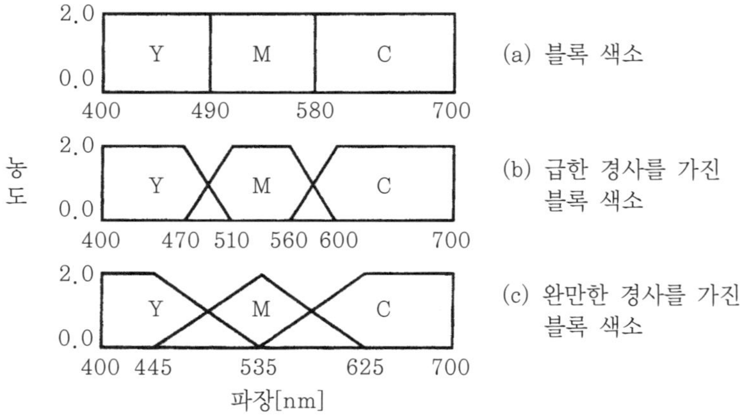

[그림 5.22] 가상적인 C, M, Y의 분광 농도 (Clarkson & Vickerstaff, 1948)

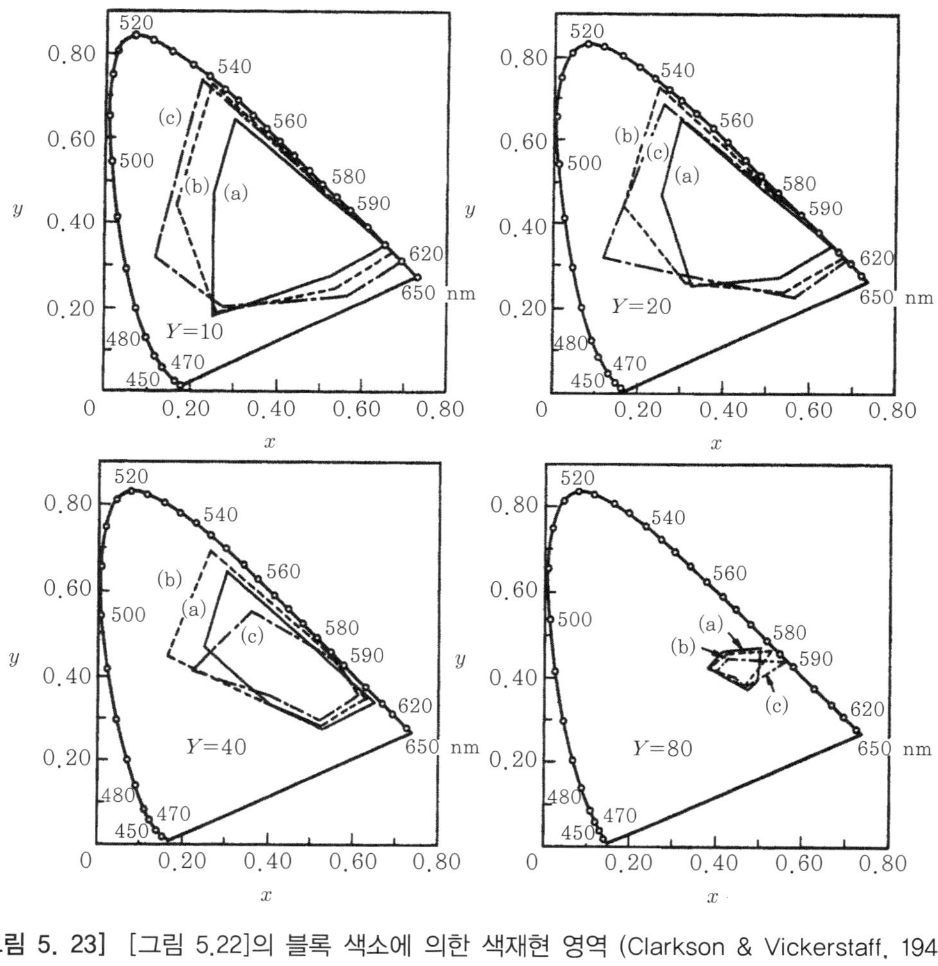

[그림 5. 23] [그림 5.22]의 블록 색소에 의한 색재현 영역 (Clarkson & Vickerstaff, 1948)

또, 부흡수의 영향을 조사하기 위해, 동일한 모델 색소를 사용하여 색재현 영역을 계산 해 보면, 부흡수가 색재현 영역의 대폭적인 감소를 가져와 매우 유해하다는 것을 알 수 있다.

그러나 상기의 일반적 경향과는 별개로, 실지로 바람직한 분광 농도는 여전히 불명확했다. 이것을 최종적으로 결정한 것은 컴퓨터의 급속한 발전이며, 최적인 C, M, Y의 분광 농도도 비선형 최적화의 방법으로 설계하는 것이 가능해졌다. 그 방법과 최적인 분광 농도는 분광 감도의 최적화와 아울러 Chapter 7에서 소개한다.

5.7 색재현성의 평가 방법

색재현에서 얻을 수 있는 색의 좋고 나쁨을 색재현성(color reproduction quality)이라고 하는데, 색재현성의 평가를 최종적으로는 인간이 실시하는 심리 평가에 의한다. 그러나 심리 평가는 개인차나 실험 조건의 영향을 받기 쉽기 때문에 많은 부분을 측정 기기로 대체하여, 정량화하고 있다.

색재현을 지배하는 요인은 전술과 같이, 분광 감도, tone의 재현, 삼원색이다. 색재현성의 개선을 위해 이들 3개의 요인을 독립적으로 평가하는 시도도 행해지고 있다. 예를 들면 분광 감도가 어느 정도 등색 감도에 가까운가를 평가하면 되는데, Neugebauer는 그 때문에 측색 품질 계수(colorimetric quality factor, q계수(q-factor라고도 한다)를 사용할 것을 제안했다(7.1절). 그러나 이러한 요인을 독립적으로 평가하는 것이 요인들이 서로 상관되어 있으므로 반드시 타당하다고는 말할 수 없다.

따라서 일반적으로 색재현성의 평가에는 각 요인을 개별적으로 평가하지 않고, 최종적으로 얻을 수 있는 재현 색으로 평가하는 방법을 택하고 있다. 이러한 목적을 위해 보통 표준적인 색표를 화상 입력한 후, 출력한 재현 색과 오리지널 색표의 색을 비교한다. 즉, 먼저 Chapter 3에서 설명한 방법에 따라, 오리지널과 재현 화상의 분광 반사(투과)율을 측정해, 3 자극치 X, Y, Z를 계산한다.

그 다음, 색의 일치도는 색차로 평가하는데, 균등한 색차가 얻어지도록 균등 색공간을 사용한다. 균등 색공간에는 CIELAB와 CIELUV 색공간이 있으나, 물체색의 평가에는 보통 CIELAB 색공간의 측색값 L^*, a^*, b^*를 사용한다. 또, 간단하게 색을 비교하기 위해, R, G, B 농도 및 시각 농도를 사용하는 경우도 있다.

평가에 이용하는 색표는 어떤 것이라도 상관없지만, 상호 비교가 용이하도록 표준적인 색표를 정하고 있다. 표준 색표에는 몇 종류가 있으며, 먼셀 색표가 자주 이용되나 최근에는 Macbeth 색표(Macbeth chart)를 널리 사용하는 경향이 있다. Macbeth 색표는 권두((책 머리) 컬러그림)에 나타낸 것처럼, 6 단계의 회색을 포함한 24색으로 이루어진다. 색표의 표면은 무광택(매트)으로, 한 색표의 크기는 45mm×45mm이다. 〈표 5.5〉는 Macbeth 색표의 색명, 먼셀 기호와 표준광 C 아래에서의 측색치(x, y, Y)를 나타낸다.

〈표 5.5〉 Macbeth 색표의 측색치(x, y, Y)와 Munsell 기호(McCamy et al., 1976)

번호	색표	x	y	Y	먼셀기호
1	어두운 피부색	0.4002	0.3504	10.05	3.05 YR 3.69/3.20
2	밝은 피부색	0.3773	0.3446	35.82	2.2 YR 6.47/4.10
3	푸른 하늘색	0.2470	0.2514	19.33	4.3 PB 4.95/5.55
4	초원의 녹색	0.3372	0.4220	13.29	6.65 GY 4.19/4.15
5	청색 꽃	0.2651	0.2400	24.27	9.65 PB 5.47/6.70
6	청녹색	0.2608	0.3430	43.06	2.5 BG 7/6
7	오랜지색	0.5060	0.4070	30.05	5 YR 6/11
8	자주색을 띤 청색	0.2110	0.1750	12.00	7.5 PB 4/10.7
9	중간정도의 적색	0.4533	0.3058	19.77	2.5 R 5/10
10	자색	0.2845	0.2020	6.56	5 P 3/7
11	황록색	0.3800	0.4887	44.29	5 GY 7.08/9.1
12	오렌지색을 띤 황색	0.4729	0.4375	43.06	10 YR 7/10.5
13	청색	0.1866	0.1285	6.11	7.5 PB 2.90/12.75
14	녹색	0.3046	0.4782	23.39	0.1 G 5.38/9.65
15	적색	0.5388	0.3129	12.00	5 R 4/12
16	황색(옐로우)	0.4480	0.4703	59.10	5 Y 8/11.1
17	마젠타	0.3635	0.2325	19.77	2.5 RP 5/12
18	시안	0.1958	0.2519	19.77	5 B 5/8
19	백색	0.3101	0.3163	90.01	N 9.5
20	회색 8	0.3101	0.3163	59.10	N 8
21	회색 6.5	0.3101	0.3163	36.20	N 6.5
22	회색 5	0.3101	0.3163	19.77	N 5
23	회색 3.5	0.3101	0.3163	9.00	N 3.5
24	흑색	0.3101	0.3163	31.3	N 2

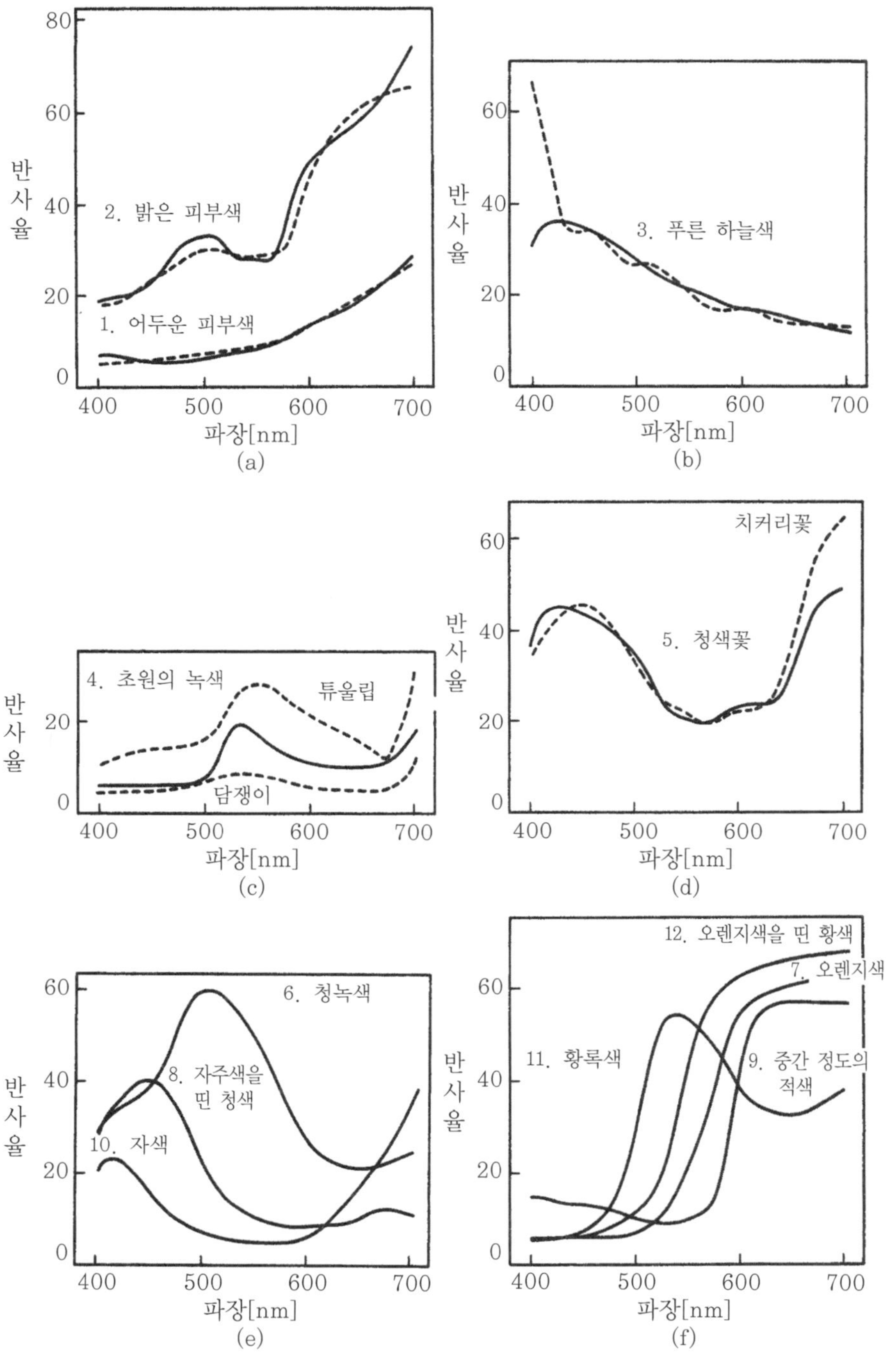

[그림 5.24] Macbeth 색표의 분광 반사율 (McCamy et al., 1976)

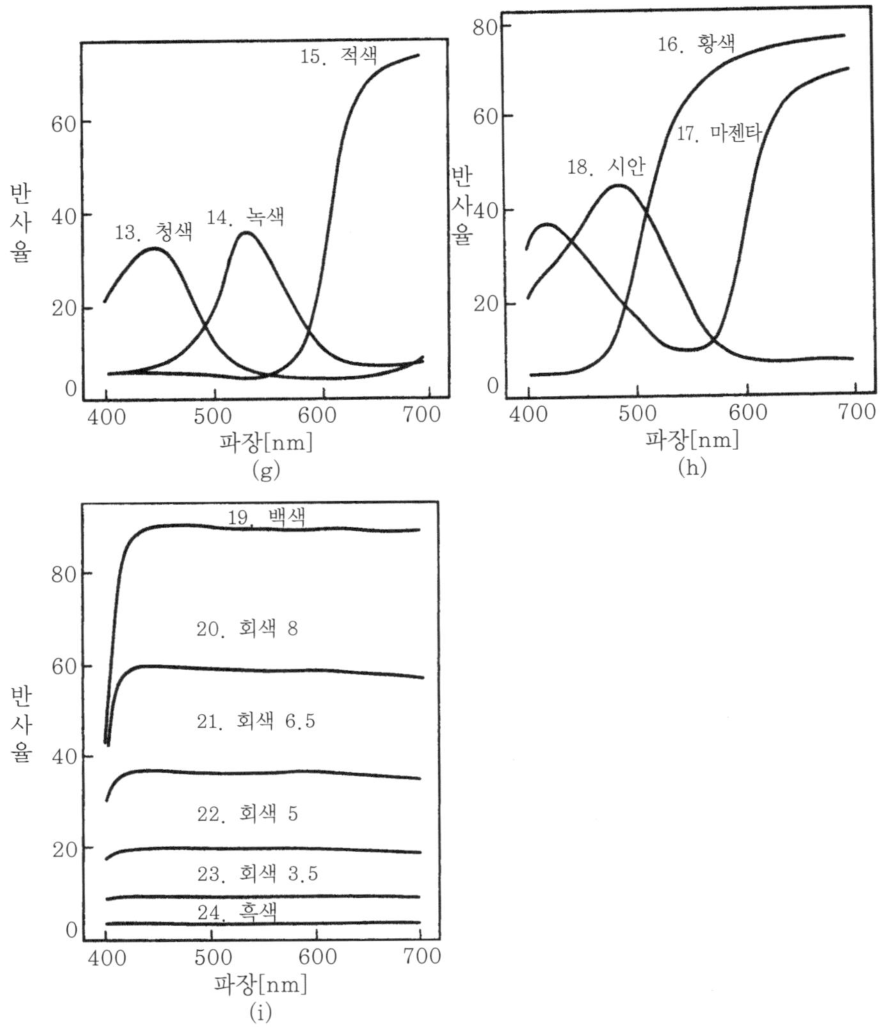

[그림 5.24] Macbeth 색표의 분광 반사율 (McCamy et al., 1976)

맥베스(Macbeth) 색표의 큰 특징은 24색 안에 피부색, 하늘색, 초원의 녹색 등 일상에 자주 눈에 띄는 색을 포함하며, 게다가 그 색의 분광 분포를 매우 정확하게 재현하는 것에 있다(McCamy et al., 1976). [그림 5.24(a)~(i)]는 Macbeth 색표의 분광 반사율을 나타낸다.

그림에서 피부색의 분광 분포는 잘 일치하며, 또 하늘색의 분광 분포도 단파장 영역을 제외하고는 잘 일치한다는 것을 알 수 있다. 또한 초원의 녹색은 [그림 5.24(c)]에 나타내는 것처럼, 식물의 종류에 따라 크게 다르므로 그들의 평균치를 취하고 있다.

실제의 수치 계산을 위해, Macbeth 색표의 분광 반사율의 측정치를 380 nm~780 nm의 파장 범위, 5nm 파장 간격으로 부표 5에 게재한다.

Macbeth 색표는 분광 반사율의 수준에서 색이 일치하므로, 이들을 화상으로 입력하면 그 시스템의 분광 감도까지 포함된 올바른 평가를 실시할 수 있다. 그 외의 보통 색표에서는 색이 조건 등색으로 일치하는 것에 지나지 않기 때문에 화상 입력해도 분광 감도를 올바르게 평가할 수는 없다. [그림 5.25]는 Macbeth 색표에 의한 컬러 사진의 네가・프린트계로, R, G, B, C, M, Y의 색재현성을 평가한 예를 나타내는데, 오리지널과 비교해 G, C, B의 색재현은 양호하나, M, R, Y에서는 색차가 상당히 큰 것을 알 수 있다. 오리지널과 비교해 재현 색의 평균 색차 $\Delta E_{ab}=10.2$이다. 그림에서는 명도 L^*를 표시하진 않지만 색차를 계산할 때는 당연히 포함한다.

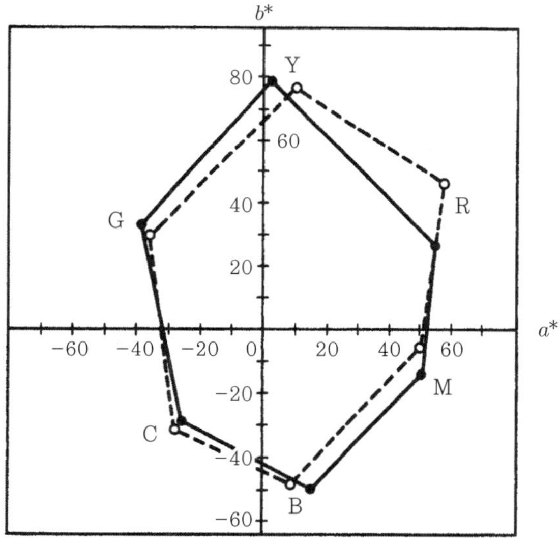

[그림 5.25] 오리지널(•)과 컬러 사진의 네가 및 컬러 프린트의 재현색(○) (색온도 5000K의 색 평가용 형광 램프 하에서 평가)

참고 1(5.2) 응답량과 혼색량의 관계

본문 중에서는 간략하게 3개의 채널에서의 응답량(R_1, G_1, B_1)와 가법 혼색의 삼원색의 혼합량(R_2, G_2, B_2)를 동일하게 가정하여 $R_1 = R_2$, $G_1 = G_2$, $B_1 = B_2$로 하였는데, 이것은 항상 성립하는 관계는 아니다. 더욱 일반화하여 (R_2, G_2, B_2)는 변환 행렬(f_{ij})을 통해 (R_1, G_1, B_1)와

$$\begin{bmatrix} R_2 \\ G_2 \\ B_2 \end{bmatrix} = \begin{bmatrix} f_{11} & f_{12} & f_{13} \\ f_{21} & f_{22} & f_{23} \\ f_{31} & f_{32} & f_{33} \end{bmatrix} \begin{bmatrix} R_1 \\ G_1 \\ B_1 \end{bmatrix} \tag{5.33}$$

의 관계가 있다고 하자.

5.2절에 나타낸 식 (5.6)은

$$\begin{bmatrix} \int_{\text{vis}} H(\lambda) \cdot \bar{x}(\lambda) d\lambda \\ \int_{\text{vis}} H(\lambda) \cdot \bar{y}(\lambda) d\lambda \\ \int_{\text{vis}} H(\lambda) \cdot \bar{z}(\lambda) d\lambda \end{bmatrix} = \begin{bmatrix} X_R & X_G & X_B \\ Y_R & Y_G & Y_B \\ Z_R & Z_G & Z_B \end{bmatrix} \begin{bmatrix} R_2 \\ G_2 \\ B_2 \end{bmatrix} \tag{5.34}$$

이므로, 식 (5.33)을 대입하면

$$\begin{bmatrix} \int_{\text{vis}} H(\lambda) \cdot \bar{x}(\lambda) d\lambda \\ \int_{\text{vis}} H(\lambda) \cdot \bar{y}(\lambda) d\lambda \\ \int_{\text{vis}} H(\lambda) \cdot \bar{z}(\lambda) d\lambda \end{bmatrix} = \begin{bmatrix} X_R & X_G & X_B \\ Y_R & Y_G & Y_B \\ Z_R & Z_G & Z_B \end{bmatrix} \begin{bmatrix} f_{11} & f_{12} & f_{13} \\ f_{21} & f_{22} & f_{23} \\ f_{31} & f_{32} & f_{33} \end{bmatrix} \begin{bmatrix} R_1 \\ G_1 \\ B_1 \end{bmatrix} \tag{5.35}$$

이 된다.

식 (5.35)의 우변 제 1, 2항 행렬의 곱은 (3×3) 행렬이 되므로, 이것을 새로운 (3×3) 행렬이라고 보면, 식 (5.6) 이하, 동일한 논리를 전개할 수 있다. 따라서, 측색 재현을 위한 화상 입력계의 분광 감도는 등색 함수의 일차 결합이라는 결론은 변하지 않는다.

참고 2(5.3) 부흡수를 가지는 block 색소에 대한 등색 감도

현실적으로 C, M, Y의 흡수에 대한 근사 정밀도를 올리기 위해서, 단순한 block 색소가 아니라 [그림 5.26]에 나타내는 것과 같은 부흡수를 가지는 block 색소를 생각해 보자. 먼저 3.7절에서 적분 농도와 해석 농도의 관계를 설명했는데, 부흡수를 가지는 3 색소를 혼합량 c, m, y로 혼합했을 때의 적분 농도를 c', m', y'로 하면

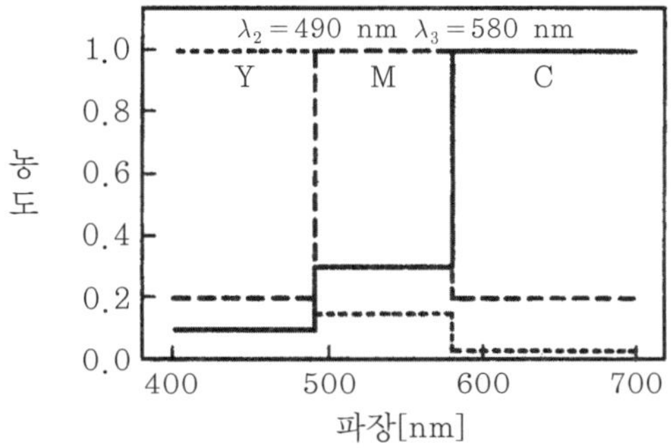

[그림 5.26] 부흡수를 가지는 블록 색소의 분광 농도

$$\begin{bmatrix} c' \\ m' \\ y' \end{bmatrix} = \begin{bmatrix} f_{11} & f_{12} & f_{13} \\ f_{21} & f_{22} & f_{23} \\ f_{31} & f_{32} & f_{33} \end{bmatrix} \begin{bmatrix} c \\ m \\ y \end{bmatrix} \tag{5.36}$$

의 관계가 있다. 여기서 $f_{11}=f_{22}=f_{33}=1.0$이며, f_{12}, f_{13}, f_{21}, f_{23}, f_{31}, f_{32}는 부흡수의 크기를 나타낸다. 예를 들면 f_{12}는 C의 G 영역에서의 부흡수의 크기를 나타내며, C의 R 영역($\lambda_3 \sim \lambda_4$)의 농도와 G 영역($\lambda_2 \sim \lambda_3$)의 농도와의 비율이다.

그런데 block 색소에서는 부흡수에 대해서도 R, G, B 각 영역내의 농도는 파장에 의해 변화하지 않는다. 그러면 $T(\lambda)$는 식 (5.16)과 같이 파장역 $\lambda_1 \sim \lambda_4$에 대해서

$$T(\lambda) = \begin{cases} 10^{-c'} & (\lambda_3 < \lambda \le \lambda_4) \\ 10^{-m'} & (\lambda_2 < \lambda \le \lambda_3) \\ 10^{-y'} & (\lambda_1 \le \lambda \le \lambda_2) \end{cases} \tag{5.37}$$

라고 쓸 수 있다. 따라서 해석 농도 c, m, y 대신에, 적분 농도 c', m', y'를 사용하면, 식 (5.16) 이하는 완전히 동일한 논의로 전개를 할 수 있다는 것을 알 수 있다.

단지 이 때, 예를 들어 c'는 R 노광 이외에 G 노광 및 B 노광의 영향도 받고 있으므로, 이러한 분량 만큼의 보정이 필요하다. 컬러 사진에서는 이 보정을 후술(6.4절)과 같은 중층 효과(interimage effect)에 의해 실행하고 있다.

결국 현실의 C, M, Y의 흡수가 부흡수를 가지는 block 색소에 의해 근사할 수 있으면 측색 재현에 필요한 등색 감도는 등색 함수의 일차 결합이 되는 것으로 결론지을 수 있다. [그림 5.26]에서 알 수 있듯이, 이 근사는 그다지 나쁘지 않기 때문에 현실의 C, M, Y에 대해서도 등색 함수의 일차 결합이 등색 감도로서 거의 타당하다고 생각된다.

참고 3(5.3) 현실의 C, M, Y의 block 색소에 의한 근사

현실의 C, M, Y의 분광 특성은 부흡수를 가지는 block 색소의 분광 특성에 의해 근사할 수 있다. 이 경우 어떤 분광 특성이 최적인지, 또한 그 때의 근사의 좋은 점은 어느 정도인지 검토해 보자(Ohta, 1992). 구체적으로는 block 색소의 경계 파장 λ_3, λ_4 및 참고 2(5.3)의 식 (5.36)의 행렬 요소 f_{ij}를 정하는 것이다. 계산은 XYZ 표색계, 표준광 D_{65} 및 [그림 4.5]의 C, M, Y를 사용해 다음 순서에 의해 이루어졌다.

① 색소량이 $0.0 \leq c$, m, $y \leq 3.0$의 범위에서 몬테 카를로(Monte Carlo) 법(비고)에 의해, [그림 4.5]의 3 색소의 혼합물 100색을 만든다.
그 다음, 이러한 색의 측색값 L^*_i, a^*_i, b^*_i, $(i=1, 2, \cdots, 100)$을 구한다.

비고 Monte Carlo 법

난수를 사용해 문제의 해를 얻는 방법으로 확률 변동을 수반하는 문제에 사용하는 경우가 많은데, 확정적인 문제에서도 적당한 변환에 의해 적용할 수 있다. 0~1에 분포하는 일정 난수를 사용해 원주율을 구하는 문제 등이 유명하다. 상기의 예에서는 색소량에 0.0~3.0의 일정 난수를 할당해 c, m, y의 값으로 하고 있다.

② 적당한 λ_2, λ_3을 $450 \leq \lambda_2 \leq 550$, $550 \leq \lambda_3 \leq 650$의 범위에서 선택한다.

③ 어떤 f_{ij}를 사용해, 상기의 100 색에 대해서 c, m, y에서 c', m', y'로 변환한다.
그 다음, 참고 2(5.3)의 식 (5.37)을 사용해, 그 색의 측색값 $L^*_i{}'$, $a^*_i{}'$, $b^*_i{}'$를 계산해 L^*_i, a^*_i, b^*_i와의 색차 $\Delta E^*_i (i=1, 2, \cdots, 100)$를 구한다.

④ 목적 함수 $F(\lambda_2, \lambda_3)$를

$$F(\lambda_2, \lambda_3) = \frac{\sum_{i=1}^{100} \Delta E^*{}_i}{100} \tag{5.38}$$

이라고 정의한다.

⑤ 목적 함수 $F(\lambda_2, \lambda_3)$의 값이 최소가 되도록, 상기 ③, ④ 과정을 반복하여, 최적의 f_{ij}를 구한다.

⑥ 그 다음, 다른 λ_2, λ_3을 선택해, λ_2, λ_3의 모든 조합 중에서 최소의 F를 만족하는 λ_2, λ_3을 선택한다.

이렇게 하여 참고 2(5.3)의 [그림 5.26]에 나타낸, λ_2=490 nm와 λ_3=580 nm의 최적치가 얻어졌다.

그러면 λ_1=400 nm 및 λ_4=700 nm로 하여, $\lambda_3 \sim \lambda_4$, $\lambda_2 \sim \lambda_3$, $\lambda_1 \sim \lambda_2$의 빛에 대응하는 삼원색의 3 자극치는

$$\begin{aligned} &X_R = 0.4653, \quad X_G = 0.3048, \quad X_B = 0.1739 \\ &Y_R = 0.2437, \quad Y_G = 0.6951, \quad Y_B = 0.0612 \\ &Z_R = 0.0002, \quad Z_G = 0.0599, \quad Z_B = 1.0271 \end{aligned} \tag{5.39}$$

이 된다. 또, 식 (5.39)의 3 자극치로부터 R, G, B 원색의 색도 좌표(x_R, y_R), (x_G, y_G), (x_B, y_B)는

$$\begin{aligned} &x_R = 0.6561, \quad x_G = 0.2876, \quad x_B = 0.1378 \\ &y_R = 0.3436, \quad y_G = 0.6559, \quad y_B = 0.0485 \end{aligned} \tag{5.40}$$

가 된다.

한편, 현실 색소 100 색의 혼합물에 대해, $\lambda_3 \sim \lambda_4$, $\lambda_2 \sim \lambda_3$, $\lambda_1 \sim \lambda_2$의 파장역에서 3 자극치를 구해 보면, 그 들 색도 좌표는 일정하지 않고, [그림 5.27]의 파선으로 가리키는 영역 안에 분포한다. 따라서 현실의 색소에 대응하는 원색은 색도 좌표가 일정하지 않기 때문에, 불안정 원색(unstable primary)이라고 부른다. 또, block 색소에 대응하는 삼원색은 식 (5.40)에 가리키는 것처럼, 색도 좌표가 일정하므로 안정 원색(stable primary)이라고 부르며, 그 색도 좌표를 [그림 5.27]에 ×표로 나타냈다. 그리고 현실의 3 색소를 상기의 부흡수를 가지는 block 색소로 근사했을 경우, 100색에 대한 색차의 평균값은 ΔE_{ab}=11.1 정도이다(Ohta, 1992).

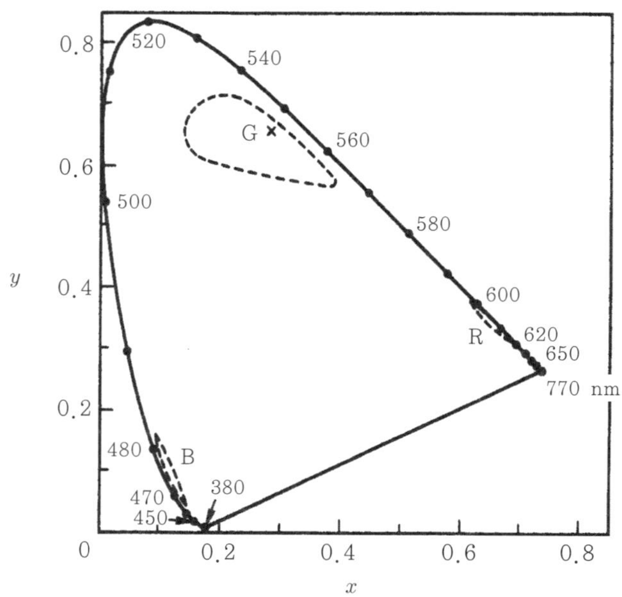

[그림 5.27] 불안전 원색의 색도 좌표 영역(파선)과 블록 색소의 색도 좌표(×) (Ohta, 1992)

참고 4(5.5) 표면 반사를 수반할 때의 반사율

표면 반사에 의한 반사율의 변화로 Yule은 식 (5.29)를 제시했는데, 이 식은 $S=0$일 때 임의의 R에 대해서 $R'=R$이 되도록, 또 $R=1$일 때 임의의 S에 대해서 $R'=1$이 되도록 배려한 식이다. 실제 반사율 R과 표면 반사율 S의 측정과 분리는 어렵지만, 간단한 고찰로 표현이 다른 식도 이끌어 낼 수 있다.

예를 들어 [그림 5.28]의 경우를 생각해 보자. 입사하는 광속을 I_0로 하여, 표면 반사율을 S로 하면, 표면 반사에 의해 $I_0 \cdot S$의 광속이 반사되어 매체 중에는 $I_0(1-S)$의 광속이 입사한다. 또, 매체의 실제 반사율을 R이라 하면, 매체 중에서는 $I_0(1-S)R$의 광속이 반사한다고 봐도 좋을 것이다. 그러면 반사하는 전 광속 I는

$$\begin{aligned} I &= I_0 \cdot S + I_0(1-S)R \\ &= I_0\{S+(1-S)R\} \end{aligned} \tag{5.41}$$

이 된다. 따라서 표면 반사를 수반할 때의 반사율 R'는

$$
\begin{aligned}
R' &= \frac{I}{I_0} \\
&= S + (1-S)R \qquad (5.42)\\
&= R + S(1-R)
\end{aligned}
$$

가 된다. 그러나 이 식과 식 (5.29)의 차이는 통상의 S의 범위에서는 무시할 수 있을 정도로 작다.

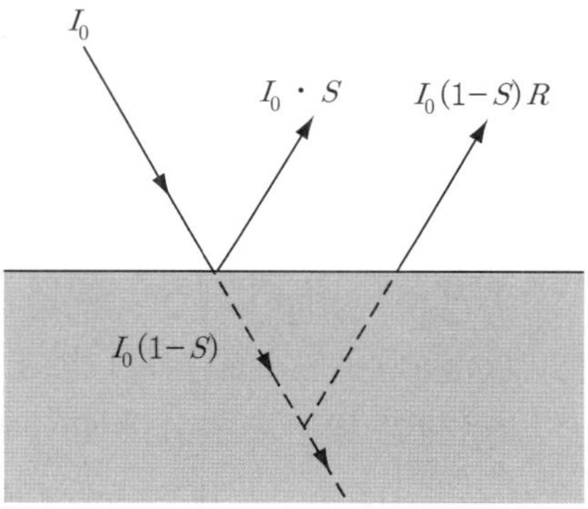

[그림 5.28] 표면 반사에 의한 반사율 변화

참고 5(5.6) 4 원색에 의한 색재현 영역

삼원색 대신에, 4 원색을 사용해 색재현성을 개량하려고 하는 시도는 이전부터 행하여져 왔다. 그러나 현재의 삼원색법의 색재현이 대체로 만족할 만한 것과, 4 원색법으로 색재현 영역의 증가가 얼마 안 되는 이유에 의해 실용화에는 많이 이르지 못하였다.

4 원색으로 하는 경우 삼원색에 부가하여 4 번째의 원색을 어떻게 설정할 지가 문제가 되지만, 가색법의 경우는 색도도 상의 4 각형의 면적이 최대가 되도록 선택하면 되기 때문에 비교적 간단하다. 예를 들면, 원색으로서 [그림 5.29]의 4 원색이 제안되어 있다(NHK, 1995).

감색법의 경우는, 색재현 영역이 간단한 4 각형에서는 얻을 수 없기 때문에 복잡한 계산이 필요하다(Ohta, 1976). 예를 들면, 모델인 원색의 분광 농도 $D(\lambda)$로서 현실 색소의 분광 농도를 가장 근사할 수 있도록

$$F_1(\lambda) = \exp\{-W(\lambda-\lambda_0)^2\}$$
$$F_2(\lambda) = \frac{1}{1+W(\lambda-\lambda_0)^2} \quad (5.43)$$

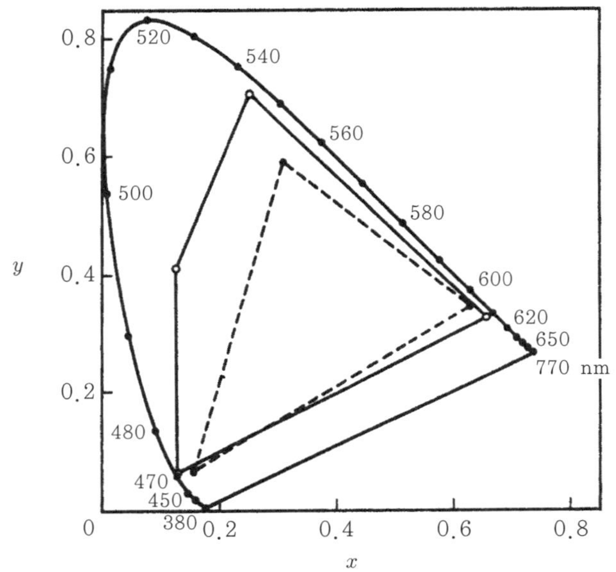

[그림 5.29] TV 원색이 3원색(파선)인 경우와 4원색(실선)인 경우의 색재현 영역 (NHK, 1995)

이 되는 2개의 함수에 의해,

$$D(\lambda) = \alpha \cdot F_1(\lambda) + (1-\alpha)F_2(\lambda) \quad (5.44)$$

로 정한다. 여기서, λ_0은 $D(\lambda)$의 피크 파장이며, W는 함수의 폭을 결정하는 값(폭의 1/2값), α는 두 함수의 혼합 비율이다. 예를 들면, [그림 4.5]에서 C의 분광 농도 곡선에 식 (5.43), (5.44)를 적용시키면 W=0.0074, α=0.77로 근사 값을 얻을 수 있다.

이 모델 색소를 A, B, C, D로 4종을 설정해, 그것들의 피크 파장 λ_A, λ_B, λ_C, λ_D를

$$\begin{aligned} &A : \lambda_A = 600 \sim 700\text{nm} \\ &B : \lambda_B = 530 \sim 630\text{nm} \\ &C : \lambda_C = 460 \sim 560\text{nm} \\ &D : \lambda_D = 380 \sim 480\text{nm} \end{aligned} \quad (5.45)$$

의 범위를 10 nm 간격으로 변화시켜 색재현 영역의 크기를 계산해 본다. 다만, 이러한 파장은 항상 $\lambda_A < \lambda_B < \lambda_C < \lambda_D$의 관계를 충족시키는 것으로 한다. 그 결과 최대의 색재

현 영역을 가지는 피크 파장은 재현 색의 명도에 의존하지만, 예를 들어 Y=10의 색에 대해서는 λ_A=630 nm, λ_B=560 nm, λ_C=530 nm, λ_D=410 nm로 얻을 수 있다는 것을 알았다.

[그림 5.30]은 이러한 4 색소의 분광 농도를 나타낸다. 또, [그림 5.31]은 그 때 얻어진 최대의 색재현 영역을 3 색소로 얻을 수 있는 최대의 색재현 영역과 비교해 나타내고 있다. [그림 5.30], [그림 5.31]로부터 4 색소를 사용하는 감색법에서 최대의 색재현 영역은 M을 2종류 사용해 달성할 수 있다는 것과, 그 때의 색재현 영역의 증가는 9% 정도이며, 색소의 수를 3개에서 4개로 증가 시켜도 그 이상의 효과는 기대할 수 없다는 것을 알 수 있다

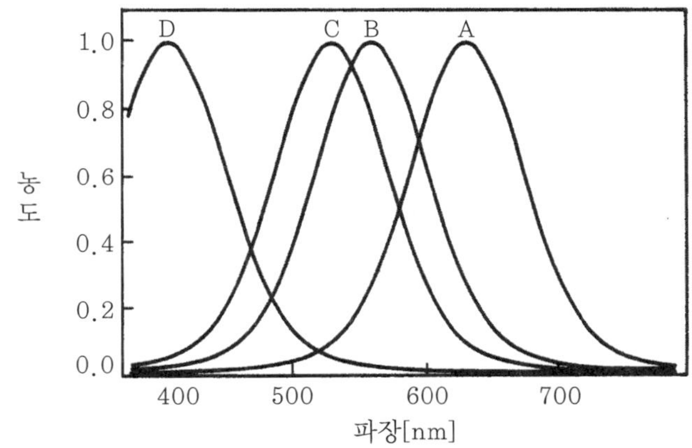

[그림 5.30] Y=10에서 최대 색재현 영역을 가져오는 4색소의 분광 농도(λ_A=630 nm, λ_B=560 nm, λ_C=530 nm, λ_D=410 nm) (Ohta, 1976)

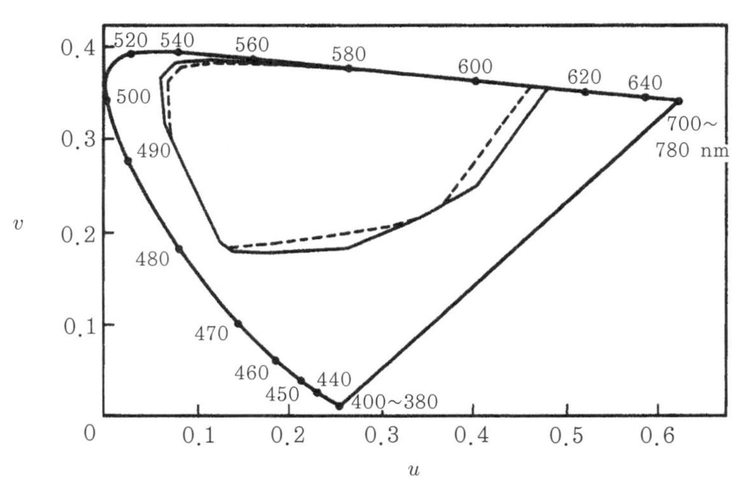

[그림 5.31] Y=10에서의 3색소(파선)와 4색소에서 얻어진 최대 색재현 영역(실선) (Ohta, 1976)

참고 6(5.6) 최명색의 분광 반사율과 색재현 영역

일정 명도에서 가장 선명한 색을 최명색이라고 부르는데, 그 분광 반사율은 [그림 5.32]에 나타내는 것과 같이 2개의 타입이 있다. 타입 1은 파장 $\lambda_1 \sim \lambda_2$의 영역에서만 빛을 반사(투과)하며 그 이외의 영역에서는 빛을 반사(투과)하지 않는 색이며, 타입 2는 반대로 파장 $\lambda_1 \sim \lambda_2$의 영역에서 빛을 반사(투과)하지 않고 그 이외의 영역에서 빛을 반사(투과)하는 색이다.

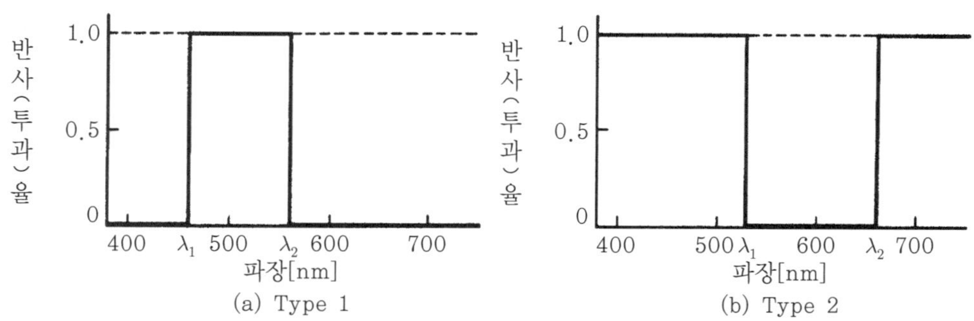

[그림 5.32] 최명색의 분광 반사(투과)율

표준광 D_{65}에 대해서 최명색으로 얻을 수 있는 색재현 영역은 XYZ 표색계로 [그림 5.33]에 나타내는 것과 같다(Ohta, 1993). 또, [그림 5.34]는 최명색과 컬러 사진으로 얻을 수 있는 색재현 영역을 비교하고 있는데, 색소의 분광 농도를 개선하여 얻을 수 있는 효과의 이론적 한계를 알 수 있다.

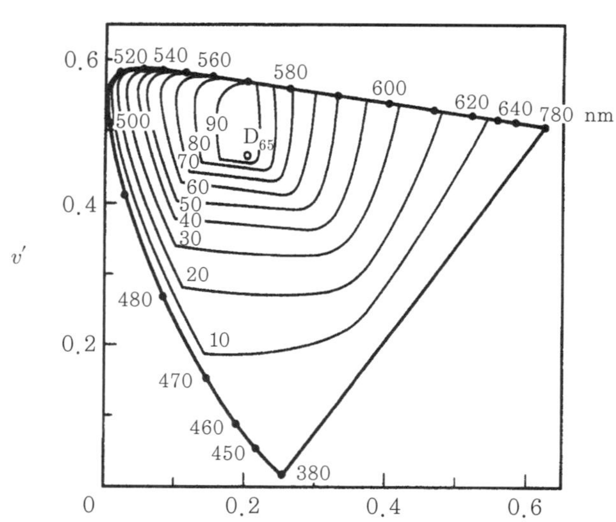

[그림 5.33] 표준광 D_{65}에서 Y=10~90에 대한 최명색의 색재현 영역

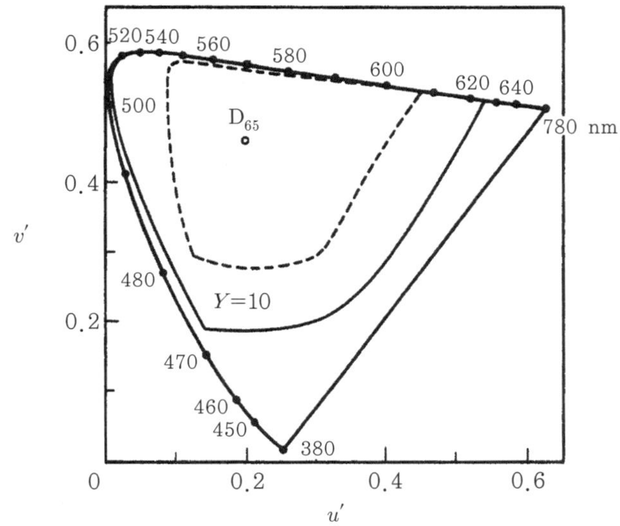

[그림 5.34] 최명색의 색재현 영역(실선)과 컬러 사진의 색재현 영역(파선)

Chapter

6 색재현의 실제와 색 보정의 방법

앞장에서는 색재현의 원리에 대하여 설명하였다. 이 장에서는 컬러 TV, 사진, 인쇄 등, 대표적인 색재현 시스템의 실제적인 색재현에 대하여 간단하게 설명한다. 또한, 색재현의 관점에서 본 각 시스템의 불완전한 점에 대해서 살펴보고, 아울러 그 불완전함을 개선하기 위하여 고안된 각 시스템의 특징적인 색 보정 방법을 소개한다. 이러한 색 보정 방법에는 matrix, 중층 효과, colored coupler, masking 등이 있다. 더욱이 최근에 발전하고 있는 디지털 색 보정에 대해서도 간단히 소개한다.

6.1 컬러 TV의 색재현

컬러 TV는 가색법 색재현의 대표적인 예이며 가법 혼색 중에서 병치 혼색을 이용하고 있다. 병치 혼색이란 앞서 기술(4.1절)한 바와 같이, 떨어진 거리에서 보면 서로 다른 색들이 융합 되어 하나의 색으로 보이는 현상을 말한다. 컬러 TV의 색재현 시스템은 [그림 6.1]에 나타내는 것처럼, 카메라에 의한 촬영, 신호의 전송, 수상기에서의 재현 과정으로 나눌 수 있다. 컬러 사진은 촬영, 현상, 재현을 한 장의 컬러 필름에 의해 이루어지는 것에 반해 컬러 TV는 상당히 복합적인 시스템으로 이루어져 있다.

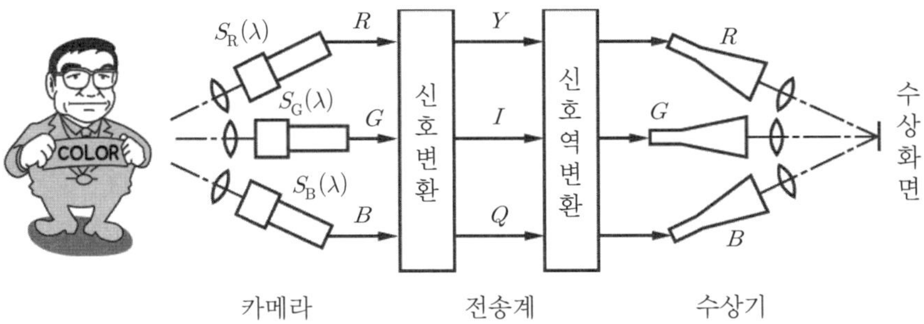

[그림 6.1] 컬러 TV의 색재현 시스템

우선, 컬러 TV에서의 촬영(촬상)은 컬러 사진과 비교하여 상당한 차이가 있다. 화상을 상세한 부분으로 나눈 요소를 화소(picture element) 또는 픽셀(pixel)이라고 부르는데, TV에서는 각 화소를 직선 주사하여 색 정보를 전기 신호로서 보내, 수상측에서는 다시 각 화소를 복원하여 전체의 화상을 재현 한다. 촬상 소자는 기본적으로는 광전 변환 소자인데, 플럼비콘(plumbicon), 비디콘(vidicon), 사디콘(sadicon)과 같은 TV 카메라의 촬상관과 최근에 자주 사용되는 고체 촬상 소자 CCD(charge coupled device, 전하 결합 소자)와 같은 촬상판이 있다.

화상의 주사 방법으로서는 1개만의 촬상관을 사용하는 단관식과 [그림 6.1]에서 나타내는 것과 같은 3개의 촬상관을 사용하는 3관식이 있다(비고). 또, 단관식의 주사 방법에는 회전 원판 등을 사용해 적색(R), 녹색(G), 청색(B)의 색정보를 순차 촬상하는 면 순차 방식과 동시에 촬상하는 동시 방식이 있다.

비고 CCD등의 촬상판을 사용할 때는 그 소자의 형상에서 단관식, 3관식 대신 단판식, 3판식이라고 부른다. 또, 단판식과 3판식의 중간에 위치하는 방식으로서 2판식도 있다.

동시 방식으로는 [그림 6.2]에 나타내는 것과 같은 섬세한 컬러 필터의 배열을 통해 주사 한다. 컬러 필터에는 [그림 6.2]와 같은 가법 혼색의 삼원색 R, G, B를 사용하는 원색 필터 방식과 감법 혼색의 3원색 시안(C), 마젠타(M), 옐로우 색소(Y)를 중심으로 3색이나 4색을 사용하는 보색 필터 방식이 있다.

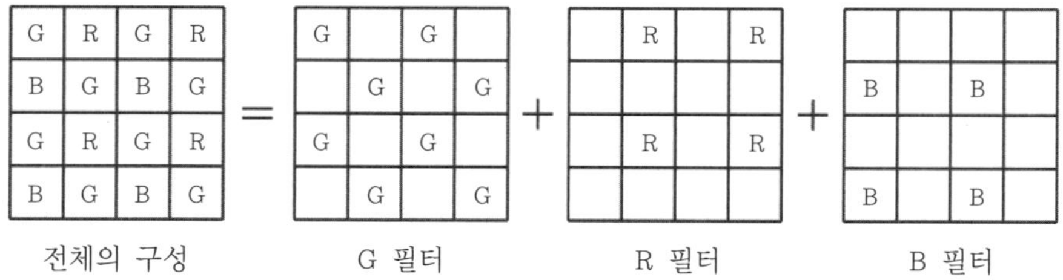

[그림 6.2] Bayer 방식의 컬러 필터 배열

일반적으로, 원색 필터 방식은 색조가 뛰어나며, 보색 필터 방식은 감도가 우수하다. 그림에 나타낸 컬러 필터의 배열은 베이어(Bayer) 방식이라고 부르는데, 컬러 필터의 배열 방법에는 베이어 방식 이외에 여러 가지 방식이 제안되고 있고, 그에 따라 색정보 R, G, B를 구하는 방법도 각각 고안되고 있다.

비디오 카메라, 무비 등의 카메라에서는 대부분 단판식을 채용하고 있다. 이 방식은 소형이고 저렴하다는 이점이 있으나, 모아레(moire) 등의 거짓 신호가 생기기 쉬운 결점도 가지고 있다. 또, [그림 6.2]로부터 알 수 있는 것처럼, 하나의 면을 분할해 각 면에서 색 정보를 얻고 있으므로 정보의 밀도가 엉성해진다. 한편, 컬러 사진에서는 색 정보를 깊이 방향인 각 체적으로 기록한다. 컬러 사진이 간단한 구조로 고화질을 실현하는 이유는 이 차이에서 기인한다.

그런데 카메라의 촬영에서 피사체의 색 정보 R, G, B를 올바르게 찍기 위해서는, 카메라의 감도가 수상기의 삼원색으로부터 정해지는 등색 감도일 필요가 있다. 예를 들어 NTSC 방식의 경우, 삼원색의 색도 좌표(x, y)는 식 (5.30)에 나타내는 것처럼, R(0.67, 0.33), G(0.21, 0.71), B(0.14, 0.08)이다. 그러면 식 (5.12)로부터 등색 감도 $S_{\mathrm{R}}(\lambda)$, $S_{\mathrm{G}}(\lambda)$, $S_{\mathrm{B}}(\lambda)$는

$$\begin{bmatrix} S_{\mathrm{R}}(\lambda) \\ S_{\mathrm{G}}(\lambda) \\ S_{\mathrm{B}}(\lambda) \end{bmatrix} = \begin{bmatrix} 1.9103 & -0.5323 & -0.2883 \\ -0.9848 & 1.9992 & -0.0283 \\ 0.0583 & -0.1184 & 0.8975 \end{bmatrix} \begin{bmatrix} \bar{x}(\lambda) \\ \bar{y}(\lambda) \\ \bar{z}(\lambda) \end{bmatrix} \tag{6.1}$$

가 된다(참고 1(6.1)). 그러나 이러한 등색 감도는 [그림 6.3]에 나타내는 것처럼, 음의 부분을 포함하기 때문에 그 실현이 용이하지 않다. 이 때문에 다음 절(6.2절)에서

설명하는 것처럼, 분광 감도의 형태 자체를 변형하거나 matrix 회로에 의한 색신호의 보정 등의 방법에 의해 색 보정을 하고 있다.

다음은 색신호의 전송에서, 등색 감도를 갖는 TV 카메라로 얻을 수 있는 색 신호를 R, G, B라고 하면, TV에서는 이 색 신호를 그대로 전파로 전송하지 않고, 새로운 색 신호 Y, I, Q로 변환하여 전송하고 있다(참고 2(6.1)). 수상기에서는 색 신호 Y, I, Q를 수신하여 다시 색 신호 R, G, B로 역변환 하여 컬러 화상을 얻는다.

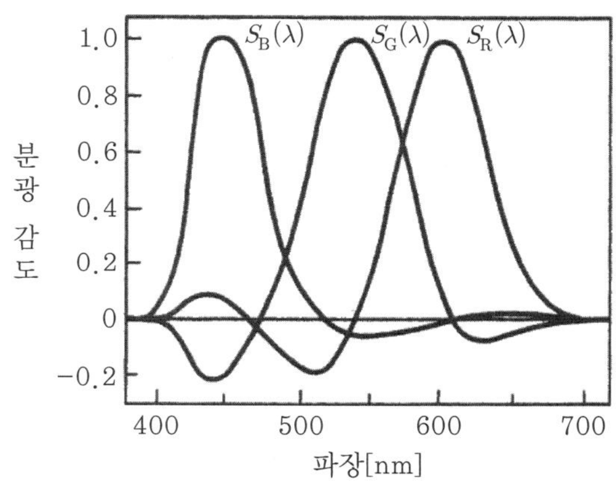

[그림 6.3] NTSC 방식의 등색 감도

이와 같은 신호 변환을 실시하는 이유는 흑백 TV와의 양립성(compatibility)과 전송에 필요한 전파의 대역폭(bandwidth, 대역, 참고 3(6.1))의 압축을 위해서다.

마지막으로 TV 수상기에서의 컬러 화상의 재현에서는 전술(5.6절)과 같이, 현재까지 형광체를 사용한 직시형 컬러 TV가 일반적으로 널리 사용되어 왔다. 그 이외에도 대형 화면을 용이하게 얻을 수 있는 투사형과 최근 자주 사용되는 액정 디스플레이(LCD), 플라즈마 디스플레이(PDP) 등이 있다. 각각의 시스템에 대한 내용을 이하에서 간략하게 설명한다.

직시형 TV는 이른바 브라운관(Braun tube)을 사용하는 방식이다. 브라운관은 원래 음극선 빔에 의해 여러 가지의 전자기 현상을 관측하기 위해서 개발된 것으로, 음극선관(cathode ray tube, CRT)이라고도 한다. [그림 6.4]는 대표적인 브라운관의 쉐도우 마스크(shadow mask)관에 의한 색재현의 원리를 나타낸다. 전자빔을 주사하는 장치를 전자총이라고 부르며, 전자총으로부터 색 신호 R, G, B의 강도에 따라 주사 된 전자선은 쉐도우 마스크를 통해 형광면 상의 R, G, B의 점 형태의 형광체를 발광시킨다. [그림 6.5]는 대표적인 형광체의 분광 분포를, 또 [그림 6.6]은 그 색재현 영역을 NTSC 방식과 비교한 결과를 나타내고 있다(Okuda, 1993).

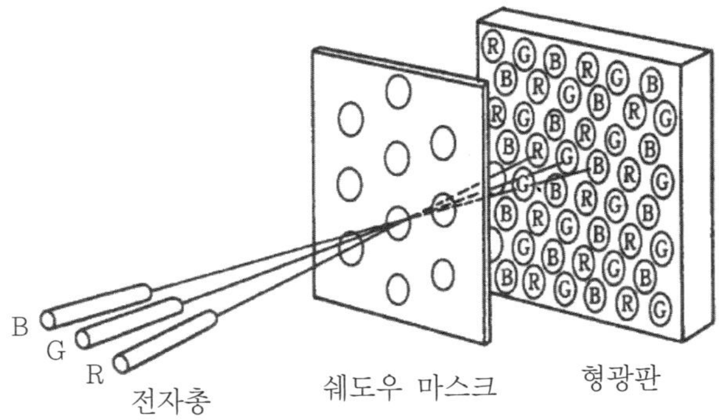

[그림 6.4] 브라운관의 색재현 원리

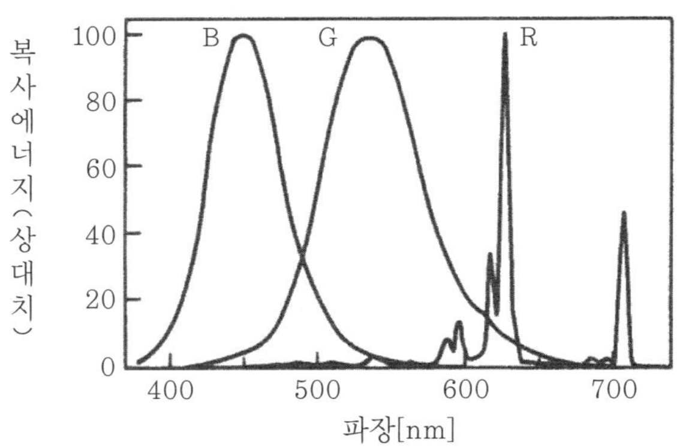

[그림 6.5] 직시형 컬러 TV의 대표적인 형광체의 분광 분포 (Okuda, 1993)

쉐도우 마스크는 0.1~0.3mm정도의 두께의 강판에, 엣칭(etching)으로 구멍을 형성하여 필요한 곡면에 형을 만든 후 표면을 흑화 처리한 것으로, 점 모양의 구멍 대신에 격자모양의 구멍을 가진 트리니트론(trinitron) 튜브도 실용화 되어 있다. 트리니트론 튜브에서는 당연히 형광체도 줄무늬 모양으로 도포되어 있다. 그리고 쉐도우 마스크관에 트리니트론 튜브의 장점을 가미한 좁고 긴 모양의 형광체 분포를 가지는 것도 있다.

대형 화면을 구현하기 위한 투사형 TV도 있으며, 형광체가 G 이외에는 직시형 TV와 거의 같다. 투사형 TV의 G 형광체의 발광은 복수의 피크를 가지므로, 필터로 보정할 필요가 있다.

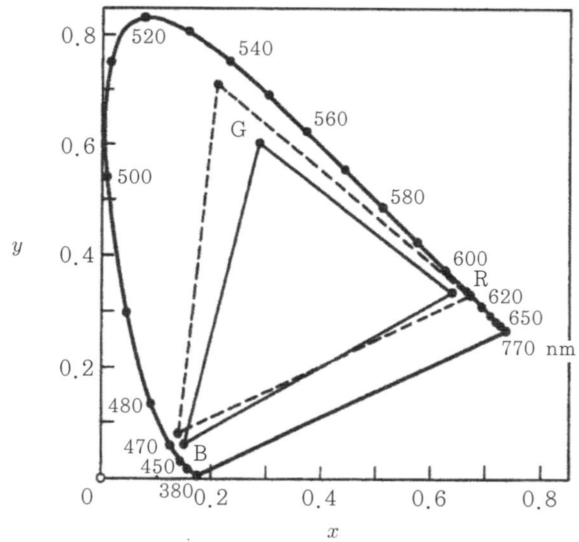

[그림 6.6] 외부광 조사없이 [그림 6.5]의 형광체(실선)와 NTSC방식(파선)에 의한 색재현 영역 (Okuda, 1993)

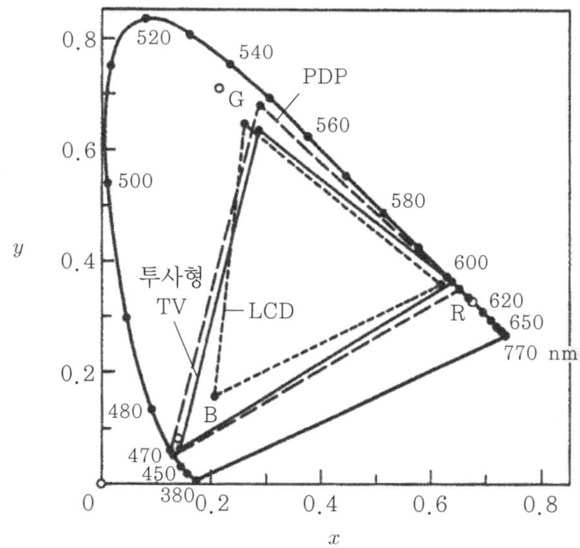

[그림 6.7] 투사형 TV(실선), LCD(점선), PDP(파선)의 색재현 영역(○는 NTSC 방식의 원색)

LCD는 백 라이트의 빛 또는 주변 광을 변조함으로써 표시하는 표시 소자로서 직시형과 투사형이 있다. 발광형 표시 장치인 CRT나 PDP에서의 색재현 영역은 발광체의 분광특성으로 거의 정해져 버리는 것에 반해, LCD에서는 외부 광원, 착색 수단인 컬러 필터의 분광특성 및 빛의 강도를 변조하는 LCD 자체의 전기 광학 특성이 종합된 특성에 의해 색재현 범위가 정해진다. 따라서 광원의 분광 분포와 컬러 필터의 분광 투과율은 각각 설정하여 표시 성능을 최적화 할 수 있어 설계상의 자유도는 크다. 그리고 반사형 LCD 또는 반 투과형 LCD(Trans-reflective Type)는 외광을 이용함으로써 어두운 곳에서부터 직사광이 많은 옥외까지 뛰어난 시인성을 나타낸다.

이러한 LCD에 대하여 좀 더 자세히 설명하면, 액정 그 자체는 빛을 내지 않는 비발광형 표시 소자이므로 LCD에 표시된 정보를 나타내기 위해서는 광원이 필요하다. LCD 뒷면의 백 라이트라 부르는 면 광원을 사용하는 투과형 LCD, 외광을 이용하는 반사형 LCD 및 백 라이트와 외부광을 병용하는 반 투과형 LCD(Trans-reflective)가 있다. 백 라이트를 내장하는 투과형 LCD에서는 백 라이트에서 조사되는 빛의 강도를 액정으로 제어하여, 화소 별로 배치된 RGB 3 원색의 컬러 필터에 의해 각 컬러를 선택적으로 투과 시켜, 병치 혼색의 원리로 원하는 색을 재현하고 있다. 컬러 필터의 분광 투과율, 백 라이트의 분광 분포 및 LCD 자체의 ON/OFF 비(Contrast Ratio)가 LCD의 색 재현성에 있어서 지배적인 요소이다.

한편, 외광을 이용하는 반사형 LCD에서는 광원의 선택 자유도는 없어, 태양광 또는 실내 조명의 분광 분포를 고려하여 컬러 필터의 설계가 이루어진다. 백 라이트와 외광을 구분해서 사용하는 반 투과형 LCD에서는 각각 광원의 분광 분포가 고려되어야 한다.

또 PDP는 희(希) 가스(inert gas, He+Xe 또는 Ne+Xe)의 방전에 의해 생기는 자외선을 형광체에 조사하여 이 형광체의 자체 발광으로 색재현을 한다. PDP에는 Ne+Xe 등의 혼합 가스가 사용되는데, 여기에 고 전압이 인가되면 전리 상태가 되어 방전이 발생한다. 즉, +와 -전하가 서로 섞인 상태가 되는데 이 상태를 플라즈마라 한다. 이와 같은 발광 기능 때문에 PDP는 LCD에 비해 가법 혼색성이 뛰어나고, 자기 발광형으로서 시야각이 넓고 보기 쉬워 화면의 대형화가 가능한 반면, 발광 효율이 최대 과제로 남아 있다.

각 방식의 TV 삼원색은 각 방식의 색재현성을 비교하는 것이 중요하므로, 각 방식의 대표적인 색도 값을 [그림 6.7]에 나타내었다(Shiramatsu, 1994 ; Hamada, 1993 ; Wakatani, 1993). 디스플레이의 색재현 영역은 넓은 편이 좋은데, 화상 재현이라는 관점에서는 촬상, 기록 재생 및 전송 시스템 간에 조정을 하지 않으면 부자연스러운 재현 화상이 되어 버린다. 여러 영상기기 간에 미치는 색 재현성을 유지하기 위해 색관리 시스템(Color Management System)의 표준화 및 취급할 수 있는 색재현 영역의 확장이 진행되고 있다.

6.2 분광 감도의 보정

앞서 설명한 바(6.1절)와 같이, 컬러 TV의 등색 감도는 물리적으로 실현될 수 없는 음의 부분을 가지고 있다. 등색 감도를 임의로 일차 변환 한다면, 5.4절에서 소개된 것과 같이, 모두 양의 값으로 단독의 피크를 가지는 등색 감도를 실현할 수가 있다. 그러나 G와 R 감도의 겹침이 커서 색 분리가 나빠진다. 이 때문에 색 분리를 고려하면서, 등색 감도를 근사하는 실용적인 방법이 지금까지 개발되어 왔고, 그것은 다음 2개의 방법으로 분류할 수 있다.

① 등색 감도를 변형하여 효과적으로 음의 분광 감도를 근사 한다.

② 어떤 채널(예를 들면 G)의 출력을 사용해 다른 채널(예를 들면 R)의 출력을 보정함으로써 음의 분광 감도를 근사한다.

이 두 가지 방법은 실제로 색재현 시스템에서 사용되고 있으며 개략적으로 설명하면 다음과 같다.

우선, 제 1의 근사 방법은 등색 감도를 「적절」하게 변형하여, 어떤 채널에서의 출력을 각각으로 보면 차이가 나더라도, 많은 경우를 통계적으로 보면 음의 부분을 가지는 등색 감도의 출력과 일치하도록 만드는 것을 목표로 하는 것이다. 즉, 어느 채널의 등색 감도를 $S(\lambda)$, 이것을 양의 부분만으로 근사하는 분광 감도를 $\hat{S}(\lambda)$로 하면, n개의 피사체에 대한 양자의 출력차는

$$\varphi = \sum_{i=1}^{n} \frac{\left[\int_{\text{vis}} R_i(\lambda)\{S(\lambda) - \hat{S}(\lambda)\}d\lambda\right]^2}{n} \tag{6.2}$$

으로 평가할 수 있다. 다만, $R_i(\lambda)$는 i번째 피사체의 분광 반사율이다.

식 (6.2)를 최소로 하는 $\hat{S}(\lambda)$를 구하면 되나 함수가 비선형이므로 간단하게는 구할 수 없다. 따라서 이론적으로 정확하게 일치하지 않더라도 직관적으로 근사 하려는 시도가 이전부터 행하여져 왔다. 예를 들면, [그림 6.8]에서 나타내는 것처럼, 인접하는 양의 부분을 좁힘으로써 음의 부분을 보상하려는 개념이다. 사선부의 면적을 음의 감도 부분의 면적과 동일하게 하면 특정 피사체에 대해서는 큰 오차를 가져올 수 있지만, 많은 피사체를 대상으로 한다면 평균적으로 좋은 근사를 가져올 것으로 기대된다.

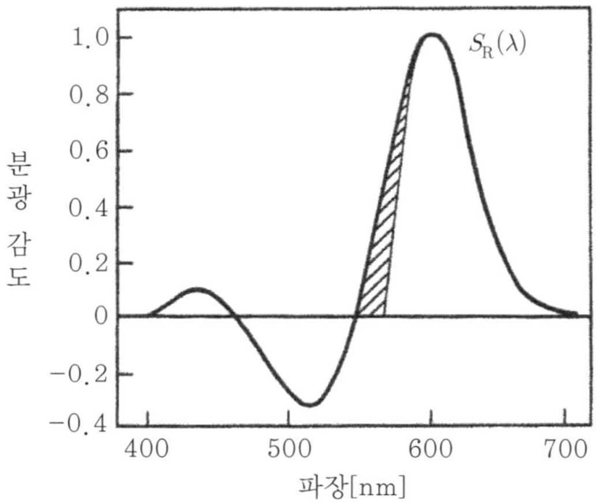

[그림 6.8] 음의 감도의 근사적 보상방법

이 개념은 Epstein에 의해 처음으로 제안되어 컬러 TV에서 실용화되었으므로 Epstein 근사(Epstein approximation)라고 부른다(Epstein, 1953). [그림 6.9]는 등색 감도의 Epstein 근사의 예를 나타내는데, 이 때 각종의 색표에 대해서 생기는 오차를 [그림 6.10]과 같이 나타낸다(Saito, 1970). 휘도에 대해서도 오차가 생기며, 특히 순도 높은 청색에서 커지는 것으로 예측할 수 있는데 실제로 22%에 달한다. 그리고 뒤에서 설명할 내용(7.1절)과 같이 Epstein 근사는 비선형 최적화에 의한 해와 매우 가까워진다.

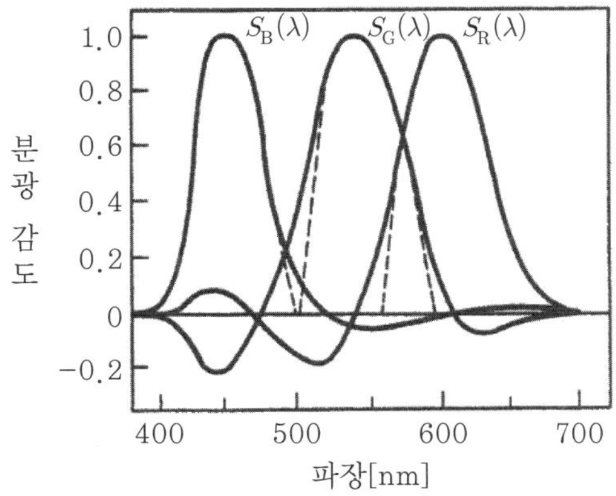

[그림 6.9] 등색 감도(실선)의 Epstein 근사 예(파선)

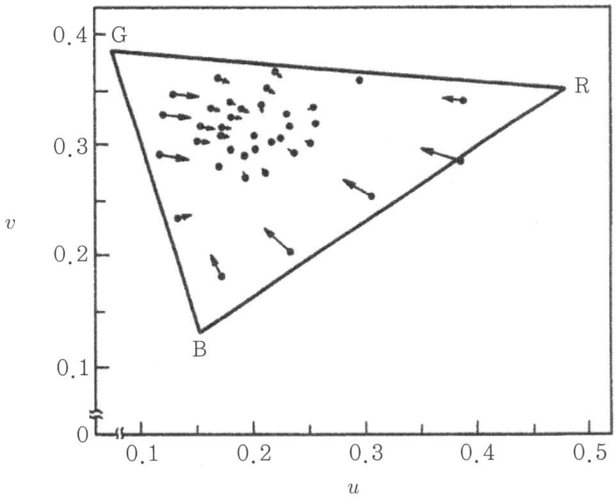

[그림 6.10] 피사체의 색(•)과 Epstein 근사에 의한 재현색(화살표 끝) (Saito, 1985)

다음은 제 2의 근사 방법을 설명한다. 이것은 3개의 채널 출력을 연산으로 가감하여, 결과적으로 유사한 음의 분광 감도를 얻는 방법이다. 연산 방법으로는 전기적인 방법과 화학적인 방법이 있다. 화학적인 방법에는 중층(重層) 효과, colored coupler, masking 등이 있는데, 이러한 방법은 분광 감도의 보정보다 색소의 부흡수 보정에 보다 효과가 있으므로 6.4절에서 자세하게 설명한다.

한편, 전기적인 보정 방법은 예를 들어, R 감도는 [그림 6.11]과 같은 음의 감도를 가지고 있다.

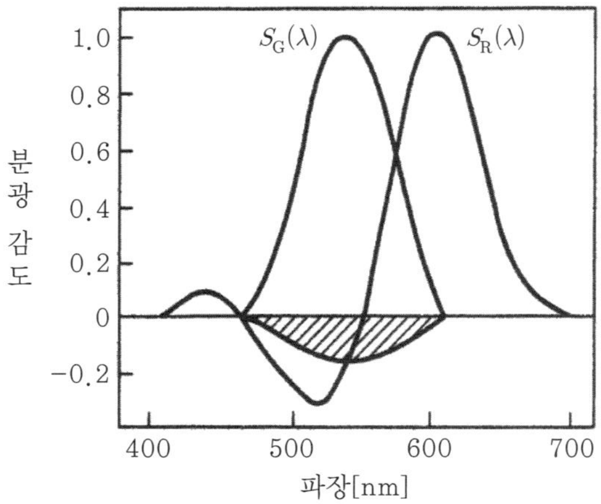

[그림 6.11] $S_G(\lambda)$의 출력 반전에 의한 $S_R(\lambda)$의 음의 감도의 근사방법

이 음의 부분에 대응하는 출력을 G 감도의 양의 부분으로부터의 출력을 반전한 것(사선부)으로 양자의 면적이 동일해지도록 근사하는 것이다. 이 근사 방법도 정확하게 일치하지 않지만 Epstein 근사와 같이 많은 피사체에 대해서는 평균적으로 최적의 근사가 가능할 것으로 기대된다.

전기적으로 보정을 실시하는 경우, 보정 전의 출력을 R, G, B로 하고 보정 후의 출력을 R', G', B'로 하면, 상술과 같이 예를 들어 R'는 R, G, B를 이용해,

$$R' = g_{11} \cdot R + g_{12} \cdot G + g_{13} \cdot B \tag{6.3}$$

라고 쓸 수 있다. 다만, g_{11}, g_{12}, g_{13}은 정수이다. G', B'에 대해서도 동일한 표현을 얻을 수 있으므로, 행렬을 사용하여 다시 적으면

$$\begin{bmatrix} R' \\ G' \\ B' \end{bmatrix} = \begin{bmatrix} g_{11} & g_{12} & g_{13} \\ g_{21} & g_{22} & g_{23} \\ g_{31} & g_{32} & g_{33} \end{bmatrix} \begin{bmatrix} R \\ G \\ B \end{bmatrix} \tag{6.4}$$

가 된다.

예를 들면 [그림 6.12]에 나타낸 R, G, B 감도는 양의 부분만으로 완성되어 있다. 식 (6.4)에 의해 등색 함수를 근사하여, 오차가 최소가 되도록 계수를 구해 보면,

$$\begin{bmatrix} R' \\ G' \\ B' \end{bmatrix} = \begin{bmatrix} 1.077 & -0.096 & 0.019 \\ -0.035 & 1.188 & -0.154 \\ -0.011 & -0.031 & 1.042 \end{bmatrix} \begin{bmatrix} R \\ G \\ B \end{bmatrix} \tag{6.5}$$

를 얻을 수 있다(Saito, 1970). 이 근사에 의한 오차를 [그림 6.10]의 경우와 같이 같은 색표에 대해서 구한 결과를 [그림 6.13]에 나타내는데, [그림 6.10]과 비교해 Epstein 근사보다 다소 우수한 것을 알 수 있다.

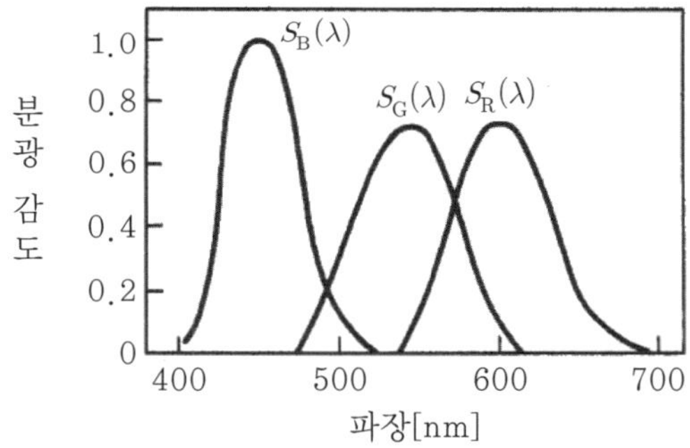

[그림 6.12] 등색 감도의 양의 부분만으로 나타낸 R, G, B 감도

실제 휘도의 차이도 적어져 최대인 마젠타에서 6.4% 정도가 된다.

그런데 일반적으로 분광 감도의 형태를 적절히 변형하기 위해서는, 그 변형이 색재현에 주는 영향에 대해서 알아야 한다. 종래는 감각과 우연(serendipity)에 의해 개선시켜왔다. 이러한 시행 착오는 컬러 사진의 업계에서는 오랜 역사를 가지고 있어 그 영향에 대해서도 자주 연구되고 있다.

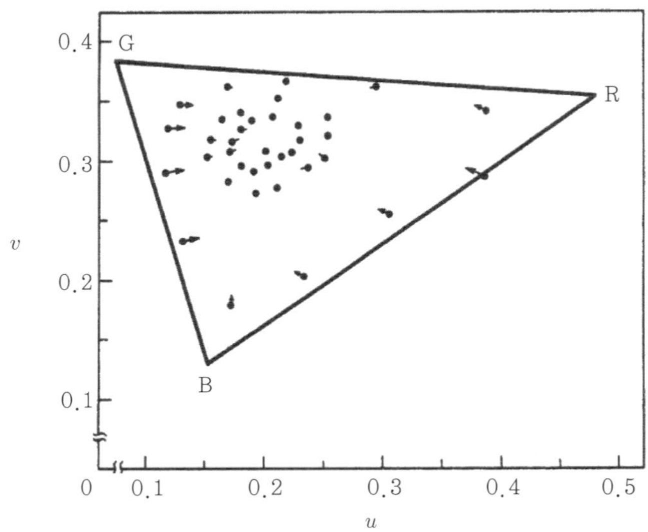

[그림 6.13] 피사체의 색(●)과 행렬 조사에 의한 재현색(화살표 끝) (Saito, 1985)

예를 들면 Evans 등은 컬러 사진에서 등색 감도의 양의 부분만을 사용한 분광 감도를 기준으로 하여 다음 3종류의 변형을

① 기준 분광 감도의 R, G를 장파화(長波化), B를 단파화(短波化) 시켜 각 감도의 분리를 크게 한다.

② 기준의 분광 감도 분포의 폭을 모두 좁게 한다.

③ 기준 분광 감도의 주요한 감도 영역 이외에 일정량의 감도를 갖게 한다.

행하여 그 색재현에 대한 영향을 조사했다(Evans et al., 1953).

색재현의 평가는 일상적으로 자주 촬영하는 9개의 오리지날(피사체)에 대해 R, G, B의 감광층의 노광 농도(exposure density)를 구해, 그 값으로부터 회색 성분을 제외한 색감 성분의 값을 사용하여 이루어지고 있다. 그 결과 색순도를 향상시키려면

① 분광 감도 분포의 폭을 좁게 한다.

② 각층의 분광 감도를 분리한다.

③ 분광 감도를 주요 감도 영역 이외에서는 최소로 한다.

를 만족시키면 좋아진다는 결과를 밝혔다. 현실의 분광 감도는 이러한 지침에 따라 [그림 6.14]에서와 같이, 등색 감도보다도 더 좁고 더 많이 분리되도록 설계되어 있다.

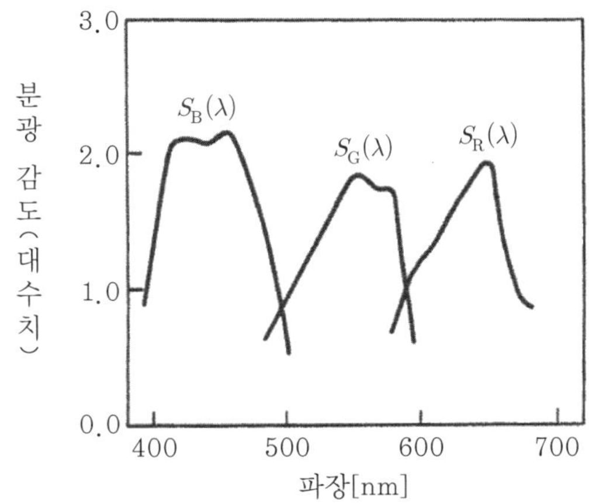

[그림 6.14] 컬러 사진의 대표적 분광 감도

6.3 컬러 사진의 색재현

대표적인 컬러 사진인 컬러 Nega 프린트의 색재현은 촬영·현상·인화의 3개의 과정으로 이루어지며, 그 이외에 촬영·현상의 2개의 과정으로 색재현을 완성하는 컬러 반전 필름도 있다. 컬러 사진의 색재현은 복잡하고 특징적인 화학 반응의 조합에 의해 이루어지는데, 컬러 사진에 대한 화학을 공부하는 것이 본래의 목적이 아니므로 여기에서는 그 개요와 간단하게 컬러 사진의 구조에 대하여 설명한다.

사진의 감광 소자는 할로겐화 은(AgX, X=Cl, Br, I)의 미립자로 젤라틴 수용액 중에서

$$AgNO_3 + MX \rightarrow AgX + MNO_3 \tag{6.6}$$

의 화학 반응에 의해 얻어진다. 여기서 M은 Na, K등의 알칼리 금속이다. 화학 반응의 조건에 따라 생성하는 AgX 입자의 형상은 다르지만, 사이즈는 대체로 0.05~3μm 이다. 반응으로 얻을 수 있는 AgX 입자는 젤라틴 겔 속에 현탁 시키는데 이것을 사진 유제(photographic emulsion)라고 부른다. 사진 필름은 사진 유제를 두께 120μm 정도의 고분자 지지체 위에 도포, 건조하여 얻을 수 있다.

우선 흑백 사진의 경우, 사진 필름에 빛(hv)이 닿으면 AgX로부터 광전자가 발생하여 격자간 은이온(Ag^+)과 반응하여

$$\begin{aligned} &X^- + h\nu \rightarrow X + e^- \\ &e^- + Ag^+ \rightarrow Ag \end{aligned} \tag{6.7}$$

와 같이 은 원자를 만든다. 이 과정이 반복되어 은 원자가 일정한 개수(최저 4개라고 함) 이상 모이면 현상 가능한 잠상(潛像, latent image)이 된다. 잠상을 가지는 AgX 입자에 하이드로 키논(hydroquinone) 같은 환원제와 반응시키면 잠상의 위치로부터 화학 반응

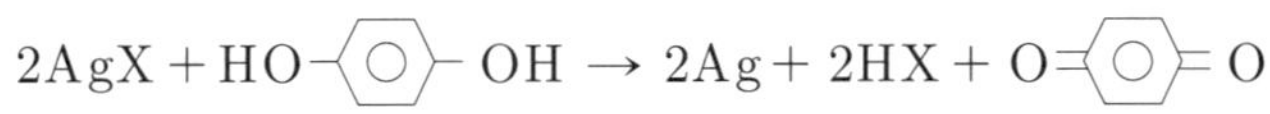

(6.8)

이 연속적으로 일어나 입자 전체가 은 원자로 환원되어, 금속 은으로부터의 흑백상을 얻을 수 있다.

할로겐화 은의 환원제는 현상액(developing agent)이라고 부르는데 하이드로 키논 이외에도 많은 화합물이 알려져 있다. 컬러 사진에서는 현상액에 p- 페닐렌디아민 유도체 등을 사용한다. 이 때, 현상액의 산화 생성물과 커플링 반응을 일으키는 커플러(coupler)라고 부르는 유기 화합물을 넣으면, 예를 들어

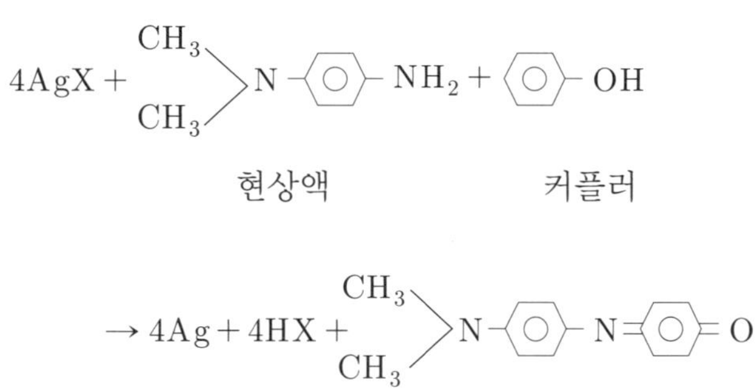

(6.9)

의 화학 반응에 의해 현상된 은(銀) 이외에 부산물로서 색소가 생성된다. 현상 후에 은을 용해시켜 제거하면 색소의 상(像)을 얻을 수 있는데 이 방법을 발색 현상(color development)이라고 부른다.

현재 컬러 사진에서는 색소의 색상 · 채도 · 보존성 등을 개량하기 위해서 식 (6.9)에 나타낸 커플러보다도 복잡한 화학 구조를 가진 것을 사용하고 있으나, 발색 현상을

통한 색상 형성의 기본적인 원리는 동일하다. 발색 현상에 사용하는 커플러의 화학 구조를 적절히 선택하면 C, M, Y의 감법 혼색의 삼원색을 얻을 수 있다. 이러한 커플러를 R, G, B 광으로 감광하는 층에 포함시켜 두면 각층의 감광 정도에 따라 발색한 색소가 서로 겹쳐 감법 혼색으로 임의의 색상을 얻을 수 있다. 이러한 방법으로 얻을 수 있는 C, M, Y의 대표적인 분광 농도에 대해서는 앞장의 [그림 5.20]에 나타냈다.

그리고 AgX의 분광 감도는 500 nm 이하의 B 광으로 한정되어 있어 이 상태로는 G, R 광의 정보를 기록할 수 없다. 그러나 AgX에 시아닌 색소 등의 유기 색소를 흡착시키면 그 분광 감도를 B 광 이외로도 확장할 수 있다. 이 현상을 분광 증감(spectral sensitization)이라고 말하며, 첨가하는 유기 색소를 분광 증감제(spectral sensitizer)라고 부른다. 증감 색소의 구조를 적절히 선택하면 감광 영역은 G로부터 R, 더 나아가 근 적외선 영역의 1300 nm 부근까지 확장시킬 수 있다.

[그림 6.15]는 대표적인 컬러 사진의 구성을 나타내는데 R, G, B 광으로 감광하는 적・녹・청 감광층은 C, M, Y에 발색하는 커플러를 포함하고 있다. 그리고 이러한 감광층 이외에도 화질을 향상시키기 위해서 보호층, 황색 필터층, 헐레이션(halation) 방지층, 중간층 등으로 구성되어 있다. 황색 필터층의 목적은 적・녹 감광층에 포함된 할로겐화 은이 R, G 광에 감도를 가지는 것 외에, B 광에도 감도를 가져 불필요한 B 광을 흡수하는 것이다. 컬러 사진의 종류에 따라 약간씩 다르지만 감광층 전체의 두께는 10~15μm 정도이다. 모발의 직경 50μm 정도나 망막의 두께 300μm 정도와 비교하면 사진 감광층이 극히 얇다는 것을 잘 알 수 있다.

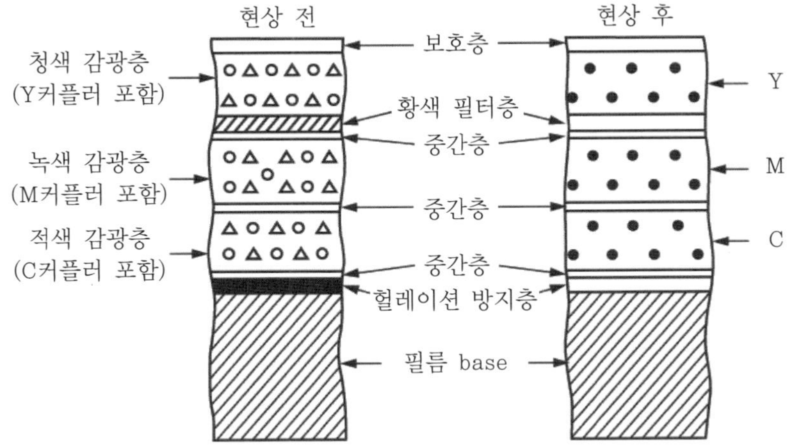

[그림 6.15] 컬러 사진의 층 구성(○ : 커플러, △ : AgX, ● : 색소)

한편 대표적인 컬러 사진으로서 컬러 네가·프린트와 컬러 반전 필름이 있는데, 그 구성은 대부분 같다. 그 구성 예를 [그림 6.15]에 나타내며, 이와 같은 구성으로부터 컬러 네가와 컬러 반전 필름이 얻어지는 것은 현상 처리가 다른 것에 의한다. 현상 처리는 복잡한 화학 반응을 정교하게 조합한 정밀 화학의 좋은 예이다. 피사체에 대해 흑색(K), 백색(W)과 B, G, R을 가지고, 컬러 네가·프린트와 컬러 반전 필름으로 색재현하는 과정에 대해 보다 자세히 설명하겠다.

[그림 6.16]은 컬러 반전 필름으로 K, W, B, G, R의 피사체를 촬영해, 반전 현상 처리할 때의 과정과 그 때의 발색을 나타내고 있다. 예를 들면, R 광에 노출된 부분에서는 M과 Y가 발색(R → M + Y)하고, 그리고 나서 감법 혼색에 의해 다시 R을 재현할 수 있다(M*Y → R).

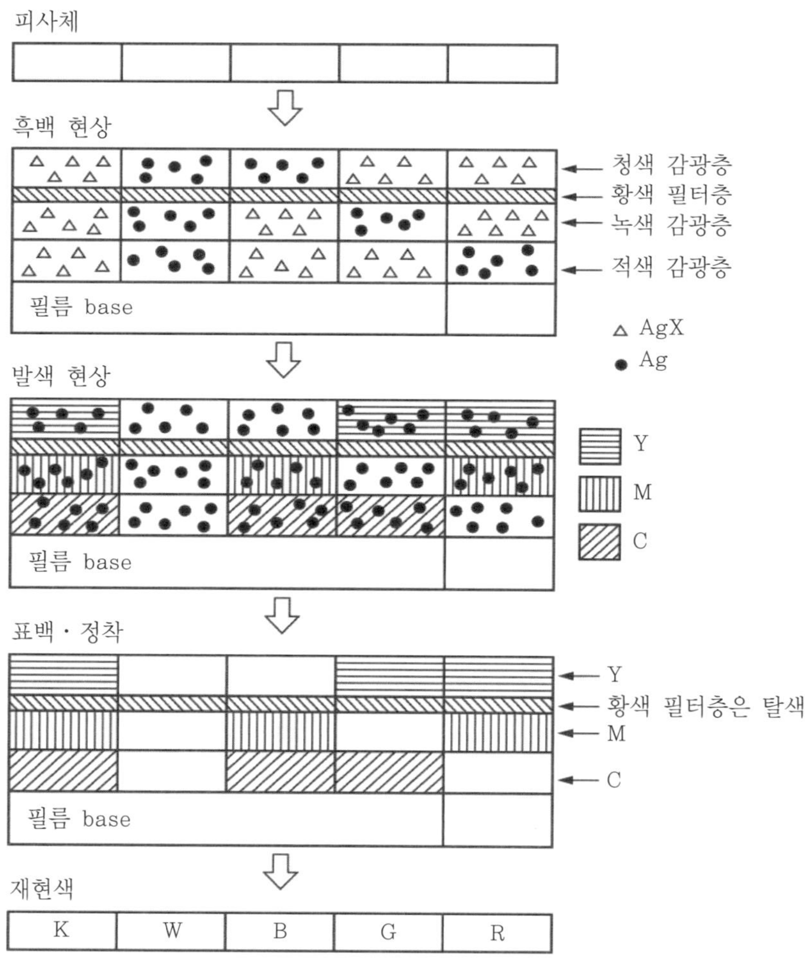

[그림 6.16] 내형(內型) 컬러 반전 필름의 현상 과정과 발색

다른 색에 대해서도, G는 G→Y+C→Y*C→G, K는 K→C+M+Y→C*M*Y→K 등으로 포지티브 상을 올바르게 재현할 수 있음을 알 수 있다.

반전 현상 처리 과정은 복잡하며 그 원리는 다음과 같다. 예를 들면, R에 노광하면 적 감광층만이 감광하고 이것을 흑백 현상 하면 적 감광층만으로 흑백 네가티브 상을 얻을 수 있다. 그러면 녹 · 청 감광층에서는 현상되지 않은 AgX가 남아 있으므로 이것을 감광 시켜 발색 현상하면 M과 Y의 색상을 얻을 수 있다. 황색 필터와 현상으로 생긴 은은 관찰하는 데 방해가 되므로 표백 · 정착하여 제거한다. 그리고 이 방식에서는 커플러가 필름 중에 포함되어 있으므로, 내형 컬러 반전 필름이라고 부른다.

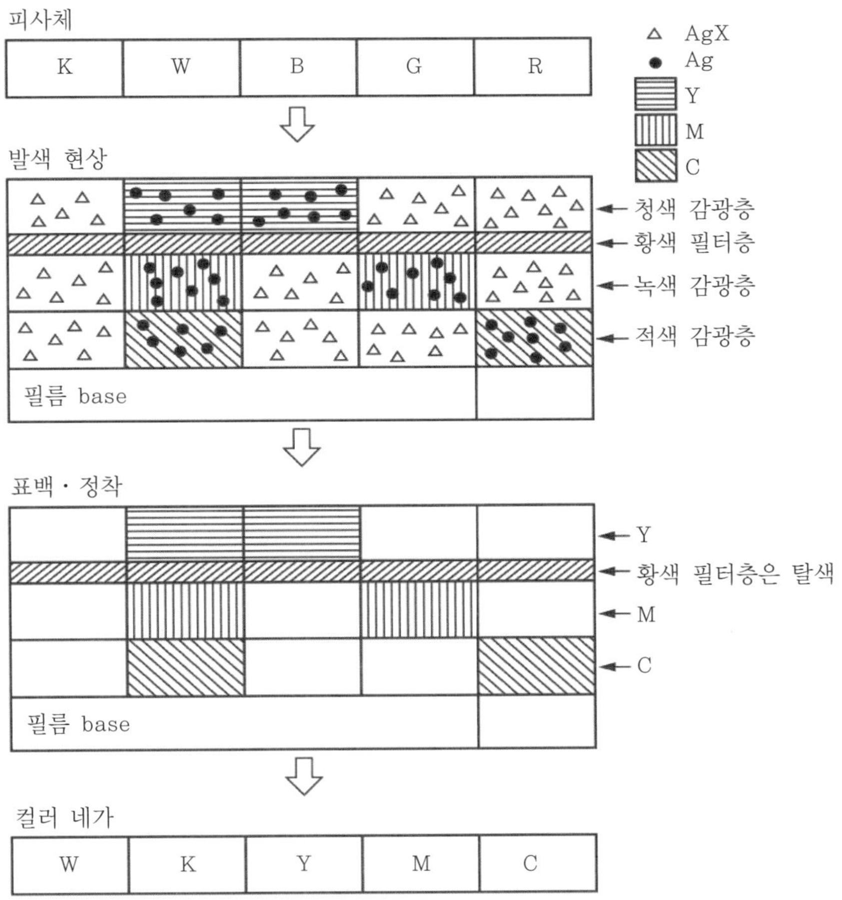

[그림 6.17] 컬러 네가 필름의 현상 과정과 발색

그 외에 커플러를 발색 현상액에 넣어 두는 외형 컬러 반전 필름도 있으나, 현상 처리가 복잡하기 때문에 그다지 사용하지 않고 있다.

또, 컬러 네가티브에서는 촬영한 컬러 필름을 [그림 6.17]에 나타내는 것처럼 그대로 발색 현상한다. 이렇게 하여 얻은 필름은 피사체의 R이 C에 재현되는 (R → C) 등, 재현색은 피사체와 보색이 되는 컬러 네가이다. 다음은 [그림 6.18]에서와 같이, 이러한 컬러 네가를 통해 컬러 프린트에 백색 노광을 한다.

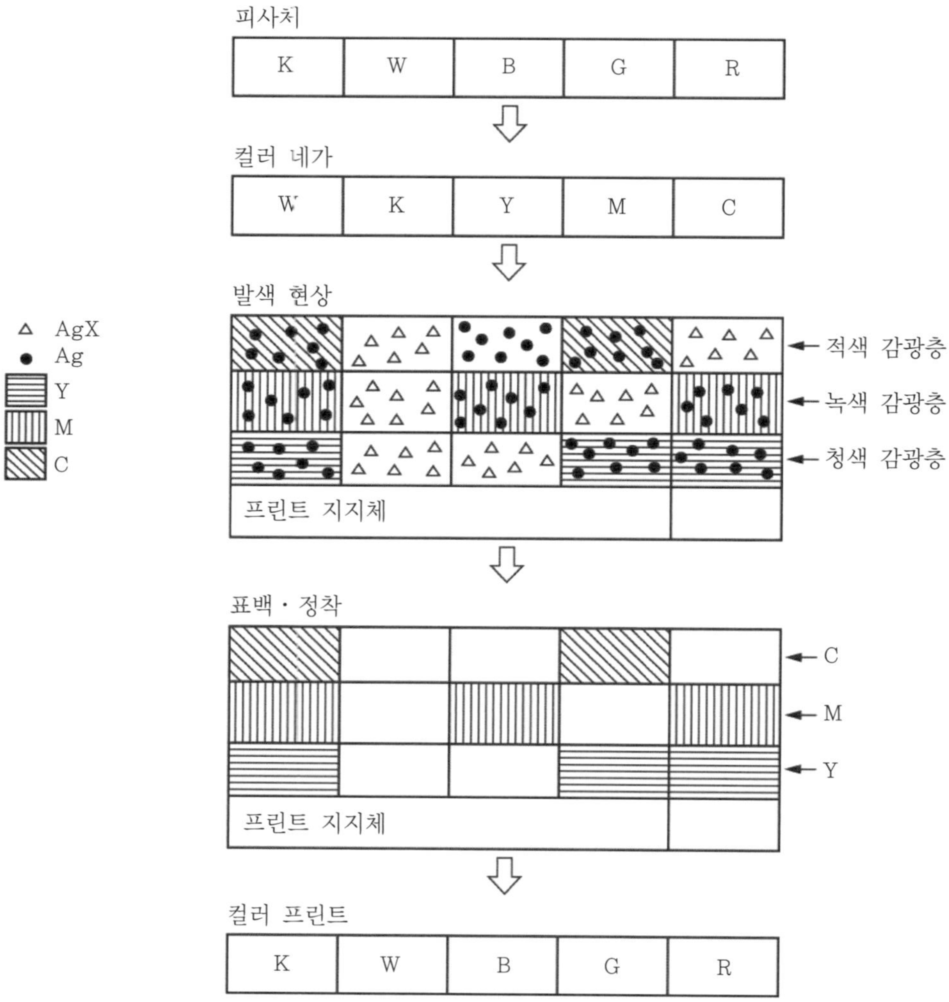

[그림 6.18] 컬러 프린트의 현상 과정과 발색

그러면 상기의 C 화상은 G, B 광을 투과하므로, 컬러 프린트상에서는 M, Y가 발색(C → M + Y)하고, 그 결과 감법 혼색에 의해 피사체의 색 R이 재현된다(M*Y → R). 다른 색에 대해서도, G는 G → M → Y + C → Y*C → G 등과 같이 동일하다. 그리고 컬러 프린트에서는 화질 향상을 위해 층 구성이 [그림 6.15]와 조금 차이가 있다.

그리고 최근 고체 촬상 소자를 이용한 디지털 카메라가 실용화되고 있다. 촬상 소자로서는 1 화소가 5~10μm의 미세한 포토 다이오드인 CCD(charge coupled device)가 널리 사용되고 있다. 여기에 적절한 컬러 필터를 조합하여 촬상하는데, [그림 6.19]는 그 때의 분광 감도의 예를 나타낸다. 화소 수도 1981년경은 약 28만(570×490)으로 적었고, 충분하지 않은 화질이었으나, 최근에는 천만 화소를 넘어 사진 화질에 육박하는 것도 개발되고 있다. 디지털 카메라의 색재현은 컬러 TV와 같으므로 6.1절을 참조하기 바란다.

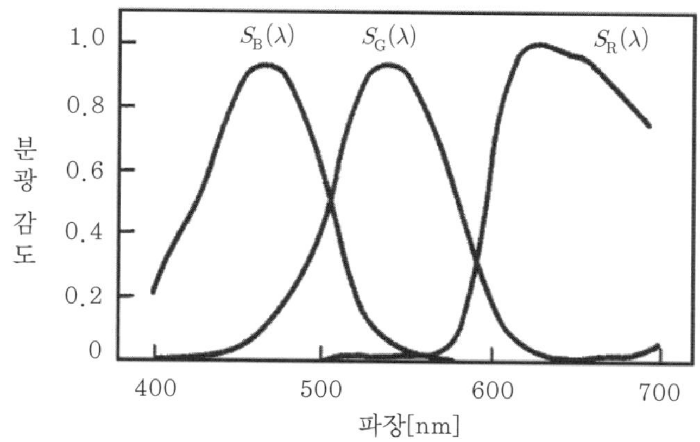

[그림 6.19] 디지털 카메라의 대표적 분광 감도

6.4 중층 효과와 colored coupler

현재 컬러 사진의 분광 감도는 등색 감도가 아니고, 또 감색법 색소도 block 색소도 아니다. 따라서 측색 재현은 원리적으로 불가능하며 상당한 색의 왜곡이 발생한다. 그 때문에 색 보정이 필요한데, 현재는 주로 색소의 부흡수 보정에 그치고 있고, 분광 감도의 보정은 어렵다. 부흡수는 C, M, Y 모두에 존재하며 특히 C와 M에서 크다.

예를 들면, [그림 6.20]은 M의 색소량이 변화했을 때의 분광 농도 변화를 나타내고 있다. 이상적으로는 M은 R, G, B 농도 중, G 농도만을 컨트롤해야 하지만, 그림에서 알 수 있듯이 B 농도도 상당히 변화 시키고 있어 색재현 시 왜곡의 원인이 된다. 색소의 부흡수의 보정 방법으로서는 중층 효과를 사용하는 방법과 colored coupler를 사용하는 방법이 있으며, 후자는 컬러 네가에서만 사용되고 있다.

우선 중층 효과에서, 사진은 현상이라고 하는 화학 반응에 의해 화상을 형성하므로, 이 화학 반응의 생성물은 확산하여 주위의 현상을 억제한다. 특히, 다른 감광층까지 확산해 현상을 억제하는 상호 작용을 중층 효과(interimage effect)라고 부른다. 이 현상을 [그림 6.21]에 나타낸 컬러 반전 필름의 특성 곡선으로 설명한다. 그림 중의 실선은 R 노광을 주었을 때의 특성 곡선을, 파선은 백색 노광을 주었을 때의 C 만의 특성 곡선을 나타낸다.

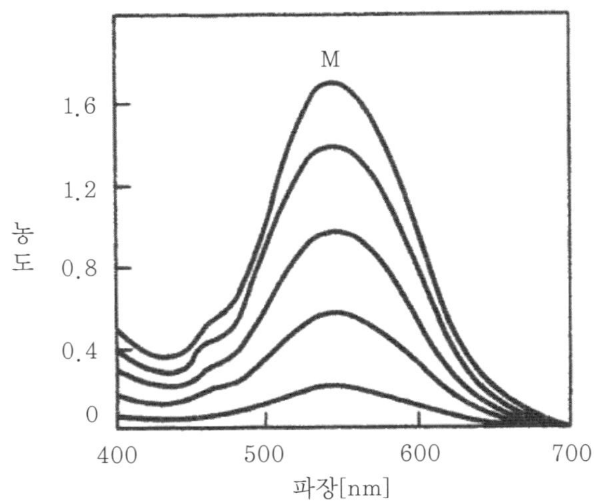

[그림 6.20] 각종 마젠타 색소량에 따른 분광 농도

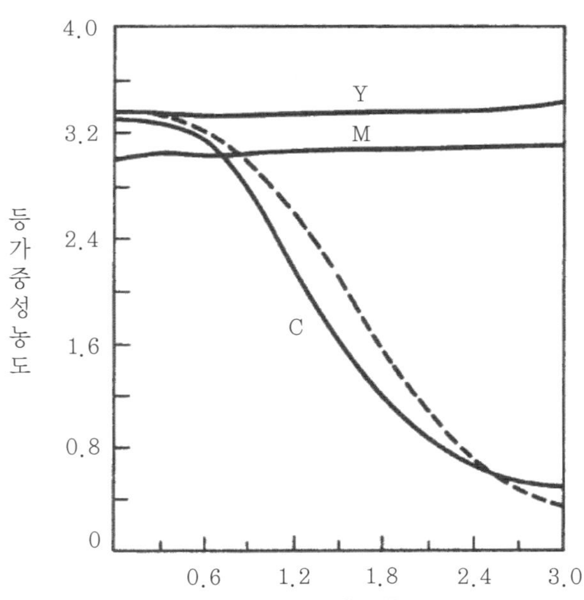

[그림 6.21] R 노광(실선)과 백색 노광(파선)에 의한 특성 곡선

[그림 6.21]로부터 알 수 있는 것처럼, R 노광에 의해 C의 농도는 변화하지만, M, Y의 농도는 최고 농도를 그대로 유지한 채 일정하다. 따라서 R 노광의 경우 C 층 이외에서는 현상이 일어나지 않기 때문에, 타층으로부터의 억제는 원래 있을 수 없다. 그러나 백색 노광에서는 C 층 이외에 M, Y 층에서도 현상이 진행되므로 상호 작용이 있을 수 있다(비고).

> **비고** 컬러 반전 필름은 흑백 네가 현상과 발색 현상의 2개의 현상 과정을 거치며, 중층 효과는 최초의 네가 현상에서 강하게 나타난다. R에 노광한 [그림 6.21]의 M, Y 층에서는 네가 현상이 진행하지 않기 때문에 중층 효과는 생기지 않았다.

만약, 각 층간에서 상호 작용이 없으면 [그림 6.21]의 실선과 파선은 일치하겠지만, 실제로는 양자에는 상당한 차이가 있다. 그러므로 C의 생성량에 대해서 타층으로부터의 상호 작용(중층 효과)이 존재한다는 것을 알 수 있다. 중층 효과는 R 노광에 대해서만이 아니고 G, B 노광의 경우에도 생긴다.

여기에서 중층 효과를 받기 전과 받은 후의 C, M, Y의 색소량을 c, m, y 및 c', m', y'로 한다. 그러면 예를 들어 C에서 M, Y 층으로부터의 억제는 이들의 발색량 m, y에 비례하면 근사할 수 있으므로

$$c' = f_{11} \cdot c + f_{12} \cdot m + f_{13} \cdot y \tag{6.10}$$

라고 쓸 수 있다. 그러면 m', y'에 대해서도 이와 같이 쓸 수 있으므로 정리하여 행렬 표시하면

$$\begin{bmatrix} c' \\ m' \\ y' \end{bmatrix} = \begin{bmatrix} f_{11} & f_{12} & f_{13} \\ f_{21} & f_{22} & f_{23} \\ f_{31} & f_{32} & f_{33} \end{bmatrix} \begin{bmatrix} c \\ m \\ y \end{bmatrix} \tag{6.11}$$

가 된다. 다만 f_{11}, f_{22}, $f_{33} > 0$이며, f_{12}, f_{13}, f_{21}, f_{23}, f_{31}, $f_{32} < 0$이다(비고).

식 (6.11)은 앞서 나온 식 (5.36)과 완전히 동일하므로 중층 효과가 색소의 부흡수 보정에 유효하다는 것으로 이해할 수 있다.

> **비고** 컬러 반전 필름에서는 앞에서 설명한 바와 같이, 중층 효과는 흑백 네가 현상에서 생기므로 식 (6.11)의 c, m, y는 최고 농도로부터 저하한 색소량을 나타낸다.

그런데 색재현의 목표로 측색 재현을 가정하면 일련의 피사체에 대해 측색 재현에 필요한 색소량 c, m, y (END 단위)가 구해진다. 또, 피사체의 분광 반사율과 컬러 사진의 분광 감도로부터 그 피사체의 노광 농도(exposure density) D_R, D_G, D_B가 구해진다. block 색소라면

$$c = D_R, \quad m = D_G, \quad y = D_B \tag{6.12}$$

가 되므로, 기울기 $\gamma = 1$의 특성 곡선을 사용하면 된다.

현실적으로 색소는 부흡수가 있으므로 식 (6.12)가 성립하지 않고, 그 대신에 제 1차 근사로서

$$\begin{bmatrix} c \\ m \\ y \end{bmatrix} = \begin{bmatrix} f_{11} & f_{12} & f_{13} \\ f_{21} & f_{22} & f_{23} \\ f_{31} & f_{32} & f_{33} \end{bmatrix} \begin{bmatrix} D_R \\ D_G \\ D_B \end{bmatrix} \tag{6.13}$$

라고 쓸 수 있다. 이것을 색재현 방정식(color reproduction equation)이라고 부르며, 색 보정 방법으로 사용하고 있다. 덧붙여 피사체 중의 무채색(회색)을 올바르게 재현하려면, 무채색에서는 $D_R = D_G = D_B$이므로

$$f_{11} + f_{12} + f_{13} = f_{21} + f_{22} + f_{23} = f_{31} + f_{32} + f_{33} = 1 \tag{6.14}$$

이 성립해야 한다.

식 (6.11)과 식 (6.13)을 비교해 보면 기호의 차이는 있으나 완전히 같은 형식임을 알 수 있다. 따라서 색소의 부흡수에 의한 색재현의 왜곡은 중층 효과에 의해 효과적으로 보정된다고 기대할 수 있다. 중층 효과에 의한 부흡수의 보상은 부흡수의 부분을 가지고 주흡수에서 가지는 색소의 발색량을 미리 보정한다는 원리이다. 예를 들면, C의 주흡수는 600~700 nm이나, Y의 주흡수 (400~500 nm)의 영역에 상당한 부흡수를 가진다. 따라서 Y의 발색량을 C의 발색량에 맞춰 미리 줄여 두고, Y의 주흡수와 C의 부흡수를 더해 본래 필요한 Y의 발색량에 일치시키는 것이다.

계산의 예로서 [그림 4.5]에 나타낸 C, M, Y와 [그림 6.22]와 같은 모델적인 분광감도를 사용했을 때의 색재현 방정식을 구해 보자.

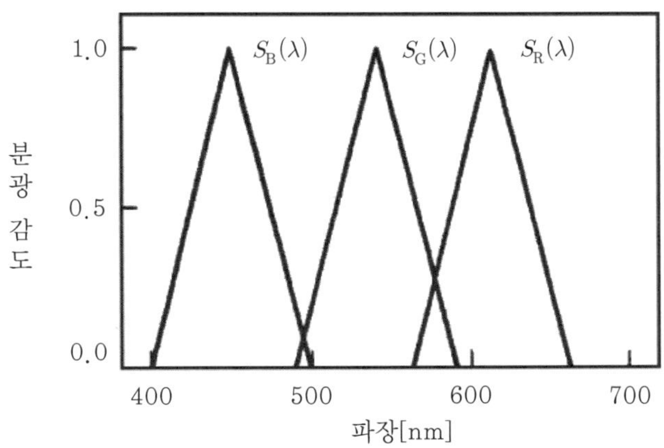

[그림 6.22] 분광 감도 모델

[그림 6.22]의 R, G, B 분광 감도의 피크 파장 λ_R, λ_G, λ_B를 다양하게 변화시켜 식 (6.13)으로 계산하여 보면, 측색 재현을 가장 잘 근사하기 위해서는 $\lambda_R = 610$ nm, $\lambda_G = 540$ nm, $\lambda_B = 450$ nm로 하면 적절하고, 색재현 방정식은

$$\begin{bmatrix} c \\ m \\ y \end{bmatrix} = \begin{bmatrix} 1.542 & -0.584 & 0.072 \\ -0.281 & 1.405 & -0.232 \\ -0.068 & -0.271 & 1.254 \end{bmatrix} \begin{bmatrix} D_R \\ D_G \\ D_B \end{bmatrix} \tag{6.15}$$

가 된다(Ohta, 1991).

그런데 실제 컬러 사진에서 분광 감도가 음의 부분이 없어서 생기는 색의 왜곡은, CIELAB 색공간의 평균 색차로 평가하면, $\Delta E_{ab}^* \sim 4$ 정도이다. 또, 색소의 부흡수에 의한 색의 왜곡은, $\Delta E_{ab}^* \sim 12$ 정도이다. 중층 효과에 의한 색 보정은 앞에서 설명한 바와 같이 색소의 부흡수 보정에 대해 유효하나, 분광 감도의 보정에 대해서는 그다지 효과가 없다. 이것은 분광 감도 보정은 색신호의 진수(眞數) 값의 단위로 실시할 필요가 있지만, 중층 효과는 색신호의 대수 값(광학 농도) 단위로 행하기 때문이다. 한편, 부흡수 보정은 농도의 단위로 실시하면 되기 때문에 중층 효과가 유효하게 작용하는 것이다. 실제 중층 효과로 색소의 부흡수에 따른 색의 왜곡을 $\Delta E_{ab}^* \sim 8$ 정도로 보정 가능하다(Ohta, 1992).

그런데 중층 효과에 의한 색 보정은 부흡수의 분량을 미리 줄여둔다는 원리였지만, 한편 colored coupler 색 보정은 부흡수는 있어도 그 농도가 변하지 않으면 된다는 원리이며, 이는 컬러 네거 필름에 이용되고 있다. 컬러 사진에 이용하는 커플러는 보통은 착색하지 않지만, colored coupler는 처음부터 착색하고 있어 착색 커플러라고도 부른다.

colored coupler에 의한 색 보정 원리를 [그림 6.23]에 나타낸다.

그림에서 (a)는 발색 현상에 의해 M 커플러로부터 생기는 M의 분광 농도를 가리키며, 컬러 네가 현상이 그다지 진행되지 않은 저명도(점선), 중간 정도 진행된 중명도(파선), 많이 진행된 고명도(실선)와 같이, 피사체의 3 단계 명도를 나타내고 있다. 피사체의 명도 증가에 따라 M의 색소량은 0.0→1.0으로 증가한다. 한편, colored coupler는 그림의 (b)에 나타난 것처럼, 저명도에서는 0.38의 농도 그대로 잔존하고, 명도의 증가에 따라 0.2→0.08로 감소한다. 그림의 (c)는 (a)와 (b)를 합성한 M의 색소량이다.

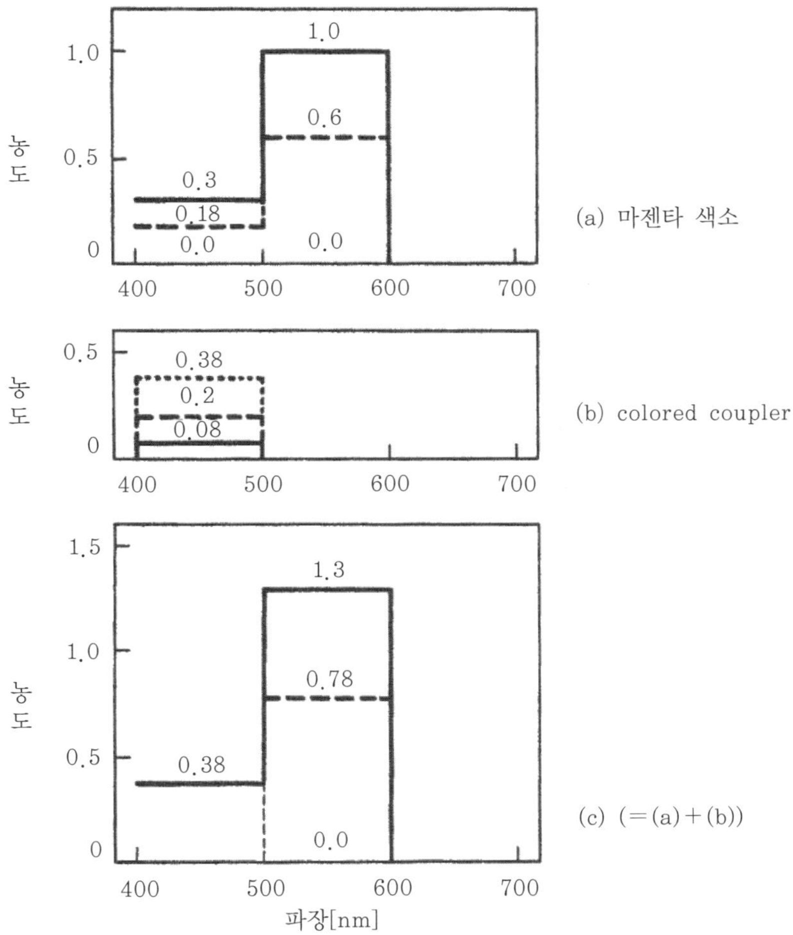

[그림 6.23] 마젠타 색소의 colored coupler에 의한 색 보정 원리

그러므로 B 농도는 3개의 명도에서 0.38=0.18+0.2=0.3+0.08로 일정함을 알 수 있다. 즉, M의 부흡수가 발색량에 맞춰 증가함에도 불구하고 colored coupler의 양은 거기에 비례하여 감소하므로, 결국 B 농도의 값은 변화하지 않고 색재현에 영향을 주지 않는다는 것을 알 수 있다. 이것이 colored coupler의 원리이며 부흡수는 Y에서는 적기 때문에 C와 M으로 실용화되고 있다. [그림 6.24]는 C, M의 분광 농도와 대응하는 colored coupler의 분광 농도를 나타낸다.

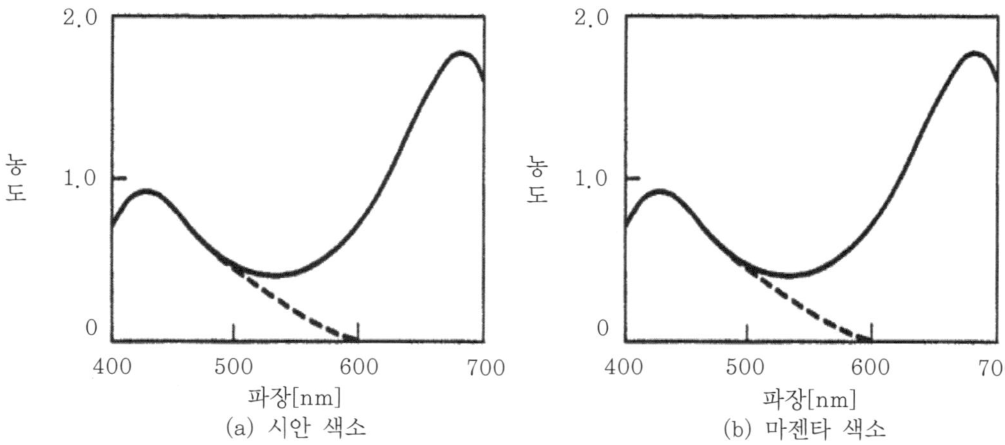

[그림 6.24] 시안 색소와 마젠타 색소의 분광 농도(실선)와 대응되는 colored coupler의 분광 농도(파선)

6.5 컬러 인쇄의 색재현

컬러 인쇄에서 주로 재현하는 것은 컬러 사진과 같이, 인물, 경치 등의 피사체가 아니라 컬러 원고(주로 컬러 필름)가 된다. 그러나 색재현에서 사용하는 것은 감색법의 삼원색인 C, M, Y로 컬러 사진과 동일하다. 컬러 인쇄에서는 색소가 아니라 잉크라고 부른다.

컬러 인쇄의 색재현은 컬러 사진의 색재현과 같이 감색법을 기초로 하며 두 가지 다른 점이 있다. 하나는 화상의 연속 계조를 사진과 같이 농도 변화에 의해 행하는 것이 아니라, 망점(halftone dot)이라고 부르는 미세한 점의 겹침에 의해 행하는 것이다. 다른 하나는 컬러 인쇄에서는 C, M, Y 이외에 흑색 잉크(K)를 사용한다는 점이다.

컬러 인쇄는 망점에 잉크로 인쇄지 등에 인쇄하는 것인데, 그 주된 방식으로는 볼록판 인쇄(relief printing), 평판 인쇄(lithographic printing), 오목판 인쇄(intaglio printing)의 3 종류가 있다. 이들 3개의 방식의 차이는 [그림 6.25]에 나타내는 것과 같이, 잉크를 바르는 미세한 점이 평면인지 요철인지에 따른다. 볼록판과 평판에서 연속 계조는 망점 면적의 변화에 의해 얻어진다. 볼록판에서의 요철은 20~200μm이며, 오목판에서는 셀이라고 부르는 2~40μm의 홈을 파는데, 잉크의 부착량의 차이로 연속 계조를 표현한다. 또, 이러한 판을 제작하는 것을 제판이라고 하며, 제작한 판을 인쇄판이라고 부른다.

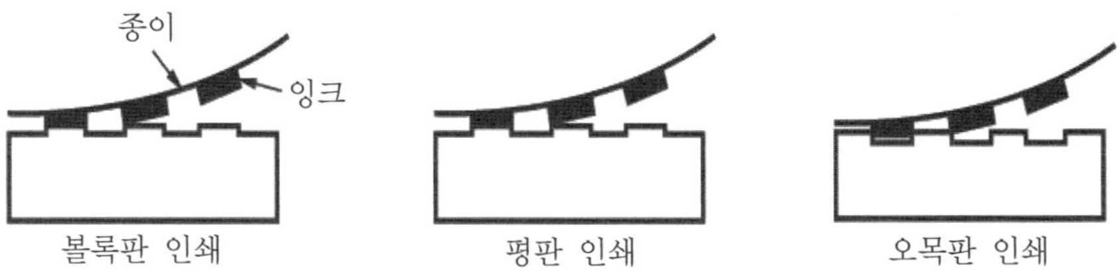

[그림 6.25] 인쇄의 3가지 방식

평판 인쇄에서는 직접 종이에 인쇄하지는 않고, 판면으로부터 잉크를 일단 중간의 고무 시트 등에 찍어(오프), 고무 시트로부터 재차 종이에 전사(세트)하는 것이 많다. 이와 같은 인쇄 방식을 오프셋 인쇄(offset printing)라고 부른다(비고). 또, 오목판의 셀을 만드는 방법에는 여러 가지가 있으며, 사진적 기법을 이용하는 방식을 그라비아 인쇄(gravure printing)라고 부른다. 사진을 인쇄물로 하려면 그라비아 인쇄가 가장 우수하므로, 잡지의 「그라비아 페이지」에 자주 사용되고 있다. 그리고 셀과 함께 면적을 변화시키는 방식도 있어 망 그라비아라고 부른다.

> **비고** 평판은 대부분 오프셋 인쇄(offset printing)에 의해 행해지므로 오프셋 인쇄(offset printing)는 평판의 대명사와 같이 되어 있지만, 그 외의 방식(볼록판·오목판)에서도 오프셋 인쇄(offset printing)를 한다.

우선, 컬러 인쇄의 첫번째 특징인 망점에 대하여 살펴보자. 연속 계조 화상의 인쇄에는 현재 오프셋(offset) 평판 인쇄 또는 볼록판 인쇄(원색판)가 주류를 이룬다. 원색판으로 선명하고 아름다운 인쇄물이 생기나, 제판에는 숙련을 필요로 하기 때문에 점차 평판으로 바뀌고 있다. 오프셋(offset) 및 원색판의 과정은 다양한 방식이 있어 복잡하며, 큰 흐름은 [그림 6.26]에 나타내는 것과 같다.

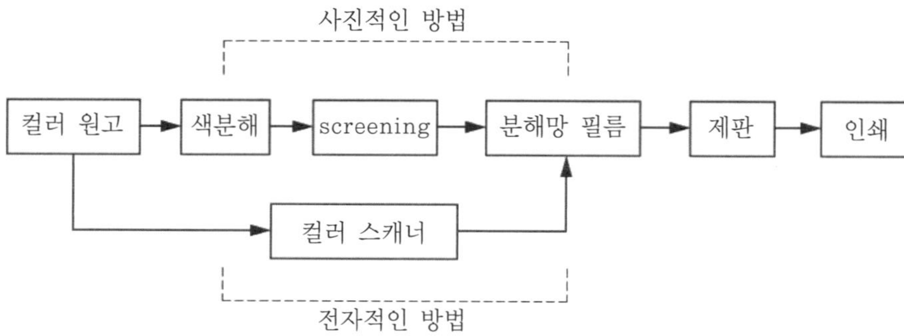

[그림 6.26] 컬러 인쇄 공정

우선, 컬러 원고의 색 정보는 C, M, Y 성분으로 나누어 기록하는데 이것을 색 분해(color separation)라고 부른다. 또, 연속 계조를 망점으로 변환하는 것을 screening이라고 부르며, 얻어지는 필름을 분해망 필름이라고 부른다.

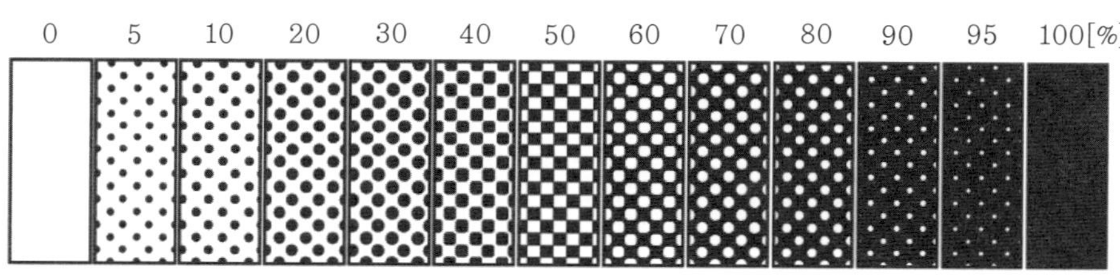

[그림 6.27] 망점에 의한 연속 계조의 재현(확대도) (숫자는 망점 면적 비율)

평판 및 볼록판에서는 망점으로 인쇄하는 잉크의 두께는 일정하므로 [그림 6.27]에 나타내는 것처럼, 그 면적(망점 면적율)을 바꾸어 연속 계조를 표현한다. 단순화하여 망점의 농도를 무한대로 하여, 그 면적율을 a로 하면 전체의 농도 D와 투과율 T는

$$\begin{aligned} D &= -\log(1-a) \\ &= -\log T \end{aligned} \tag{6.16}$$

로 나타낼 수 있다. [그림 6.28]은 a가 0~1로 변화했을 때의 D와 T의 값을 나타낸다. 이로부터 원리적으로 임의의 농도 D에 대한 a가 구해지는 것을 알 수 있다.

분해망 필름을 제작하는 방식은 [그림 6.26]에 나타내는 것처럼, 사진적 방법과 전자적 방법이 있는데, 현재는 컬러 스캐너의 발전과 함께 후자의 전자적 방법이 주류를 이룬다. 사진적 방법의 색 분해는 R, G, B 색 분해 필터를 통해 컬러 원고를 팬크로매틱(panchromatic) 필름에 노광함으로써 이루어진다. screening은 색 분해 네가, 컨택트 스크린, 리스형(lith) 필름을 사용해 이루어진다.

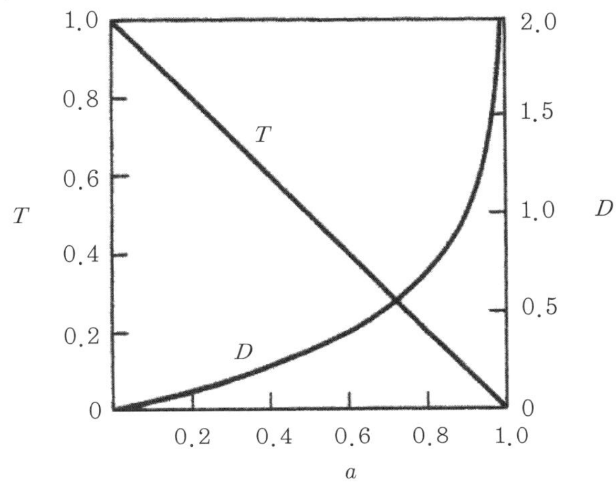

[그림 6.28] 망점 면적율 a와 농도 D, 투과율 T의 관계

사진적 방법은 정교하여 매우 흥미로우나, 이미 주류가 아니기 때문에 참고 4(6.5)에서 설명하기로 하고, 다음으로 전자적 방법에 대해 설명한다.

컨택트 스크린 선의 섬세함을 스크린 선수(screen ruling)라고 부르는데, 전자적 방법에서 실제로는 컨택트 스크린을 사용하지 않는데도 인쇄의 섬세함을 나타내기 위해 스크린 선수를 사용하는 경우가 많다. 스크린 선수는 보통 1 인치(2.54cm) 당의 스크린 선의 수를 말하며, 55~300개/인치 정도이며, 인쇄물의 용도, 종이의 종류, 인쇄 속도 등에 의해 구분하여 사용한다. 대개, 85선 이하는 신문용, 133~175선은 일반 인쇄용, 175선 이상은 미술 인쇄용에 사용되고 있다. 최근 고정밀 인쇄(high definition printing)라 하여 300선 이상 500선 정도의 것이 화질 향상을 목표로 개발되어 사진 화질에 육박하는 것도 나오고 있다.

그런데 전자적 방법에 의해 분해망 필름을 제작하려면 우선 컬러 원고를 컬러 스캐너로 주사해 R, G, B 농도로 색을 분해한다. [그림 6.29]는 컬러 스캐너(color scanner)의 원리를 나타낸다. 좌측에서는 고속으로 회전하는 투명 원통에 감은 컬러 원고를 작은 광점(예를 들면 50μmΦ)에서 주사(스캔)하여, 그 투과광을 컬러 필터를 통해 색을 분해한다. 색 분해한 빛을 광전 소자(예를 들면 광전자 증배관)에서 전류로 변환시켜 색 신호를 얻는다. 또, 우측에서는 컴퓨터로 적절하게 처리한 색 신호를 감광 필름에 출력한다.

이렇게 하여 얻어진 색 신호에 따라 전자적으로 screening를 행하는 장치를 dot generator라고 부르며, 컬러 스캐너의 하나의 기능으로 장착되어 있는 경우가 많다.

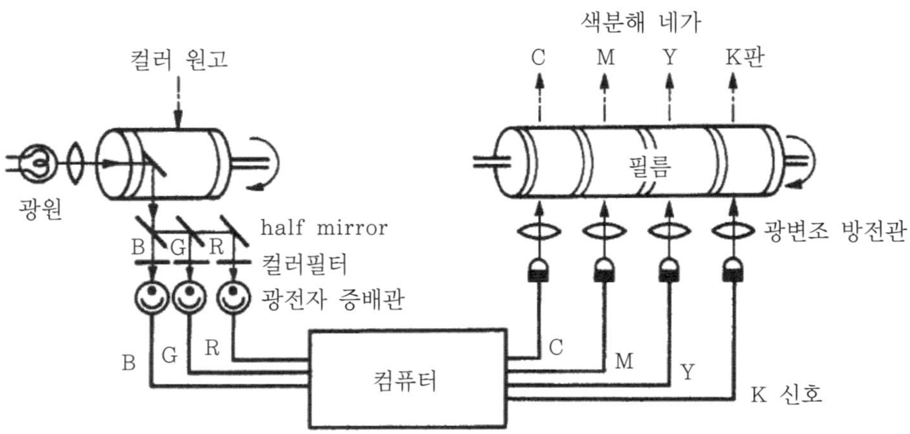

[그림 6.29] 컬러 스캐너의 원리

dot generator는 망점을 더욱 미세한 화소로 분해해, 색신호의 크기에 따른 망점을 미세한 화소에 따라 형성하는 장치이다. [그림 6.30]은 dot generator에 의한 망점 형성의 예를 모형적으로 나타내는데, 우선 망점 단위 구획을 세분화해 각각에 일정한 반응을 일으키는 최소의 물리량을 할당한다.

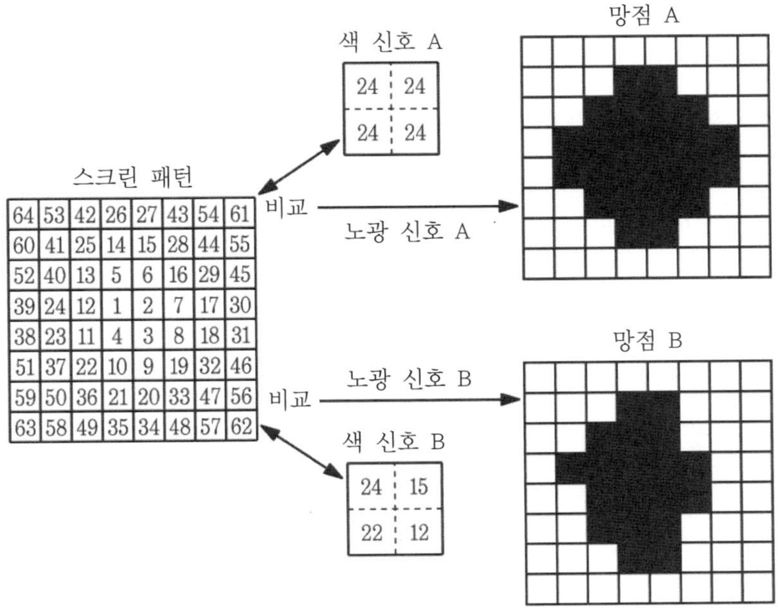

[그림 6.30] dot generator에 의한 망점 A, B의 발생 (Ono, 1994)

이들 다수의 반응을 일으키는 최소의 물리량으로 구성하는 표를 스크린 패턴이라고 부르며, 색 신호를 스크린 패턴의 반응을 일으키는 최소의 물리량과 비교하여 흑화의 유무를 판정한다. 그림에서는 미세 구획의 수가 64인 경우로, 실제의 화소는 좀 더 미세하며, 예를 들어 4500 dpi(dpi는, dot per inch로 1 인치 당의 점의 수) 정도의 것을 사용한다.

컬러 인쇄에서 사용하는 프로세스 잉크(process ink)의 분광 농도는 이미 5.6절의 [그림 5.21]에 나타냈는데, 컬러 사진과 마찬가지로 불필요한 부흡수로 인해 올바른 색재현에 해를 미치고 있다. 컬러 사진에서는 앞에서 설명한 것(6.3절)과 같이, 중층 효과와 colored 커플러 기술로 부흡수를 보정하고 있지만, 컬러 인쇄에서는 masking으로 색 보정(color correction)을 수행하고 있다. masking은 감기에 걸렸을 때에 마스크를 하는 것과 같이, 컬러 원고나 색 분해 필름에 마스크를 하여 색 보정 하는 방법으로 사진적 방법과 전자적 방법이 있다.

분해망 필름의 제작과 같이, masking도 현재는 사진적 방법을 사용하는 경우는 적다. 전자적 방법에서는 컬러 스캐너의 컴퓨터에 masking 방정식을 내장해 두면 모두 자동적으로 디지털 처리할 수 있다. masking에 의한 색 보정은 6.7절에 자세히 설명한다. 또, masking 방정식의 계수만을 조작하면 그 배경은 무시되기 쉬우므로, 기초가 되는 사진적인 색 보정 방법을 참고 5(6.5)에 보충했다.

그런데 인쇄판에 의해 C, M, Y, K 화상을 인쇄할 때, 스크린을 이루는 각도(스크린 각도)에 주의하지 않으면 모아레 패턴(moire pattern)이 생긴다. 모아레 패턴은 망점에 한정하지 않고 기하학적으로 규칙적으로 배열한 점이나 선의 패턴을 겹쳤을 경우에 생기는 모양으로, 모기장이나 커턴 등 일정 간격을 가진 구조물이 겹쳐 물결 무늬가 나타나는 현상이다. 인쇄에서는 이 모아레 패턴을 막기 위해서, [그림 6.31]에 나타내는 것처럼 C, M, K를 30°씩 비켜 위치시키고, Y를 15°로 겹치게 하고 있다.

또 [그림 6.32]에 나타내는 것처럼 망점 면적율은 일정하더라도, 망점을 비 규칙적으로 형성하는 인쇄 방법이 최근 모아레 패턴의 경감과 매끄러운 고화질 실현의 방법으로 시도되고 있다. 이와 같은 스크린을 FM 스크린(FM screen) 또는 통계적 스크린(stochastic screen)이라고 부른다.

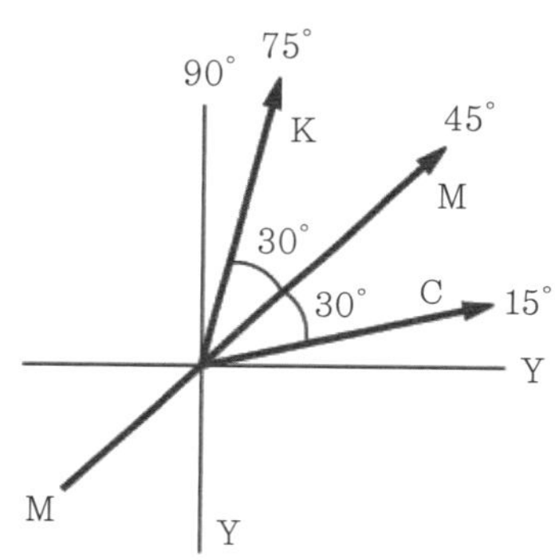

[그림 6.31] 4색의 경우 스크린 각도

[그림 6.32] FM 스크린에 의한 screening의 예 (Ono, 1994)

FM은 주파수 변조(frequency modulation)의 의미로, 종래의 screening이 진폭 변조(amplitude modulation, AM) 방식이었던 것과 대비되어 사용되고 있다.

다음은 컬러 인쇄의 제 2의 특징인 흑색 잉크(K)에 대해 설명한다. C, M, Y를 혼색했을 때의 회색 성분의 일부를 K(흑판)로 치환한다. 흑판을 사용하는 이유로는

① 고농도부에서의 농도 영역, 색재현 영역의 증가

② 고농도부에서의 회색 밸런스의 보정

③ 다층 인쇄에서의 잉크의 전이성의 개량

④ 고가의 컬러 잉크의 절약으로 경제 효과의 향상

등을 들 수 있다.

[그림 6.33]은 회색 성분의 치환을 모형적으로 나타내는데, 이와 같이 C, M, Y의 일정량을 K로 치환하는 것을 바탕색 제거(under color removal, UCR)라고 부른다. 즉, 그림에서 잉크량이 가장 적은 Y에 주목해, Y의 일정 잉크량(그림의 회색 부분)과 혼합했을 때 회색을 만드는 C, M의 잉크량을 Y와 함께 제거해 K로 옮겨놓는 것이다.

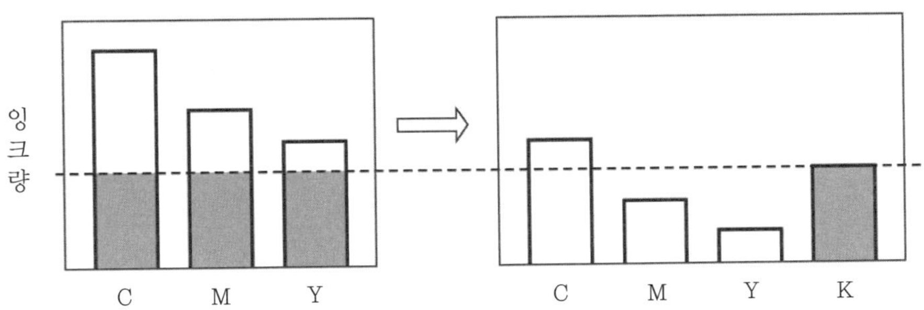

[그림 6.33] UCR에 의한 회색 성분의 치환

UCR의 양은 보통 20~30% 정도이나, 최근에는 100 % UCR의 컬러 인쇄도 나오고 있다.

사진적 방법에 의한 흑판 제작에는 다양한 방법이 고안되어 있다. 예를 들면, 분광 시감 효율에 가까운 색(라텐) 필터(Wratten filter 50G등)를 이용해 색 분해를 실시하는 방법이 제안되었으나 근사적인 것이며, 완전한 흑판을 제작하는 것은 어렵다. UCR도 현재는 분해망 필름 제작, 색 보정과 마찬가지로, 대부분 전자적 방법이 채용되고 있다. 즉, 컬러 스캐너로 C, M, Y의 양을 등가 중성 농도(END) 등으로 취급하여, 흑색 회로(black computer)를 통하여 자동, 디지털 방식으로 UCR이 행해지고 있다.

6.6 원색량과 측색값의 관계

측색 재현을 색재현의 당면 목표로 하여도, 측색 재현을 실현하는 것은 현재의 색재현 시스템에서 여러 가지 왜곡이 생기기 때문에 쉽지 않다. 그 개선을 위한 분광감도의 보정, 중층 효과, colored 커플러, masking 등의 색 보정 방법을 소개하였다. 이러한 색 보정을 적절하게 이용하려면 원색량과 측색값의 이론적 관계에 대하여 올바르게 이해할 필요가 있다. 만약 원색량과 측색값의 관계가 불분명한 경우는 경험식을 이용하게 되는데 자세한 것은 6.7절에서 설명한다.

우선, 컬러 TV에서의 원색량과 측색값의 이론적 관계인데, 4.3에서 설명한 바와 같이, 가법 혼색에 의해 충분한 정밀도로 계산할 수 있다. 또 컬러 사진의, 투과형 컬러 필름에 대해서는 램버트-비어의 법칙이 충분한 정밀도를 가지므로 실용화될 수 있다. 따라서, 컬러 필름에서는 성분 색소의 분광 농도와 혼합량(색소 농도)을 알 수 있다면 혼합물의 분광 투과율이 구해지므로 그 측색값를 계산할 수 있다. 또한 3 색소를 block 색소 혹은 부흡수를 가지는 block 색소로 근사하여 색소 농도로부터 직접 측색값를 구하는 방법도 있다(참고 6(6.6)).

또, 분광 감도의 겹침에 의해 순수한 성분 색소의 분광 농도를 구하기 어려운 경우가 있다. 이와 같은 경우, 주성분 분석법 등의 수학적 방법으로 혼합물의 분광 농도로부터 성분 색소의 수와 그 분광 농도를 추정할 수가 있다(참고 7(6.6)). 이 방법은 성분 색소의 분광 농도의 추정뿐만 아니라, 그 컬러 필름에서 임의의 혼합물의 분광 농도를 생성시키는데도 매우 유효하다.

한편, 반사형 컬러 프린트에서는 원색량(색소 농도)과 반사 농도의 사이에, [그림 6.34]와 같은 고차의 비선형성이 존재한다. 즉, 저농도부에서 반사 농도가 급격히 증가하는 것과 고농도부에서 반사 농도가 포화 되는 것을 알 수 있다. 전자는 지지체로부터의 확산 반사광이 색소층(젤라틴층) 내에서 다중 반사하기 때문이며, 후자는 젤라틴층으로부터의 표면 반사에 기인한다. 다중 반사의 효과는 저농도 일수록 현저한데, 이것은 저농도부에서 다중 반사의 회수가 많기 때문이다. 다중 반사에 의한 반사 농도의 급격한 증가는 컬러 프린트에서의 적은 오염이 얼룩(stain)으로 눈에 띄는 원인이 되고 있다.

젤라틴층 내의 다중 반사를 고려하면, 지지체를 참조로 했을 때의 컬러 프린트의 반사율 R은

$$R = 0.193\,T^{2.13}\left\{(2R_{\rm B})^{-1} - I_1\right\}^{-1} \tag{6.17}$$

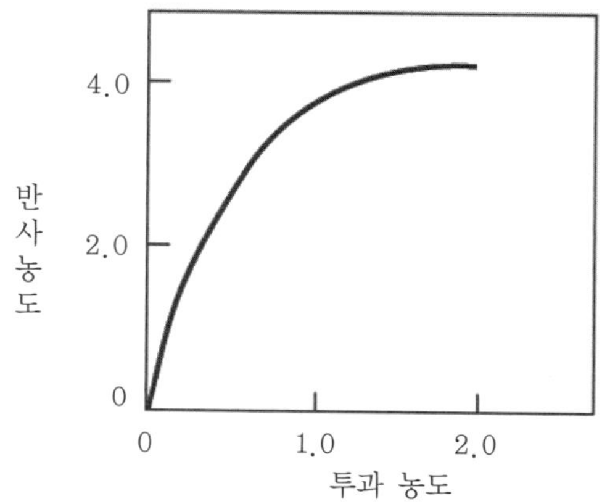

[그림 6.34] 컬러 프린트의 투과 농도와 반사 농도의 관계

이 된다(Williams & Clapper, 1953). 다만, I_1은 정적분으로

$$I_1 = \int_0^{\pi/2} T^{2\sec\theta} \cdot r_\theta \cdot \sin\theta \cdot \cos\theta\, d\theta \tag{6.18}$$

이다. 또, T는 젤라틴층의 투과율, $R_{\rm B}$는 지지체의 젤라틴 계면에서의 반사율, θ는 지지체로부터의 빛의 반사각, r_θ는 각 θ에 있어서의 내부 프레넬(Fresnel) 반사율로

$$r_\theta = \frac{1}{2}\left[\left\{\frac{\sin(i-r)}{\sin(i+r)}\right\}^2 + \left\{\frac{\tan(i-r)}{\tan(i+r)}\right\}^2\right] \tag{6.19}$$

이며, i와 r은 입사각과 굴절각이다.

식 (6.18)의 정적분 I_1은 해석적으로 구해지지 않기 때문에 수치 적분으로 근사한다. [그림 6.35]는 일련의 $R_{\rm B}$에 대해 젤라틴 층의 투과 농도 $D_t(=-\log T)$와 수치 적분으로 구한 반사 농도 $D_r(=-\log R)$의 관계를 나타내고 있다. 실제 컬러 프린트

에서는 지지체의 종류에 따라 다르나, 대개 $R_B = 0.98$ 정도이다. 그림을 보면, 저농도부에서 반사 농도의 급격한 증가를 보이며, 식 (6.17)의 이론식은 실제의 현상을 잘 설명하고 있다는 것을 알 수 있다.

또, 실제 컬러 프린트에서는 반드시 표면 반사 S를 수반하는데, 그 때의 반사율 R'은 식 (5.29)에 나타낸 것과 같이

$$R' = \frac{R+S}{1+S} \tag{6.20}$$

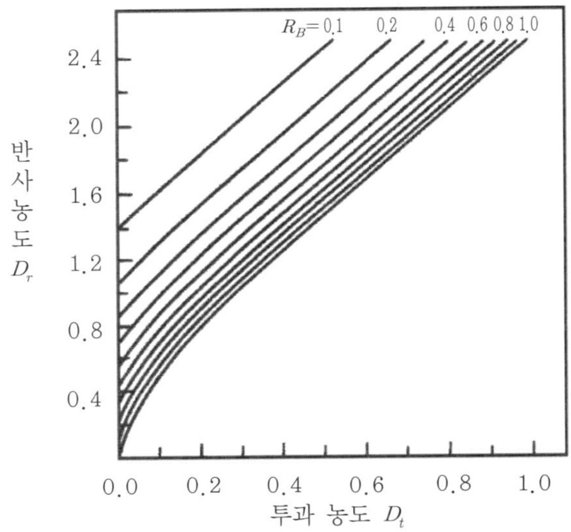

[그림 6.35] 일련의 R_B에 대한 투과 농도 D_t와 반사 농도 D_r의 관계

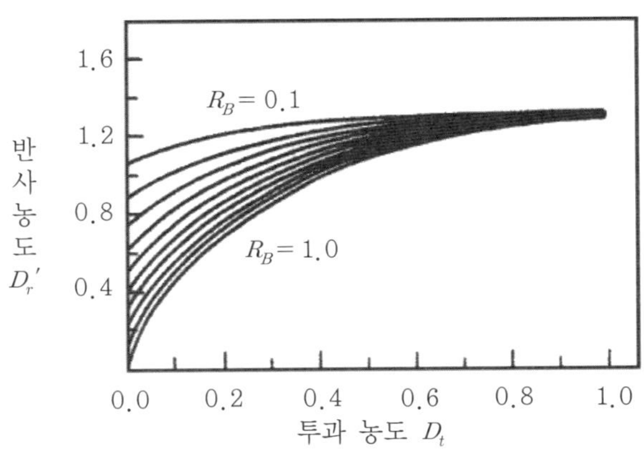

[그림 6.36] 표면 반사 S=0.05일 때 투과 농도 D_t와 반사 농도 D_r'의 관계

가 된다. $S=0.05$로 식 (6.20)에 의해 구한 D_t와 $D_r'(=-\log R')$의 관계를 [그림 6.36]에 나타낸다. 그림의 표면 반사에 의한 반사 농도의 포화는 [그림 6.34]의 거동을 잘 설명한다. 실제, 이 이론식을 컬러 프린트에 적용해 반사 농도를 예측하면, 실측치와 상당히 일치하는 결과를 얻을 수 있다(Ohta, 1971b). 따라서, 컬러 프린트에서의 컬러 matching은 식 (6.17) 및 (6.20)을 이용하여 우수한 정도를 얻을 수 있다(참고 8(6.6)). 그리고 실제 광택면 컬러 프린트의 표면 반사는 관찰 조건에 따라 다르나, 대개 $S=0.003$ 정도이다.

그런데, 식 (6.17)의 이론식은 평행광 조명에서의 반사율로써, 실제의 조명은 확산광 조명에 가깝다. 확산광 조명에서의 빛은 컬러 프린트에 여러 각도로 입사, 젤라틴층 내에서 다중 반사해 여러 각도로 출사한다. 따라서, 확산광 반사율 R은 여러 각도의 출사광 중에서 주어진 관측각으로 출사하는 빛을 구하면 된다. 자세한 이론식 도출은 생략하지만, 얻어진 이론식을 해석하면 확산광 조명 아래에서의 반사율은 평행광 조명 아래에서의 반사율에 적절한 표면 반사를 더한 것과 같아진다는 것이 밝혀졌다(Ohta, 1972c).

다음은 컬러 인쇄로 원색량(망점 면적율 a)과 농도 혹은 측색값의 관계에 대해서 몇 개의 이론식이 제안되고 있다. 가장 단순한 식은 망점 농도를 무한대로 가정하는 6.5절의 식 (6.16)이다. 그러나 농도가 무한대가 아니고 유한의 농도 D_s로 하면, 망점부로부터도 $a \cdot 10^{-D_s}$의 빛이 반사하게 된다. 이것을 고려하면 머레이 데이비스(Murray-Davies)의 식

$$D=-\log\{1-a(1-10^{-D_s})\} \tag{6.21}$$

를 얻을 수 있다. 이 이론식은 단순해서 사용하기 쉽지만 실측치와 그다지 일치하지 않아 좋지 않다.

Murray-Davies의 식이 농도의 실측치와 그다지 일치하지 않는 원인으로 인하여 인쇄지 내부에서 빛이 산란한다. 즉, 비 망점부에 입사한 빛은 그대로 반사되는 것만이 아니고, 일부는 종이의 내부에 침투해 산란한다. 산란한 빛은 그대로 출사하는 부분도 있지만 인접하는 망점부에 흡수되는 부분도 있어 결과적으로 식 (6.21)보다 높은 농도를 유발한다. 이러한 효과를 고려한 이론식이 율 닐슨(Yule-Nielsen)의 식이며

$$D = -n \log\{1 - a(1 - 10^{-Ds/n})\} \tag{6.22}$$

이라고 쓸 수 있다. 여기서 n은 인쇄지의 특성 및 스크린 선 수에 의해 정해지는 정수이며 보통 2~5의 값이 된다. [그림 6.37]은 식 (6.22)로부터 구한 a와 D의 관계를 $D_s = 1.4$로 한 일련의 n의 값에 대해서 나타내고 있는데 $n = 1$에서는 당연 Murray-Davies의 식과 일치하는 곡선이 된다.

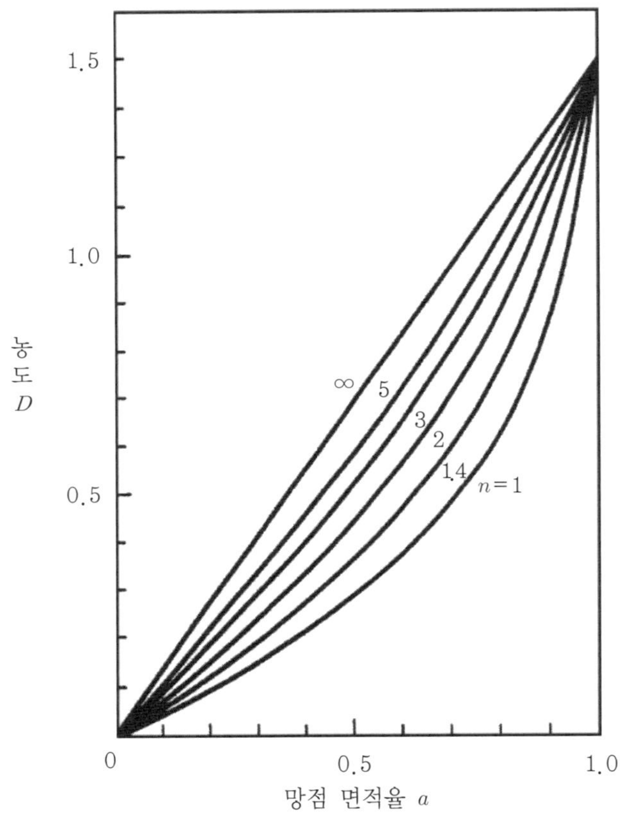

[그림 6.37] Yule-Nielsen 식에 의한 농도 D의 예측($D_s = 1.4$)

이러한 농도의 증가는 필름 원판과 비교하여 겉보기 상 인쇄물의 망점 면적율이 증가한 것과 등가이며, 이것을 (광학적) dot gain이라고 부른다. dot gain은 인쇄지의 산란성이 강할수록, 또한 스크린 선수가 많을수록 커져 n의 값도 증가한다. 그리고 dot gain에는 광학적 dot gain 이외에 인쇄 과정에서 망점의 사이즈가 실제로 증가하는 (기계적) dot gain도 있다.

그런데 컬러 인쇄에서는 C, M, Y, K의 4개의 판을 겹쳐 인쇄하므로, 얻을 수 있는 R, G, B 농도는 식 (6.21), (6.22) 등의 농도의 단순한 가산은 되지 않는다. 왜냐하면, 각 색의 망점은 그대로 겹치는 것이 아니라 서로 겹치는 면적에 변동이 있기 때문이다. 간단한 예를 들면, 잉크 A와 B가 망점 면적율 a와 b로 서로 겹치는 경우를 생각해 보자. 잉크 A와 B가 겹쳐 색 C가 생긴다고 한다. 망점 면적율은 그 색이 나타나는 확률이라고 생각하면, 예를 들어 색 C의 확률적인 면적율은 $a \cdot b$가 될 것이다. 그러면 색 A의 면적은 그 만큼 줄어들므로 $a-a \cdot b=a(1-b)$가 되며, 동일하게 색 B의 면적은 $b-a \cdot b=b(1-a)$가 된다. 또, 흰 바탕은 나머지의 부분이기 때문에 $1-a(1-b)-b(1-a)-a \cdot b=(1-a)(1-b)$가 된다.

같은 방법으로 K를 제외한 3색계에 전개하면 C, M, Y의 망점 면적율을 c, m, y로 하고 R, G, B의 반사율 R, G, B로 하여

$$\begin{bmatrix} R \\ G \\ B \end{bmatrix} = [T] \begin{bmatrix} (1-c)(1-m)(1-y) \\ c(1-m)(1-y) \\ m(1-y)(1-c) \\ y(1-c)(1-m) \\ c \cdot m(1-y) \\ m \cdot y(1-c) \\ y \cdot c(1-m) \\ c \cdot m \cdot y \end{bmatrix} \tag{6.23}$$

를 구할 수 있는데, 이것을 Neugebauer의 식이라고 부른다. 다만, 행렬 T는 C, M, Y, C+M(=B), M+Y(=R), Y+C(=G), 흰 바탕(W) 및 K(=C+M+Y)의 기본 8색의 R, G, B 반사율이며,

$$[T] = \begin{bmatrix} R_W & R_C & R_M & R_Y & R_{CM} & R_{MY} & R_{YC} & R_{CMY} \\ G_W & G_C & G_M & G_Y & G_{CM} & G_{MY} & G_{YC} & G_{CMY} \\ B_W & B_C & B_M & B_Y & B_{CM} & B_{MY} & B_{YC} & B_{CMY} \end{bmatrix} \tag{6.24}$$

이다. 다만, R_{CM}은 C+M(=B)의 R 반사율로 다른 기호에 대해서도 동일하다.

식 (6.23)은 3색계에 대한 이론식으로 4색계에 대해서도 완전히 동일한 논리로 전개할 수 있다. 예를 들면, 4색계에서 흰 바탕의 면적율은 $(1-c)(1-m)(1-y)$ 대신에 $(1-c)(1-m)(1-y)(1-k)$로 하면 되고, 또 C의 면적율은 $c(1-m)(1-y)(1-k)$로 하면 된다. 다만, k는 K의 면적율이다. 4색계에서는 16 기본색이 되므로, 행렬 T는 식 (6.24)에 나타낸 (3×8) 행렬이 아니고 (3×16) 행렬이 된다.

그런데 Neugebauer의 식은 이론적으로 매우 단순 명료하나 실제로는 그다지 널리 이용되지 않고 있다. 이것은 첫째 c, m, y를 미지수로 하여 방정식을 풀면 3원 1차 방정식이 되지 않고 고차의 항이 나타나기 때문에 간단하게는 풀 수 없기 때문이다. 이 때문에 근사 해를 구하는 방법이 여러 가지로 제안되고 있다. 또한, 둘째로 Neugebauer의 식이 실험을 통해서 얻기가 어렵기 때문이다. 이것은 Murray-Davies의 식에서 지적한 바와 같이, 인쇄지 내부에서의 빛의 산란을 무시하고 있기 때문이라고 생각된다. 그리고 식 (6,23), (6.24)에서는 반사율에 대해 기술하고 있는데, 3 자극치 X, Y, Z에 대해서도 완전히 동일한 식을 얻을 수 있다.

6.7 디지털 색 보정의 방법

색재현 시스템에서, 입력 화상(피사체, 컬러 원고)으로부터 출력 화상까지의 색신호의 흐름은 대략 [그림 6.38]과 같이 나타낼 수 있다. 입력 화상의 3 자극치가 (X_1, Y_1, Z_1), 출력 화상의 3 자극치가 (X_2, Y_2, Z_2)일 때, $X_1 = X_2$, $Y_1 = Y_2$, $Z_1 = Z_2$가되면 측색 재현이 실현되는 것이나, 일반적으로는 이 조건은 충족되기 어렵고 색 보정을 필요로 하게 된다. 앞에서 말한 것(5.5절)과 같이 다른 2개의 시스템간에 색을 대응시키는 것을 색역 변환이라고 부르는데 색 보정은 이러한 색역 변환의 하나일 뿐이다.

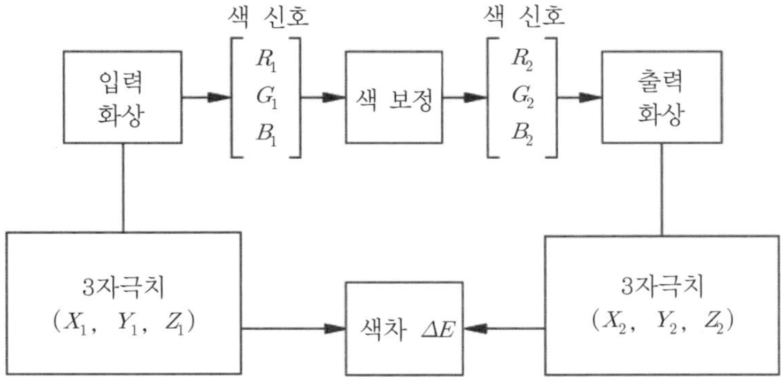

[그림 6.38] 입력 화상에서 출력 화상까지의 색신호의 흐름

입력 화상의 색역을 G_{in}, 출력 화상의 색재현 영역을 G_{out}로 했을 때 색 보정이 필요한 케이스에는

① $G_{\mathrm{in}} > G_{\mathrm{out}}$이며, 원리적으로 재현할 수 없는 색이 있다.

② $G_{\mathrm{out}} > G_{\mathrm{in}}$이며, 재현하는 능력은 있으나, 왜곡되어 재현된다.

의 2종류다. 현실적으로는 ①과 ②의 케이스가 동시에 일어나는 경우가 많다. 우선, 케이스 ①은 G_{out}외로 「벗어난」 색을 어떻게 처리할 지가 문제가 된다. 거기에는 색의 색상·명도·채도의 어느 것을 변화시켜 $G_{\mathrm{out}} > G_{\mathrm{in}}$가 되도록 하면 되는데, 보통 색상 변화는 바람직하지 않기 때문에 색상은 일정하게 유지하는 경우가 많다.

그러면 재현 색의 명도(L^*)·채도(C^*)를 적절히 압축하게 되는데 [그림 6.39]에 나타내는 것처럼 거기에는

(a) L^*를 일정하게 하고 C^*를 압축한다.

(b) C^*를 일정하게 하고 L^*를 압축한다.

(c) L^*, C^*의 양쪽 모두를 압축한다.

와 같은 3가지 방법이 있다. 실제로는 상기 (a), (b)의 한편만을 채용하지 않고 (c) 방법을 이용하는 경우가 많다.

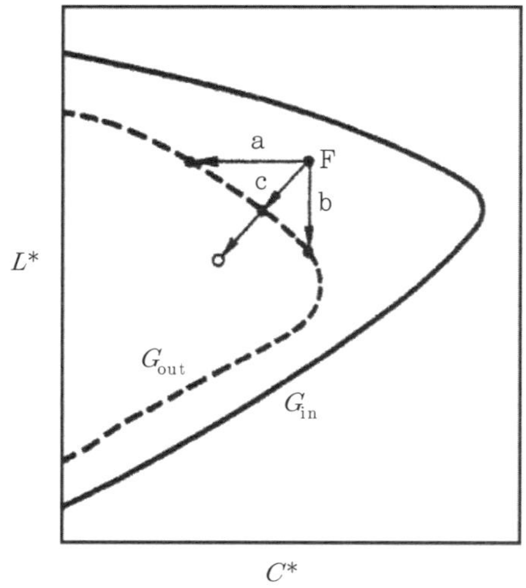

[그림 6.39] 색 F의 압축 방법

그런데 $G_{in} > G_{out}$의 모든 색을 색재현 영역의 윤곽상으로 압축하면 색의 계조가 없어져, 그림의 검은 점으로 가리키는 것처럼 이른바 「색의 소실」을 일으키므로 바람직하지 않다. 그 때문에 이러한 색에 일정한 색 계조를 부가하여 그림의 흰 점에서 가리키는 것처럼, G_{out}의 내부로 매끄럽게 압축하는 편이 좋다. 또한 (c)의 압축을 $G_{in} > G_{out}$의 색에 대해서만 행하면, $G_{in} \leq G_{out}$의 색에 대해서는 부자연스러움이 생기므로 이러한 색에 대해서도 적절한 색 보정이 필요하다.

더욱이 최근 컴퓨터 그래픽스 분야에서 자주 이용하는 모핑(변형, morphing) 기술을 사용해 색역 변환을 매끄럽게 하는 방법도 제안되고 있다(Spaulding et al., 1995). morphing은 임의의 3 차원 물체의 형상을 다른 형상으로 매끄럽게 변형하는 기술로 TV의 광고나 영화 등에서 자주 응용되는 것을 볼 수 있다. 예를 들면 어느 사람의 얼굴을 다른 사람의 얼굴로 매끄럽게 변형시키는 그래픽 기술 등이다. 결국 케이스 ①에 대해서는 대략 고채도의 색에 대해서는 강한 색 보정을 하여 $G_{in} \leq G_{out}$로 하고, 저채도의 색에 대해서는 약한 색 보정을 하여 측색 재현에 가까워지도록 하는 것이 일반적이다.

이와 같이 $G_{out} > G_{in}$의 조건이 만족되면 케이스 ②가 되는 데, 앞 절에서 설명한 것과 같이 원색량과 측색값의 관계를 알 수 있다면 재현 색에 오차가 있어도 보정하는 것은 가능하다. 그러나 현실적으로 이론식은 있어도 실험과의 일치가 불충분하거나 이론식 그 자체가 존재하지 않는 경우도 드물지 않다.

이와 같은 경우 이론적인 배경은 없으나 실험 사실을 잘 설명하는 경험적 방법을 이용하게 된다. 경험적 방법에는 다항식 근사 등에 의한 실험식을 이용하는 방법과 검색표를 이용하는 방법이 있는데, 우선 다항식 근사에 의한 방법을 설명한다. 가장 간단한 다항식은 일차식이며, 2쌍의 색 신호(L_1, M_1, N_1)과 (L_2, M_2, N_2) 사이의 변환을

$$\begin{bmatrix} L_2 \\ M_2 \\ N_2 \end{bmatrix} = \begin{bmatrix} a_{11} & a_{12} & a_{13} \\ a_{21} & a_{22} & a_{23} \\ a_{31} & a_{32} & a_{33} \end{bmatrix} \begin{bmatrix} L_1 \\ M_1 \\ N_1 \end{bmatrix} \tag{6.25}$$

으로 실시한다. 또 정밀도 향상을 위해서 2차식을 사용하면

$$\begin{bmatrix} L_2 \\ M_2 \\ N_2 \end{bmatrix} = \begin{bmatrix} a_{11} & a_{12} & \cdots & a_{19} \\ a_{21} & a_{22} & \cdots & a_{29} \\ a_{31} & a_{32} & \cdots & a_{39} \end{bmatrix} \begin{bmatrix} L_1^{\,2} \\ M_1^{\,2} \\ N_1^{\,2} \\ L_1 \cdot M_1 \\ M_1 \cdot N_1 \\ N_1 \cdot L_1 \\ L_1 \\ M_1 \\ N_1 \end{bmatrix} \tag{6.26}$$

이라고 쓸 수 있다. 여기서 행렬의 요소 $a_{11} \sim a_{39}$는 최적화에 의해 구한다.

식 (6.25), (6.26)에서는 정수항을 포함하지 않으나, 식의 우변에 정수항을 넣어 (3×3)행렬 혹은 (3×9)행렬 대신에 (3×4)행렬 혹은 (3×10)행렬을 사용하여 계산하는 경우도 있다. 또 2차항 이외에 적절한 비선형 함수를 사용하는 경우도 있다. 그리고 식 (6.25), (6.26) 이외에 참고 6(6.6)에서 소개한 FG 행렬법을 이용할 수도 있다.

다음은 식 (6.25), (6.26)에 의해 [그림 6.38]에 나타낸 색재현 시스템을 최적화하는 방법을 구체적으로 설명한다.

① 입력 화상의 색 신호(R_1, G_1, B_1)를 구한다.

② 출력장치의 색 신호(R_2, G_2, B_2)와 출력 화상의 3 자극치(X_2, Y_2, Z_2)의 대응을 구한다.

③ (X_2, Y_2, Z_2) → (L_1, M_1, N_1), (R_2, G_2, B_2) → (L_2, M_2, N_2)로 하여 계수 a_{ij}를 계산해 목적의 3 자극치(X_2, Y_2, Z_2)를 가지는 색 신호(R_2, G_2, B_2)를 구한다.

④ (R_1, G_1, B_1) → (L_1, M_1, N_1), (R_2, G_2, B_2) → (L_2, M_2, N_2)로 하여 변환 ϕ를 위한 계수 a_{ij}를 구한다.

계수 a_{ij}를 구하는 최적화는 최소 자승법 등으로 얻을 수 있다.

그러면 색 신호는 (R_1, G_1, B_1) → Φ → (R_2, G_2, B_2) → (X_2, Y_2, Z_2)로 변환할 수 있다. 여기서 $X_2 = X_1$, $Y_2 = Y_1$, $Z_2 = Z_1$로 설정하면 이론적으로는 측색 재현이 실현될 수 있다. 그러나 실제로는 변환의 오차가 있으므로 최적화한 결과는 색차 ΔE에 의해 평가한다.

여기서 이러한 최적화를 실시할 때 유의해야 할 점이 있다. 우선 2쌍의 데이터 (L_1, M_1, N_1)과 (L_2, M_2, N_2) 값의 영역(변역)을 대략 일치시키는 것이다. 예를 들어 (L_1, M_1, N_1)의 변역이 0~0.1, (L_2, M_2, N_2)의 변역이 0~1000이거나 하면, 수치 계산에서의 자리수 차이 등으로 좋은 결과를 얻을 수 없다. 또, [그림 6.38]의 색 신호는 진수(眞數) 값도 있어, 대수 값 혹은 그것들 이외의 값도 있다. 만일 (R_1, G_1, B_1)가 진수 값으로 (R_2, G_2, B_2)가 대수 값이면 식 (6.25), (6.26)의 최적화는 좋은 결과를 얻을 수 없다. 이와 같은 경우 적절한 시스템 변수를 도입하면 결과를 큰 폭으로 개량할 수 있다(참고 9(6.7)).

다음은 검색표를 이용하는 방법에 대하여 설명한다. 검색표를 look-up table(LUT)이라고도 부르는데 일련의 변수에 대한 함수 값을 미리 구해 표로 만든 것이다. 색재현에서는 2쌍의 색 신호 (L_1, M_1, N_1)과 (L_2, M_2, N_2) 사이의 변환을 취급하므로, [그림 6.40]에 나타내는 것과 같은 삼차원 LUT가 필요하다. 삼차원 LUT에서 L_1, M_1, N_1의 각각으로부터 n개씩 샘플점을 얻는다고 하면, 합계 n^3개의 격자점에 대한 데이터를 가지게 되어 각각의 점에 대해서 L_2, M_2, N_2의 값이 대응하고 있다. 따라서 임의의 (L_1, M_1, N_1)에 대한 값은 어떤 계산없이 신속히 검색할 수가 있다.

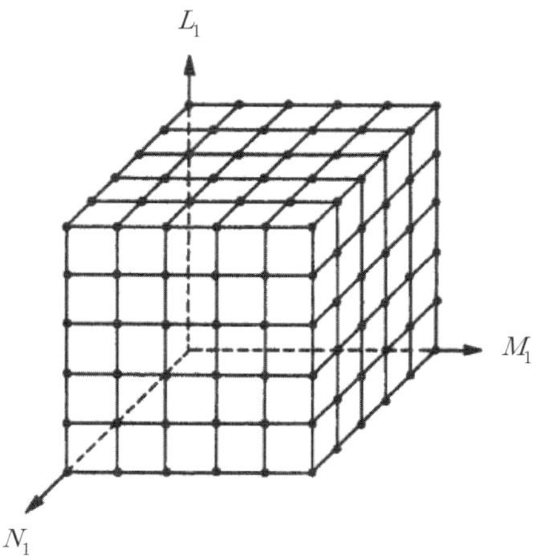

[그림 6.40] 3차원 LUT의 구성. ($n=6$)의 경우

그러나 실제 변환에서는 변환하는 점이 격자점에 해당되는 것은 매우 드물어 보통은 보간(interpolation)으로 대응하는 값을 구한다(참고 10(6.7)). [그림 6.41]은 주어진 색 신호 (L_{1g}, M_{1g}, N_{1g})에 대응하는 (L_{2c}, M_{2c}, N_{2c})를 구하는 삼차원 보간을 의미한다. 즉,

① $L_{1i} \leq L_{1g} \leq L_{1,i+1}$가 되는 i를 구해 $L_1 = L_{1g}$ 면상의 L_2, M_2, N_2의 값을 i 주변의 복수면으로부터 보간하여 구한다.

② $L_1 = L_{1g}$면상에서 $M_{1j} \leq M_{1g} \leq M_{1,j+1}$가 되는 j를 구해 $M_1 = M_{1g}$ 선상의 L_2, M_2, N_2 값을 j 주변의 복수 선으로부터 보간하여 구한다.

③ $M_1 = M_{1g}$ 선상에서 $N_{1k} \leq N_{1g} \leq N_{1,k+1}$가 되는 k를 구해 $N_1 = N_{1g}$에 있어서의 L_2, M_2, N_2의 값을 k 주변의 복수 점으로부터 보간하여 구하면 이것이 구하려는 (L_{2c}, M_{2c}, N_{2c})이다.

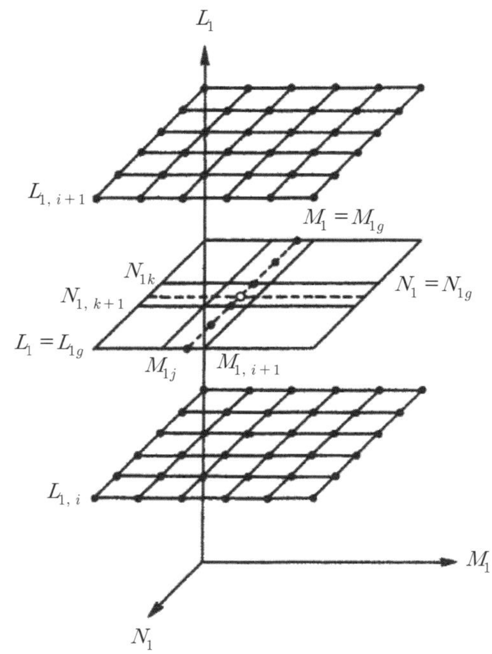

[그림 6.41] 3차원 LUT에서의 보간방법

샘플 점의 수 n은 함수 값의 변화 정도에 의존하나, 색 신호에 대해서는 대개 $n=6\sim15$로 충분하다. 그리고 3.8절에서 소개한 입력 컬러 타겟 및 출력 컬러 타겟은 모두 여기서 소개한 LUT 작성으로 사용하기 위한 것이다.

또한 여기서 소개한 삼차원 보간은 가장 단순한 방법의 하나이다. 그 외에 목적점을 포함한 사면체, 삼각기둥, 육면체 등을 잘라, 그러한 데이터 점에 의해 보간하는 방법 등, 보간 정밀도의 향상과 계산 시간의 단축을 목표로 한 여러 가지 방법이 개발되고 있다는 것을 덧붙인다.

참고 1(6.1) NTSC 방식의 등색 감도를 구하는 방법

식 (5.12)로부터 등색 감도 $S_R(\lambda)$, $S_G(\lambda)$, $S_B(\lambda)$는 등색 함수 $\bar{x}(\lambda)$, $\bar{y}(\lambda)$, $\bar{z}(\lambda)$의 일차 결합으로

$$\begin{bmatrix} S_R(\lambda) \\ S_G(\lambda) \\ S_B(\lambda) \end{bmatrix} = \begin{bmatrix} g_{11} & g_{12} & g_{13} \\ g_{21} & g_{22} & g_{23} \\ g_{31} & g_{32} & g_{33} \end{bmatrix} \begin{bmatrix} \bar{x}(\lambda) \\ \bar{y}(\lambda) \\ \bar{z}(\lambda) \end{bmatrix} \tag{6.27}$$

로 구해진다. 여기서 행렬 g_{ij}는

$$\begin{bmatrix} g_{11} & g_{12} & g_{13} \\ g_{21} & g_{22} & g_{23} \\ g_{31} & g_{32} & g_{33} \end{bmatrix} = \begin{bmatrix} X_R & X_G & X_B \\ Y_R & Y_G & Y_B \\ Z_R & Z_G & Z_B \end{bmatrix}^{-1} \tag{6.28}$$

이다.

구체적인 계산은 삼원색의 3 자극치 간의 상대 관계를 정해야 한다. 여기서 기준이 되는 백색(기초 자극)의 3 자극치를 (X_W, Y_W, Z_W)로 하고 기초 자극의 휘도를 1로 한다. NTSC 방식에서 기초 자극은 표준광 C이므로,

$$X_W = 0.9807, \quad Y_W = 1.0000, \quad Z_W = 1.1823 \tag{6.29}$$

이다. NTSC 방식의 색신호가 $R = G = B = 1$ 때, 식 (6.29)의 기초 자극이 구해진다고 하면 식 (6.11)로부터

$$\begin{bmatrix} X_W \\ Y_W \\ Z_W \end{bmatrix} = \begin{bmatrix} X_R & X_G & X_B \\ Y_R & Y_G & Y_B \\ Z_R & Z_G & Z_B \end{bmatrix} \begin{bmatrix} 1 \\ 1 \\ 1 \end{bmatrix} \tag{6.30}$$

이다. 그리고 R, G, B 원색의 자극 합을 S_R, S_G, S_B라고 하면 식 (6.30)의 우변의 제 1항은

$$\begin{bmatrix} X_R & X_G & X_B \\ Y_R & Y_G & Y_B \\ Z_R & Z_G & Z_B \end{bmatrix} = \begin{bmatrix} x_R & x_G & x_B \\ y_R & y_G & y_B \\ z_R & z_G & z_B \end{bmatrix} \begin{bmatrix} S_R & 0 & 0 \\ 0 & S_G & 0 \\ 0 & 0 & S_B \end{bmatrix} \tag{6.31}$$

라고 쓸 수 있다. 다만

$$z_R = 1 - x_R - y_R$$
$$z_G = 1 - x_G - y_G \tag{6.32}$$
$$z_B = 1 - x_B - y_B$$

이다. 식 (6.31)을 식 (6.30)에 대입하면

$$\begin{bmatrix} X_W \\ Y_W \\ Z_W \end{bmatrix} = \begin{bmatrix} x_R & x_G & x_B \\ y_R & y_G & y_B \\ z_R & z_G & z_B \end{bmatrix} \begin{bmatrix} S_R \\ S_G \\ S_B \end{bmatrix} \tag{6.33}$$

가 된다.

식 (5.30)으로부터, NTSC 방식의 삼원색의 색도는

$$x_R = 0.67, \quad x_G = 0.21, \quad x_B = 0.14$$
$$y_R = 0.33, \quad y_G = 0.71, \quad y_B = 0.08 \tag{6.34}$$

이므로 식 (6.32), (6.33)에 대입하면

$$\begin{bmatrix} S_R \\ S_G \\ S_B \end{bmatrix} = \begin{bmatrix} x_R & x_G & x_B \\ y_R & y_G & y_B \\ z_R & z_G & z_B \end{bmatrix}^{-1} \begin{bmatrix} X_W \\ Y_W \\ Z_W \end{bmatrix}$$
$$= \begin{bmatrix} 0.67 & 0.21 & 0.14 \\ 0.33 & 0.71 & 0.08 \\ 0.00 & 0.08 & 0.78 \end{bmatrix}^{-1} \begin{bmatrix} 0.9807 \\ 1.0000 \\ 1.1823 \end{bmatrix}$$
$$= \begin{bmatrix} 1.730 & -0.482 & -0.261 \\ -0.813 & 1.652 & -0.023 \\ 0.083 & -0.169 & 1.284 \end{bmatrix} \begin{bmatrix} 0.9807 \\ 1.0000 \\ 1.1823 \end{bmatrix}$$
$$= \begin{bmatrix} 0.9057 \\ 0.8262 \\ 1.4311 \end{bmatrix} \tag{6.35}$$

이 된다.

그러면 3 자극치 X_R, X_G, …, Z_B는 색도 x_R, x_G, …, z_B와 자극 합 S_R, S_G, S_B로부터

$$X_R = x_R \cdot S_R = 0.67 \times 0.9057 = 0.6068$$

$$X_G = x_G \cdot S_G = 0.21 \times 0.8262 = 0.1735$$

$$\cdots\cdots\cdots\cdots \tag{6.36}$$

$$\begin{aligned} Z_B = z_B \cdot S_B &= (1 - x_B - y_B) S_B \\ &= (1 - 0.14 - 0.08) \times 1.4311 \\ &= 1.1163 \end{aligned}$$

이므로, 정리하면

$$\begin{bmatrix} X_R & X_G & X_B \\ Y_R & Y_G & Y_B \\ Z_R & Z_G & Z_B \end{bmatrix} = \begin{bmatrix} 0.6068 & 0.1735 & 0.2004 \\ 0.2989 & 0.5866 & 0.1145 \\ 0.0000 & 0.0661 & 1.1163 \end{bmatrix} \tag{6.37}$$

이라고 쓸 수 있다. 그러면 행렬 g_{ij}는 식 (6.37) 행렬의 역행렬이므로

$$\begin{bmatrix} g_{11} & g_{12} & g_{13} \\ g_{21} & g_{22} & g_{23} \\ g_{31} & g_{32} & g_{33} \end{bmatrix} = \begin{bmatrix} 1.9103 & -0.5323 & -0.2883 \\ -0.9848 & 1.9992 & 0.0283 \\ 0.0583 & -0.1184 & 0.8975 \end{bmatrix} \tag{6.38}$$

가 되어, 식 (6.1)의 결과를 얻을 수 있다.

또 식 (6.37), (6.38)로부터3 자극치 R, G, B에서 X, Y, Z로의 변환은

$$\begin{bmatrix} X \\ Y \\ Z \end{bmatrix} = \begin{bmatrix} 0.6068 & 0.1735 & 0.2004 \\ 0.2989 & 0.5866 & 0.1145 \\ 0.0000 & 0.0661 & 1.1163 \end{bmatrix} \begin{bmatrix} R \\ G \\ B \end{bmatrix} \tag{6.39}$$

가 되어 3 자극치 X, Y, Z에서 R, G, B로의 변환은

$$\begin{bmatrix} R \\ G \\ B \end{bmatrix} = \begin{bmatrix} 1.9103 & -0.5323 & -0.2883 \\ -0.9848 & 1.9992 & -0.0283 \\ 0.0583 & -0.1184 & 0.8975 \end{bmatrix} \begin{bmatrix} X \\ Y \\ Z \end{bmatrix} \tag{6.40}$$

가 된다.

참고 2(6.1) 전송 신호 Y, I, Q의 정의

등색 감도를 가지는 TV 카메라로 얻을 수 있는 색 신호를 R, G, B라 하면, TV에서는 이 색 신호를 그대로 전파로서 전송하지 않고 새로운 색 신호

$$\begin{bmatrix} Y \\ I \\ Q \end{bmatrix} = \begin{bmatrix} 0.30 & 0.59 & 0.11 \\ 0.60 & -0.28 & -0.32 \\ 0.21 & -0.52 & 0.31 \end{bmatrix} \begin{bmatrix} R \\ G \\ B \end{bmatrix} \tag{6.41}$$

로 변환해 Y, I, Q를 전송하고 있다. 수상기에서는 색 신호 Y, I, Q를 수신해 다시 색 신호 R, G, B로 역변환하여 컬러 화상을 재현한다.

이와 같은 신호 변환을 실시하는 이유는 6.1절에서 말한 것처럼 두 가지가 있다. 제 1의 이유는 역사적인 것인데, 컬러 TV가 흑백 TV 주류의 시대에 도입되어 컬러 TV의 프로그램이 흑백 TV에서도 즐길 수 있도록 양립성(compatibility)을 목표로 했기 때문이다. 이 때문에 식 (6.41)의 Y신호는 참고 1(6.1)의 식 (6.39)에서와 같이 휘도 신호 Y와 일치한다. 또 색 신호 I, Q는 휘도의 정보를 포함하지 않고 무채색에서 $I=Q=0$이 되도록 설정되어 있다. 예를 들면 표준광 C에서 $Y=1$로 하면 참고 1(6.1)로부터 $R=G=B=1$이므로 식 (6.41)에 대입하면 $Y=1$, $I=Q=0$이 확인 가능하다.

제 2의 이유는 전송에 필요한 전파의 대역폭(bandwidth, 대역)의 압축을 목표로 한 것 때문이다. 컬러 TV의 전기 신호 대역은 4 MHz 정도인데, 색 신호 R, G, B 각각에 이 대역을 할당하면 3배의 대역이 필요하게 된다. 그러나 시각은 섬세한 피사체에 대해서 명암의 변화에는 민감한 반면 색의 식별력은 떨어진다고 알려져 있다. 즉, [그림 6.42]에 나타내는 것처럼 조금 극단적으로 말하면, 피사체에 색이 칠해지기만 하면 충분히 컬러 화상을 즐길 수 있다는 것이다. 색 정보의 대역은 1.5 MHz 정도만 되면 된다는 것이 알려져 있으므로 이것을 이용하면 대역의 대폭적인 압축을 시도할 수 있다.

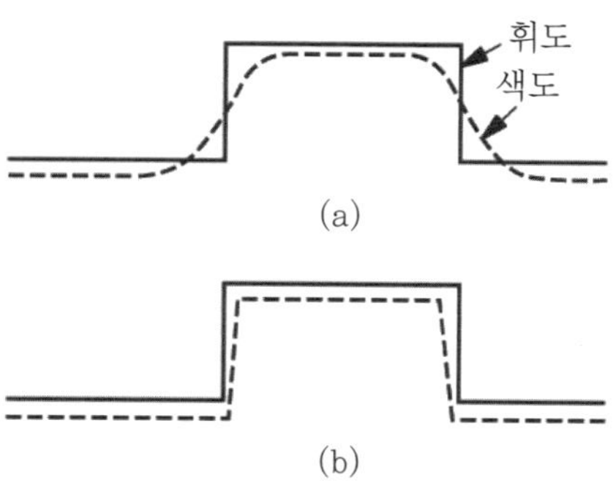

[그림 6.42] (a) 휘도와 색도의 패턴과 (b) 그의 현시(appearance)

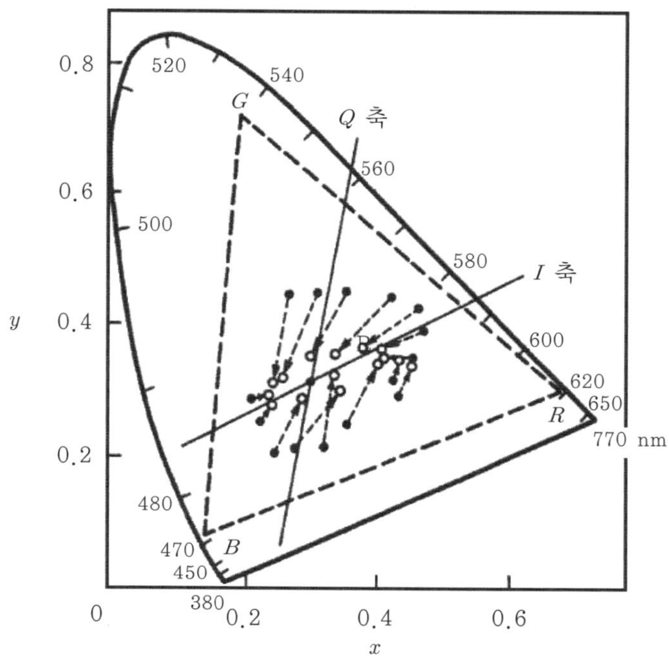

[그림 6.43] 큰 시야각(●)에서 작은 시야각(○)으로 변화시킬 경우의 색의 변화

더욱이 색 신호 I, Q의 선택에는 색채 공학의 지식을 적절히 이용하고 있다. 즉, 작은 색표를 보았을 때의 색깔(색도)은 [그림 6.43]에 나타내는 것처럼 본래의 색도와는 일치하지 않고 백색점을 지나는 직선 방향으로 이동한다는 것이 실험으로 확인되었다(Middleton, 1949). 그러면 그림에서 알 수 있듯이, I 축 방향의 변동폭은 크고 Q 축 방향의 변동폭은 작다.

따라서 I 신호의 대역을 크게 하고 Q 신호의 대역을 작게 하면 더욱 대역을 압축할 수가 있다. 식 (6.41)을 자세히 유도하는 것은 생략 하지만, I 축과 Q 축은 [그림 6.43]과 같이 선택하여 각각 1.5 MHz와 0.5 MHz의 대역을 할당하여 광대역 색 신호와 협대역 색 신호라고 부른다. 결국, 컬러 TV에서는 휘도 신호 Y에 4 MHz를 할당하고, 색 신호 I, Q는 부반송파의 진폭 변조라는 방식으로 휘도 신호 Y에 겹쳐서 전체의 신호를 4 MHz가 되도록 하고 있다(비고).

비고 색 신호 I, Q의 선택은 색채 공학의 지식을 충분히 받아 들여 선택되었으나, 현재 시판되는 컬러 수상기는 장치의 간편성을 위해 협대역 색신호로만 되어 있으므로 본래의 의미는 활용되지 않았다.

참고 3(6.1) 대역이란

대역(대역폭)은 신호 전류에 포함된 주파수의 폭을 말하는데, 예를 들면 음성의 전달은 300~3400 Hz의 주파수가 필요하며 대역은 3100 Hz가 된다. 일반적으로 임의의 파형은 주파수가 다른 정현파의 중합으로 나타낼 수 있는데, 파형의 변화가 심할수록 올바르게 파형을 나타내려면 많은 정현파가 필요하다. 예를 들면 방형파를 정확하게 근사 하려면 매우 높은 주파수까지 필요로 한다.

그런데 TV에서는 주사선에 의해 화상을 재현 하고 있으므로 수직 방향으로는 주사선보다 세밀한 패턴을 보낼 수 없다. 수평 방향의 분해능도 밸런스상 수직 방향과 같은 분해능으로 주사한다. 따라서 TV에서 필요한 대역은 [그림 6.44]에 나타내는 것 같은 패턴을 보내는데 필요한 주파수가 된다. 그림의 패턴을 정확하게 보내려면 매우 높은 주파수까지 필요하지만, 그림의 하단에 나타내는 것처럼 이 패턴을 정현파로 근사하면 필요한 주파수는 좀 더 낮아도 된다.

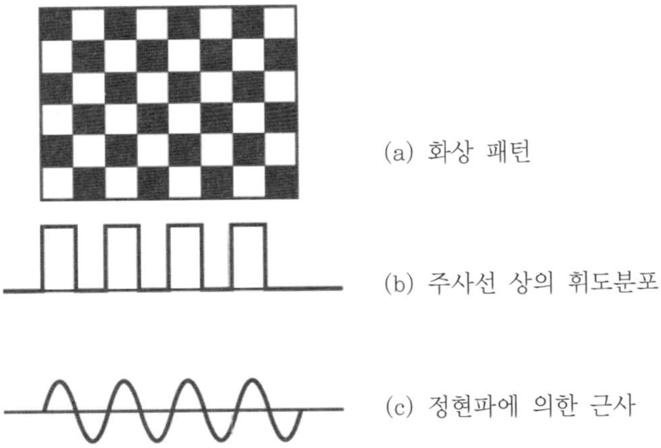

[그림 6.44] 전송 주파수를 정하는 방법

SD TV를 예로 설명하면, NTSC 방식의 TV에서 주사선 수는 525개이며 TV 화면의 종횡비를 aspect 비라고 부르며 3 : 4이다. 또 1초간에 30 화면을 보내므로 결국 1초간에 보내는 주기(흑백 한 쌍)의 수 f는

$$f = 525 \times \left(525 \times \frac{4}{3}\right) \times \frac{30}{2} = 5512500\ [\text{Hz}] = 5.5125\ [\text{MHz}] \quad (6.42)$$

가 된다. 실제로는 주사시의 손실이나 선명도의 저하 등을 고려하면 전술의 4 MHz 정도가 된다.

참고 4(6.5) 사진적인 방법에 의한 분해망 필름의 제작

우선 R, G, B 색 분해 필터를 통해 컬러 원고를 팬로크메틱(panchromatic) 필름에 노광한다. 이렇게 해서 얻어진 필름을 색 분해 필름이라고 부른다. [그림 6.45]는 텅스텐 광에 대한 색 분해 필터와 필름의 분광 감도를 합친 전체의 분광 응답을 나타낸다. R, G, B색 분해 필터로는 라텐(wratten) 필터 25, 58, 47 B 등을 이용한다. 이것들의 분광 응답은 등색 함수와는 다르며, 루터 조건을 충족시키지 못하므로 원고의 측색 재현은 원리적으로 힘들다.

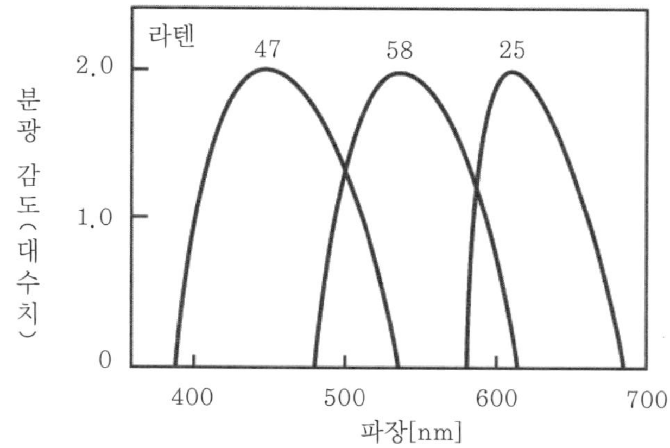

[그림 6.45] 색분해 시스템의 분광 응답

스크리닝(screening)은 컨텍트 스크린과 리스필름을 이용한다. 컨텍트 스크린(contact screen)은 [그림 6.46]에 나타내는 것처럼 투명한 필름 상에 미세한 점을 배열한 것으로, 이러한 점은 중심부 쪽이 농도가 가장 높고 주변부로 갈수록 농도가 낮아지도록 만들어져 있다. 또한 리스 필름(lith film)은 염화은(AgCl)의 함유량이 많은 필름으로 보통 필름과 비교해 명암의 대비가 뚜렷하고 딱딱한 느낌의 재현성을 가진다.

색 분해 필름을 컨텍트 스크린을 통해 리스 필름에 노광하면 조사된 광량에 상응하는 크기의 망점을 얻을 수 있다. 그 이유는 리스 필름의 특성상 어떤 노광량(문턱치) 이하에서는 전혀 흑화(黑化)되지 않고, 반응을 일으키는 문턱치 이상에서는 모두 흑화해 버리는 on/off적인 성질을 가지고 있는 것에 의한다.

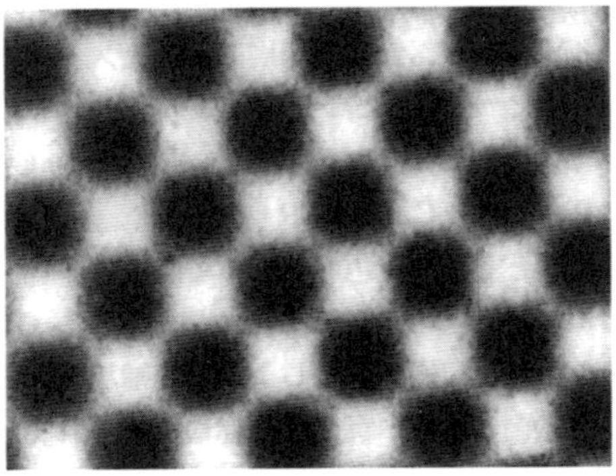

[그림 6.46] 컨텍트 스크린의 확대 사진

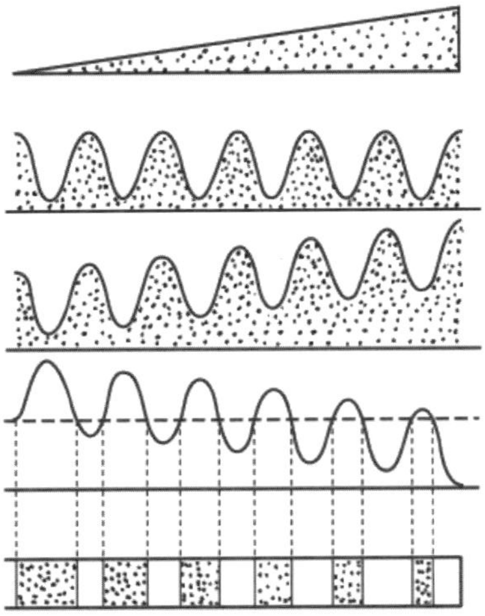

[그림 6.47] 컨텍트 스크린에 의한 screening(파선은 리스 필름의 문턱치)

즉, [그림 6.47]에 나타내는 것처럼, 원고의 농도와 스크린의 농도를 더한 농도를 통해 필름은 노광되는데 그 때의 빛의 세기가 반응을 일으키는 문턱치 이상에서는 모두 흑화해 버리므로 최하단에 나타낸 것과 같은 망점의 패턴을 얻을 수 있는 것이다.

참고 5(6.5) 사진적 방법에 의한 masking

masking은 현재 컬러 스캐너로 용이하게 행할 수 있지만, 이전에는 사진적인 방법에 의한 것이 주류였다. 사진적 방법은 masking을 이해하는데 유효하기 때문에 그 원리에 대해서 소개한다. 또한 masking은 색 보정 이외에 계조 보정이나 샤프니스(sharpness)의 개량 등에도 이용된다.

컬러 사진의 C, M, Y와 같이 컬러 인쇄의 프로세스 잉크 또한 불필요한 부흡수를 가지고 있다. 즉, C는 이상적으로는 R 빛을 흡수해야 하지만 상당한 G 빛과 다소의 B 빛을 흡수한다. 따라서 실제의 C는 이상적인 C에 M과 다소의 Y를 더한 색깔이 되어 이상적인 C보다 R의 성분을 띠고 있다. 동일하게 실제의 M은 이상의 M에 Y와 다소의 C를 더한 색깔을 띠고 있다.

여기서, 예를 들어 [그림 6.48]과 같은 M과 Y로 이루어진 패턴으로부터 G, B 필터를 이용하여 분해망 필터를 제작하여 인쇄한다고 가정하자. 색 보정을 하지 않는 경우는 그림의 상단에 나타내는 것처럼 Y 성분이 과잉화 되어 황색기를 띤 빨강으로 재현되어 버린다. 이 경우 M 중의 Y를 없애는 것은 불가능하므로, 이 Y 성분을 Y 판 보정 마스크를 이용하여 미리 Y 판에서 빼 둔다는 것이 masking의 원리이다. [그림 6.49]는 Y 판 보정 마스크 제작 방법의 원리를 나타내고 있다. masking의 양은 M 잉크의 Y 성분(B농도)을 실측하여 구한다. C 잉크에 대한 masking도 이와 동일한 방법으로 행한다.

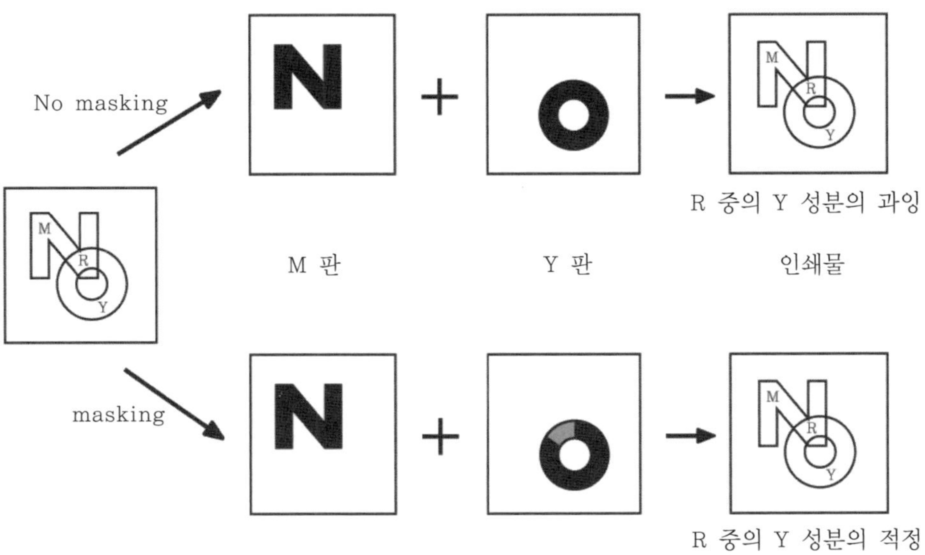

[그림 6.48] Masking의 원리

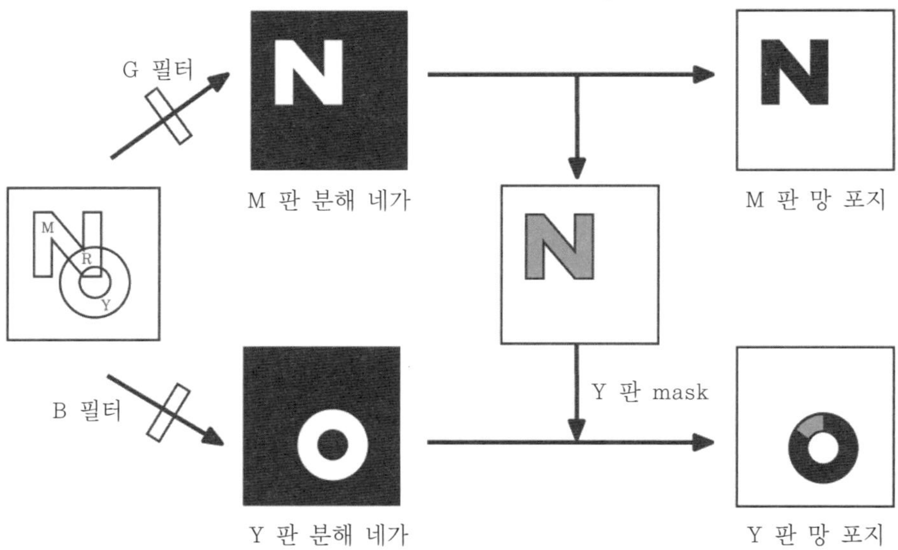

[그림 6.49] Masking에 의한 Y 판 제작

참고 6(6.6) block 색소 근사에 의한 측색값의 계산 방법

컬러 필름에서 측색값(3 자극치 X, Y, Z)를 구할 때, 3 색소의 분광 농도를 block 색소로 근사 하면, 식 (5.19)에서 나타내는 것처럼

$$\begin{bmatrix} X \\ Y \\ Z \end{bmatrix} = \begin{bmatrix} g_{11} & g_{12} & g_{13} \\ g_{21} & g_{22} & g_{23} \\ g_{31} & g_{32} & g_{33} \end{bmatrix} \begin{bmatrix} 10^{-c} \\ 10^{-m} \\ 10^{-y} \end{bmatrix} \tag{6.43}$$

와 같이 간편하게 표현할 수 있다. 여기서 c, m, y는 색소의 혼합량이며, (g_{ij})는 원색의 변환(R, G, B에서 X, Y, Z로)을 위한 행렬이다.

또, 참고 2(5.3)에서 설명한 것처럼 3 색소의 분광 농도를 부흡수를 가지는 block 색소로 근사하면 정밀도는 더욱 향상된다. 부흡수를 가지는 block 색소의 해석 농도를 c, m, y 적분 농도를 c', m', y'로 하면 참고 2(5.3)의 식 (5.36)으로부터

$$\begin{bmatrix} c' \\ m' \\ y' \end{bmatrix} = \begin{bmatrix} f_{11} & f_{12} & f_{13} \\ f_{21} & f_{22} & f_{23} \\ f_{31} & f_{32} & f_{33} \end{bmatrix} \begin{bmatrix} c \\ m \\ y \end{bmatrix} \tag{6.44}$$

로 나타낼 수 있다. 여기서 (f_{ij})는 부흡수를 보정하기 위한 행렬이다. 여기서 임의의 c, m, y를 식 (6.44)에 대입하여 c', m', y'를 구하고, 식 (6.43)의 c, m, y에 대입하면 X, Y, Z가 구해진다.

block 색소의 경우, 식 (6.43), (6.44)의 행렬 계수는 5.3절에서 설명한 것처럼 이론적으로 구할 수 있다. 그러나 실제 색소의 경우 그것들의 농도를 block 색소의 실효적인 농도로 행렬 (f_{ij}), (g_{ij})에 의해 치환하는 것이 된다. 예를 들면, 적분 농도를 3 자극치로 변환하려면, 임의의 컬러 필름으로 다량(수십이 바람직하다)의 발색한 시료를 준비하여 그것들의 적분 농도 c, m, y와 X, Y, Z를 측정하여 데이터 세트를 작성한다. 다음은 이 데이터 세트를 이용해 식 (6.43)으로부터 얻어지는 X, Y, Z 값과 실측치와의 차가 최소가 되도록 행렬(g_{ij})를 최적화하면 된다. 이렇게 행렬(g_{ij})를 한번 구해두면 임의의 시료의 X, Y, Z를 c, m, y로부터 신속하게 구할 수가 있다.

또, 해석 농도를 3 자극치로 변환하려면 같은 시료를 준비하여 그것들의 X, Y, Z를 측정하고, 컬러 matching에 의해 해석 농도 c, m, y를 계산하여 데이터 세트를 작성한다. 시뮬레이션 등에서 해석 농도로부터 출발하여 3 자극치를 구하는 경우, 컬러 matching은 불필요하며 그대로 데이터 세트로 하면 된다. 결론적으로 이 데이터 세트를 이용하여 식 (6.44)에 의해 적분 농도로 변환한다. 이 때 행렬(f_{ij})의 초기값은 단위 행렬로 설정해 둔다. 그 다음, 얻어진 적분 농도를 식 (6.43)에 대입하여 3 자극치를 구한다. 이 때도 행렬(g_{ij})의 초기값은 단위 행렬로 설정해 둔다.

이렇게 하여 얻어진 X, Y, Z 값은 행렬(f_{ij}), (g_{ij})의 초기값을 단위 행렬로 하고 있으므로 당연히 실측치와의 차는 크다. 여기서 이 차가 최소가 되도록 행렬(f_{ij})와 (g_{ij})를 최적화하면 좋으나, 양자를 동시에 최적화하는 것은 변수가 너무 많아서 곤란하며, 각각의 행렬을 교대로 순차 근사법으로 최적화 하면 된다. 이 방법은 2개의 행렬(f_{ij})와 (g_{ij})를 이용하므로 FG 행렬법(FG matrix method)이라고 부른다.

참고 7(6.6) 주성분 분석법에 따른 성분 색소의 분광 농도 추정 방법

컬러 필름의 R, G, B 감광층에서 분광 감도의 중첩에 의해 성분 색소의 분광 농도 $D_i(\lambda)$ $(i=\text{C, M, Y})$가 제대로 얻어지지 않는 경우가 있다. 이러한 때 3 색소의 혼합물 m개의 분광 농도 $d_j(\lambda)$ $(j=1,\ m)$로부터 주성분 분석법(principal component analysis)에 의해 $D_i(\lambda)$를 추정하는 방법을 소개한다(Ohta, 1973b). 여기서는 분광 농도를 n개의 파장에서 이산적으로 $D_{ik}(i=\text{C, M, Y})$, $(k=1,\ n)$ 및 $d_{jk}(j=1,\ m)$, $(k=1,\ n)$로 취급한다. 단 $j=1,\ m$ 등의 표기법은 $j=1,\ 2,\ 3,\ \cdots,\ m$으로 변화하는 것을 나타내는 것으로 한다.

우선, d_{jk}로부터 2차 능률 행렬(second moment matrix)의 요소 a_{ij}를

$$a_{ij}=\sum_{k=1}^{m} d_{ki}\cdot d_{kj} \qquad (i=1,n),\ (j=1,n) \tag{6.45}$$

에 의해 구한다. 그 다음 행렬 a_{ij}의 고유치 $\lambda_k(k=1,\ n)$ 및 고유 벡터 $e_{ki}(k=1,\ n)$, $(i=1,\ n)$를 구한다. 성분 색소의 수 m은 유의한 고유치의 수로부터 구해진다. 또 성분 색소의 분광 농도 D_{ik}는 고유 벡터의 선형 결합으로 구해진다. 가령 컬러 사진에서는 $m=3$이므로

$$\begin{bmatrix} D_{11} & D_{12} & \cdots & D_{1n} \\ D_{21} & D_{22} & \cdots & D_{2n} \\ D_{31} & D_{31} & \cdots & D_{1n} \end{bmatrix} = \begin{bmatrix} t_{11} & t_{12} & t_{13} \\ t_{21} & t_{22} & t_{23} \\ t_{31} & t_{31} & t_{33} \end{bmatrix} \begin{bmatrix} e_{11} & e_{12} & \cdots & e_{1n} \\ e_{21} & e_{22} & \cdots & e_{2n} \\ e_{31} & e_{31} & \cdots & e_{1n} \end{bmatrix} \tag{6.46}$$

이 된다.

식 (6.46)에서는 성분 색소의 분광 농도 D_{ik}를 일률적으로는 정할 수 없기 때문에 다음과 같은 물리적으로 타당한 제한 조건을 둔다.

① 성분 색소의 분광 농도는 반드시 +값을 가진다. 즉,

$$D_{ik}\geq 0 \quad (i=\text{C, M, Y}),\ (k=1,n) \tag{6.47}$$

② 혼합물을 구성하는 성분 색소의 혼합량도 +값을 가진다.

조건 ②는 행렬(t_{ij})를 정하면 D_{ik}가 구해지며, D_{ik}를 이용하면 혼합물 d_{jk}를 구성하는 혼합량을 최소 자승법으로 구할 수 있으므로 쉽게 확인할 수가 있다.

예로서 [그림 6.50]에 나타낸 것과 같은 혼합물의 분광 농도로부터 성분 색소의 분광 농도를 추정해 보자. 여기서는 그림에 나타낸 것 이외에 합계 $m=64$의 혼합물을 이용하고 있다. 고유치의 변화는 3에서 4 정도에서 유의(10^6배 정도)한 변화가 있고, 성분 색소의 수는 3 개인 것을 알 수 있다. 대응하는 3 개의 고유 벡터는 [그림 6.51]에 나타냈다.

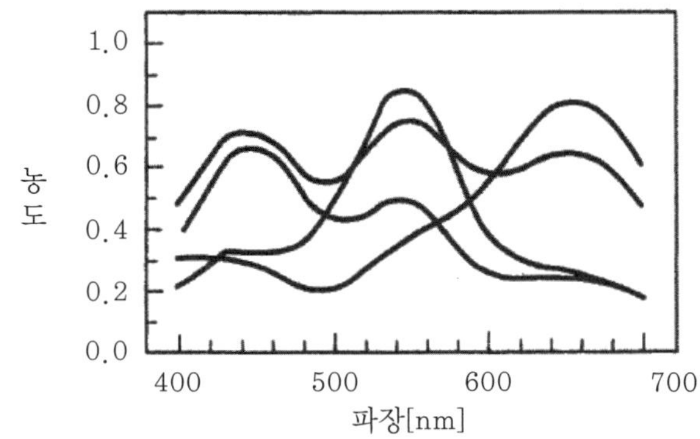

[그림 6.50] C, M, Y 혼합물의 분광 농도 (Ohta, 1973b)

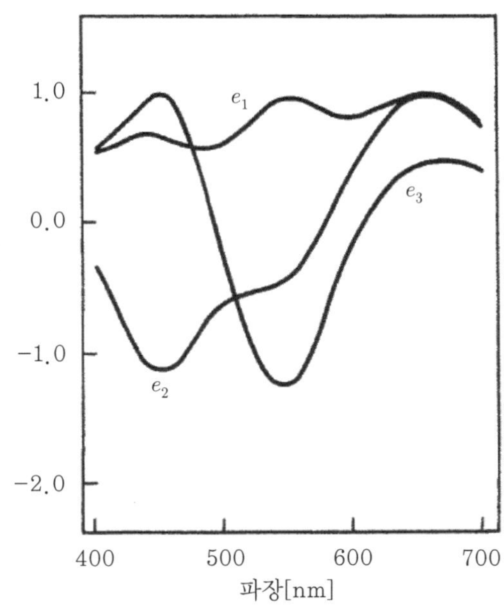

[그림 6.51] 유의한 고유치에 대응하는 3개의 고유 벡터 (Ohta, 1973b)

또한 $t_{i1}=1(i=1,\ 2,\ 3)$이라고 해도 일반성은 없어지지 않기 때문에, 식 (6.47)로부터

$$e_{1j}+x\cdot e_{2j}+y\cdot e_{3j}\geq 0 \quad (j=1, n) \tag{6.48}$$

이 되는 점 $(x,\ y)$의 영역을 구해 보면, [그림 6.52]의 삼각형에 가까운 도형의 내부가 되며, 이 영역이 조건 1을 만족시키는 것이 된다.

다음은 [그림 6.52]의 내부에서 임의의 3 점을 선택하여 조건 2를 만족하는 영역을 구해보면, 그림중의 흰점으로 나타나는 점의 집합을 얻을 수 있다.

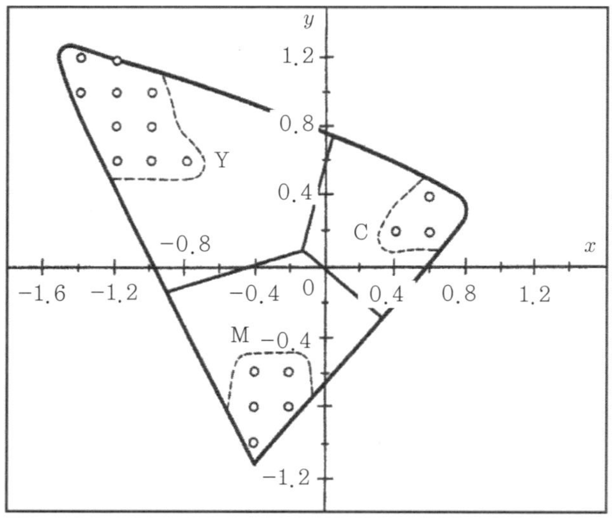

[그림 6.52] 조건 ①, ②를 만족시키는 (x, y)의 영역 (Ohta, 1973b)

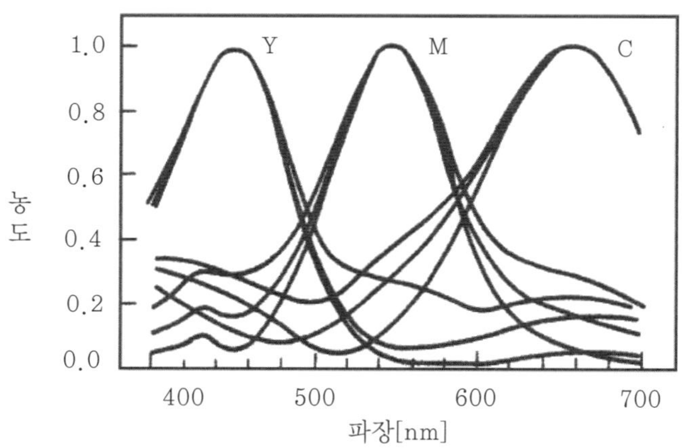

[그림 6.53] 조건 ①, ②로부터 추정된 C, M, Y의 분광 농도 (Ohta, 1973b)

이러한 점의 집합은 그림에 나타낸 것처럼 3 개의 영역으로 나누어져 각각 C, M, Y에 대응한다. 이렇게 하여 추정한 성분 색소의 분광 농도를 [그림 6.53]에 나타내는데, 여전히 어느 정도의 불확정성은 있으나 피크 파장 부근은 높은 정밀도로 추정이 가능하다는 것을 알 수 있다. 또한, 3 색소의 혼합물의 분광 분포는 반드시 고유 벡터의 선형 결합이 되므로, 이 방법의 실용적인 응용으로서 임의의 혼합물의 분광 분포를 용이하게 발생시킬 수가 있다.

참고 8(6.6) 반사형 컬러 프린트에서의 컬러 matching

컬러 프린트에서의 컬러 matching 또한 Newton-Raphson법으로 쉽게 계산할 수 있다. 다만, 편미분 계수의 평가가 조금 복잡하다. 예를 들면

$$\frac{\partial X}{\partial c}=\int_{\text{vis}}\frac{\partial R(\lambda)}{\partial c}\cdot P(\lambda)\cdot \bar{x}(\lambda)d\lambda \tag{6.49}$$

이며, 식 (6.17), (6.18)로부터

$$\frac{\partial R}{\partial c}=\frac{D_c\cdot T^{2.13}\left[0.94657\left\{(2R_B)^{-1}-I_1\right\}+0.88880I_2\right]}{\left\{(2R_B)^{-1}-I_1\right\}^2}$$

가 된다. 다만, I_2는 정적분으로

$$I_2=\int_0^{\pi/2}T^{2\sec\theta}\cdot r_\theta\cdot \sin\theta\, d\theta \tag{6.50}$$

이다(Ohta, 1972d).

식 (6.49)에서 2개의 정적분 I_1와 I_2는 해석적으로 구해질 수 없기 때문에, 수치 적분으로 근사 해야만 한다. 수치 적분에는 다양한 방법이 있으며, 적분 영역(0−π/2)을 100등분 하여 Simpson 법칙과 Newton의 3/8승 법칙을 이용하여 계산하면 [그림 6.54]와 같은 결과를 얻을 수 있다.

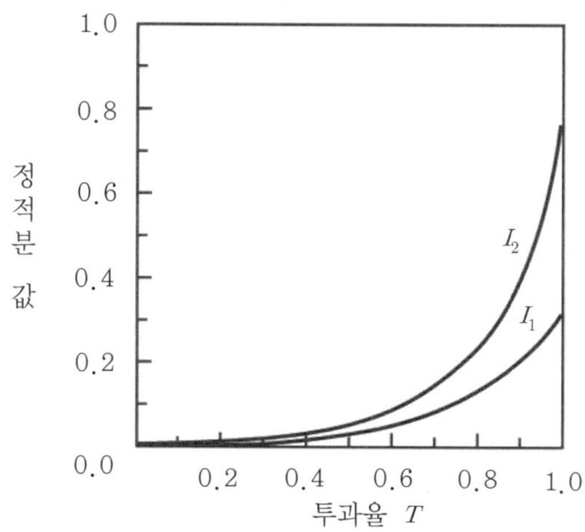

[그림 6.54] 정적분 I_1과 I_2의 값 (Ohta, 1972d)

참고 9(6.7) 시스템 변수로의 변환 방법

2쌍의 데이터 (L_1, M_1, N_1)와 (L_2, M_2, N_2)를 식 (6.25), (6.26)으로 변환할 때, 2개의 색신호 종류가 다르면 좋은 결과를 얻을 수 없는 경우가 많다. 이와 같은 경우 구체적인 의미를 가지진 않지만 시스템 변수를 개입시켜 최적화 시키는 것이 바람직하다. 즉, L_1, M_1, N_1의 값을 그대로 이용하는 것이 아니라 적절한 시스템 변수 l_1, m_1, n_1로 변환하여 (l_1, m_1, n_1)와 (L_2, M_2, N_2)의 사이에서 최적화를 실시하는 것이다.

간략화를 위해 변수 M_1을 $0 \le M_1 \le 1$, $0 \le m_1 \le 1$, $M_1 = 0$에서 $m_1 = 0$, $M_1 = 1$에서 $m_1 = 1$로 가정하여 계산하여 보자. 이 방법에서는 예를 들어 $M_1 \to m_1$의 변환은 단조증가 시스템 함수 f를 이용하여

$$m_1 = f(M_1) \tag{6.51}$$

에 의해 일어난다. 함수 f의 형태는 [그림 6.55]에 나타내는 것처럼, M_1의 변역 0~1을 $(p-1)$등분한 p개의 M_1의 값에 대해서 함수 값 f_1, f_2, $\cdots$, f_p가

$$\begin{aligned} & f_1 = 0 \\ & f_2 = f_1 + h_1(1 - f_1) \\ & \quad \cdots\cdots\cdots\cdots \\ & f_i = f_{i-1} + h_{i-1}(1 - f_{i-1}) \\ & \quad \cdots\cdots\cdots\cdots \\ & f_p = 1 \end{aligned} \tag{6.52}$$

이 되도록 정한다. 다만, $h_i(i=1,\ p-1)$는 $0 \le h_i \le 1$의 변수이다.

변수 h_i는 (l_1, m_1, n_1) → (L_2, M_2, N_2)의 변환 오차를 최소가 되도록 정한다. 식 (6.51)에서 임의의 M_1에 대한 $f(M_1)$는 f의 이산치로부터 보간을 이용하여 구한다. 여기서 변수 h_i는 $0 \le h_i \le 1$인데 예를 들어

$$h = \frac{1}{1 + e^{-g}} \tag{6.53}$$

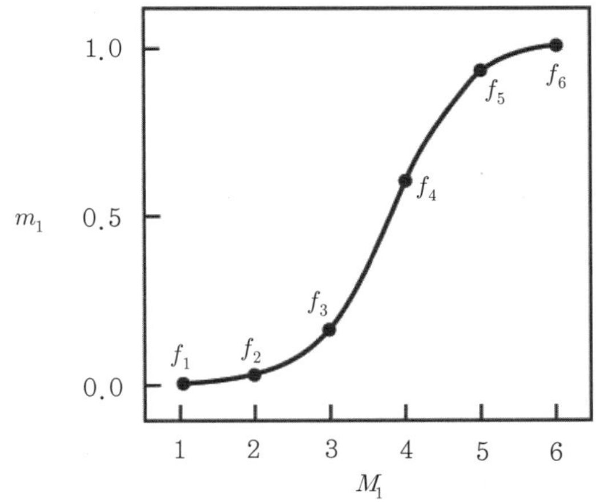

[그림 6.55] M_1에서 시스템 변수 m_1으로의 변환($p=6$의 경우)

과 같은 변수 변환을 실시하면 $-\infty \le g \le \infty$에서 $0 \le h \le 1$이 되므로, 참고 3(4.7)에서 소개한 simplex법 등에 의해 용이하게 풀 수가 있다.

참고 10(6.7) 보간법의 간단한 예

보간법은 변수의 이산적인 n개의 값 x_1, x_2, …, x_n에 대한 함수의 값 y_1, y_2, …, y_n으로부터 함수의 연속성을 가정하여 임의의 점 x_g에 대한 함수 값 y_c를 구하는 방법이다. 가장 간단한 방법은 $x_i \le x_g \le x_{i+1}$가 되는 i를 구해 (x_i, y_i), (x_{i+1}, y_{i+1})를 연결하는 직선상에서 $x = x_g$에 대응하는 y의 값을 y_c로 하는 것이 직선 보간법이다.

직선 보간법 이외에 정밀도를 올리기 위해서, Lagrange, 뉴턴, Gauss, 벳셀(Bessel) 보간법 등을 이용하는데, 여기에서는 일례로서 Lagrange 보간법을 소개한다. Lagrange 보간법은 [그림 6.56]에 나타내는 것처럼, 상기의 n개의 점을 통과하는 $(n-1)$차식을 이용한다. 지나친 고차의 식을 이용하면 함수의 요철이 심해지므로 보통 4점을 통과하는 3 차식을 이용한다.

잘 알려져 있는 것처럼, 4점 (x_i, y_i), $(i=1, 4)$ (그림 중의 검은 점)을 통과하는 삼차식은

$$\begin{aligned} y = & \frac{\{(x-x_2)(x-x_3)(x-x_4)\}}{\{(x_1-x_2)(x_1-x_3)(x_1-x_4)\}} \cdot y_1 + \frac{\{(x-x_1)(x-x_3)(x-x_4)\}}{\{(x_2-x_1)(x_2-x_3)(x_2-x_4)\}} \cdot y_2 \\ & + \frac{\{(x-x_1)(x-x_2)(x-x_4)\}}{\{(x_3-x_1)(x_3-x_2)(x_3-x_4)\}} \cdot y_3 + \frac{\{(x-x_1)(x-x_2)(x-x_3)\}}{\{(x_4-x_1)(x_4-x_2)(x_4-x_3)\}} \cdot y_4 \end{aligned} \tag{6.54}$$

로 쓸 수 있다. 그러면 y_c는 식 (6.54)의 x에 x_g를 대입하면 구해진다(그림 중의 흰점).

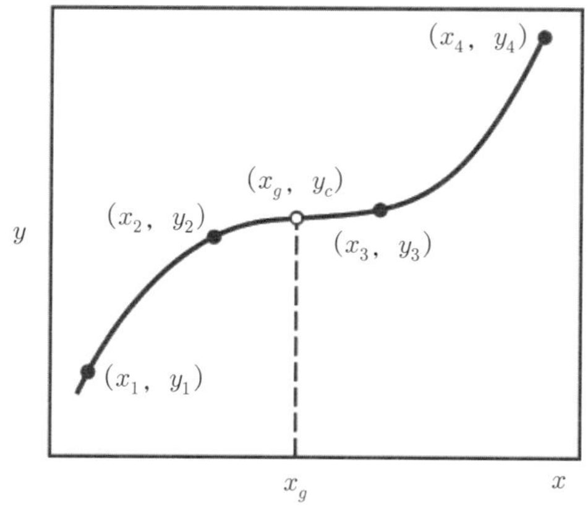

[그림 6.56] Lagrange 보간법의 원리

Chapter 7

색재현 요인의 평가와 최적화

Chapter 6까지는 색재현의 기본적 사항에 대해서 설명하였고, 마지막으로 이 Chapter에서는 색재현의 지배적인 요인에 대한 평가와 그 최적화 방법 및 결과에 대해서 설명한다. 색재현의 요인으로는 분광 감도, 계조 재현, 색 보정, 색소의 분광 농도가 있다. 계조 재현은 측색 재현을 전제로 하면 $\gamma=1$이 되어 그다지 논쟁의 여지가 없다. 그러나 분광 감도와 색소의 분광 농도는 변경 가능의 여지가 있어 최적화가 시도되고 있다. 색 보정은 이러한 최적화 후에 생기는 오차를 경감시키는데 이용되고 있다. 여기서는 우선 최적화의 기초가 되는 이러한 요인들의 평가 방법을 소개하고, 그것을 기초로 하는 최적화에 대해 설명한다. 또, 이러한 요인의 변경을 실 화상에서 평가하는 색재현 시뮬레이션에 대해서도 예를 들어 소개한다.

7.1 분광 감도의 평가 방법

색 분해계의 분광 감도는 기본적으로 등색 감도와 같으면 되지만, 등색 감도는 다양한 이유에 의해 실현될 수 없는 것이 많다. 따라서 현실의 분광 감도와 등색 감도의 차이를 정량적으로 평가할 수 있는 방법이 필요하다. 분광 감도의 평가 방법은 여러 가지 이론이 있으나, 그 중의 대표적인 2 가지 방법을 소개한다. 첫번째 방법은 현실의 분광 감도와 등색 감도와의 분광적 차이를 이용하는 것이고, 두번째 방법은 피사체와 재현 색의 측색적인 차이를 이용한 것이다.

우선, 첫번째 방법의 대표적인 것으로는 Neugebauer가 제안한 q계수(q factor)가 있다(Neugebauer, 1956). 평가하는 분광 감도를 $S(\lambda)$로 하여 적당히 선택한 1쌍의 정규 직교 등색 함수를 $F_1(\lambda)$, $F_2(\lambda)$, $F_3(\lambda)$로 두면, q계수는

$$q = \frac{{B_1}^2 + {B_2}^2 + {B_3}^2}{\int_{\text{vis}} \{S(\lambda)\}^2 d\lambda} \tag{7.1}$$

으로 구할 수 있다. 다만

$$\begin{aligned} B_1 &= \int_{\text{vis}} S(\lambda) \cdot F_1(\lambda) d\lambda \\ B_2 &= \int_{\text{vis}} S(\lambda) \cdot F_2(\lambda) d\lambda \\ B_3 &= \int_{\text{vis}} S(\lambda) \cdot F_3(\lambda) d\lambda \end{aligned} \tag{7.2}$$

이다(참고 1(7.1)). 여기서, 정적분 $\left(\int_{\text{vis}}\right)$은 가시 파장 영역에서 실시하는 것으로 한다.

[그림 7.1]은 이렇게 해서 얻어진 q계수의 계산 예를 나타낸다. 그림 중, 실선은 현존하는 컬러 필름의 분광 감도이며, 파선은 그것들에 가장 가까운 등색 감도를 나타낸다. q계수는 항상 $0 \leq q \leq 1$이며, $q=1$일 때는 그 만큼 분광 감도가 완전한 등색 감도인 것을 나타낸다. 그림 아래의 숫자는 q계수를 나타내고 있으며, B, R의 q계수는 낮고 G 이외의 분광 감도의 일치도는 그다지 높지 않음을 예측할 수 있다. 실제 [그림 7.1]을 잘 관찰 해 보면, q계수는 대체로 분광 감도의 일치도를 나타내고 있다는 것을 알 수 있다.

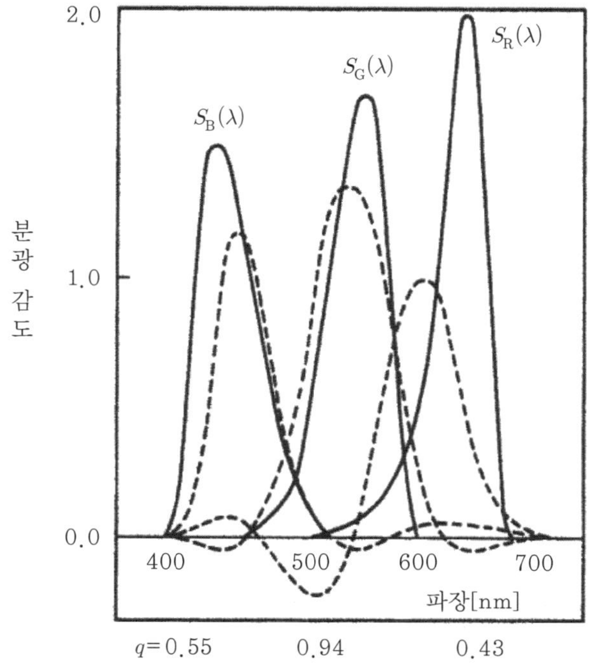

[그림 7.1] 컬러 필림의 실제 분광 감도(실선)와 그것에 가장 가까운 등색 감도(아래 숫자는 q계수) (Clapper, 1977)

다음은 두번째 방법으로, 피사체와 재현 색의 차이를 노광량 혹은 노광 농도로 평가한다. 모델적인 분광 감도로 평가한 예를 이미 6.2절에서 설명했는데, 이 방법은 여러 방면으로 응용이 가능하여 발전성이 있다. 색 분해계의 적색(R), 녹색(G), 청색(B)의 분광 감도를 $S_R(\lambda)$, $S_G(\lambda)$, $S_B(\lambda)$로 두면, 각 채널의 노광량 T_R, T_G, T_B는

$$T_R = \frac{\int_{vis} R(\lambda) \cdot P(\lambda) \cdot S_R(\lambda) d\lambda}{\int_{vis} P(\lambda) \cdot S_R(\lambda) d\lambda}$$

$$T_G = \frac{\int_{vis} R(\lambda) \cdot P(\lambda) \cdot S_G(\lambda) d\lambda}{\int_{vis} P(\lambda) \cdot S_G(\lambda) d\lambda} \tag{7.3}$$

$$T_B = \frac{\int_{vis} R(\lambda) \cdot P(\lambda) \cdot S_B(\lambda) d\lambda}{\int_{vis} P(\lambda) \cdot S_B(\lambda) d\lambda}$$

로 쓸 수 있다. 다만, $R(\lambda)$는 피사체의 분광 반사율이며, $P(\lambda)$는 조명광의 분광 분포이다.

여기서 식 (7.3)의 정적분은 실제로는 n점의 곱셈으로 근사 하는데, $P(\lambda)$, $S_R(\lambda)$, $S_G(\lambda)$, $S_B(\lambda)$를

$$\sum_{i=1}^{n} P_i \cdot S_{R,i} = \sum_{i=1}^{n} P_i \cdot S_{G,i} = \sum_{i=1}^{n} P_i \cdot S_{B,i} = 1 \tag{7.4}$$

로 정규화하여 두면, 식 (7.3)은

$$\begin{aligned} T_R &= \sum_{i=1}^{n} R_i \cdot P_i \cdot S_{R,i} \\ T_G &= \sum_{i=1}^{n} R_i \cdot P_i \cdot S_{G,i} \\ T_B &= \sum_{i=1}^{n} R_i \cdot P_i \cdot S_{B,i} \end{aligned} \tag{7.5}$$

와 같이 쓸 수 있다. 다만, R_i, P_i, $S_{R,i}$, $S_{G,i}$, $S_{B,i}$는 $R(\lambda)$, $P(\lambda)$, $S_R(\lambda)$, $S_G(\lambda)$, $S_B(\lambda)$를 n점의 이산치로 근사 했을 때의 i번째 값이다.

피사체로는 여러 가지가 있으나, 여기서는 분광 감도를 평가하기 위해 무한히 많은 조건 등색을 대상으로 한다. 조건 등색으로서 2 종류, 시각계에 대한 보통 의미의 조건 등색 및 색 분해계에 대한 조건 등색을 가정한다. 만약 색 분해계의 분광 감도가 등색 감도이면 이들 2 종의 조건 등색은 어느 쪽에서도 각각에 같은 출력을 줄 것이다. 그러나 실제로는 등색 감도는 아니기 때문에 시각계에 대한 조건 등색은 색 분해계의 출력에 일정한 변동폭 Δ_p를 가진다. 동일하게 색 분해계에 대한 조건 등색은 시각계의 출력에 일정한 변동폭 Δ_m을 가진다. 분광 감도의 평가 방법으로서 이 변동폭 Δ_p, Δ_m의 대소를 사용할 수가 있다.

여기에서는, 변동폭 Δ_m을 사용하는 분광 감도의 평가 방법에 대해서 소개한다 (Ohta, 1981b). 계산 방법은 선형 계획법을 이용한 간단한 것으로, 자세한 것은 참고 2(7.1)에서 설명하기로 하고, 이 방법을 컬러 사진의 분광 감도 평가에 적용한 결

과만을 소개한다. [그림 7.2]는 평가의 대상으로 한 분광 감도를 나타낸다. 계산에는 XYZ 표색계의 등색 함수와 표준광 D_{65}를 사용하고 있다.

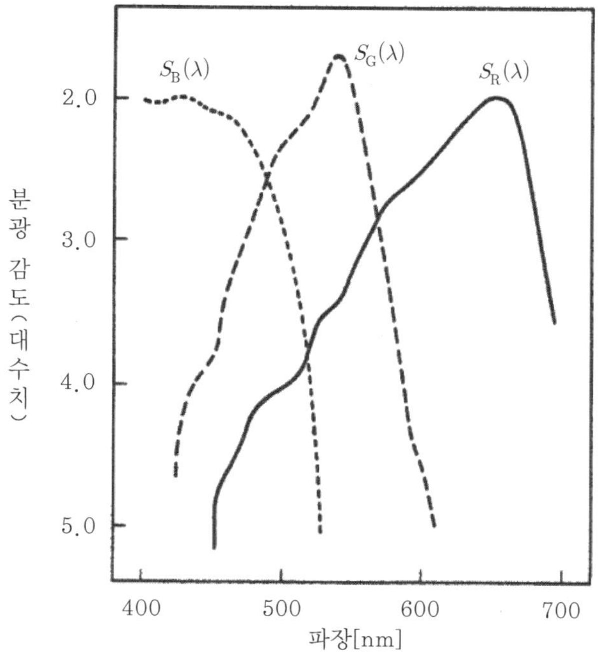

[그림 7.2] 평가 대상 R, G, B의 분광 감도 $S_R(\lambda)$, $S_G(\lambda)$, $S_B(\lambda)$ (Ohta, 1981b)

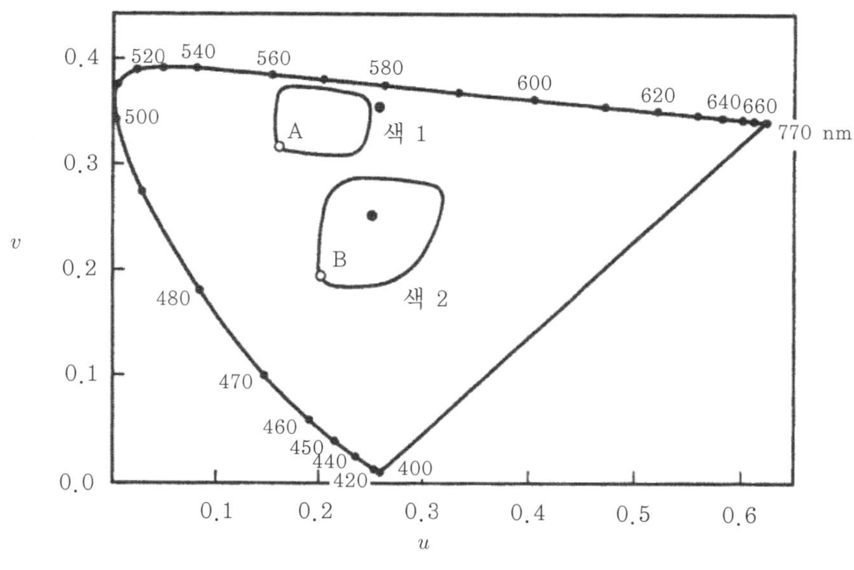

[그림 7.3] 색 1, 2(•)에 대한 Y_s=10에서의 변동폭 Δ_m (Ohta, 1981b)

예로서 [그림 7.3]에 나타내는 2 개의 유채색 1과 2를 사용하여 평가한다.

색 1과 2의 측색값은

$$\begin{aligned} 1 &: u = 0.25 \quad v = 0.35 \quad Y = 10 \\ 2 &: u = 0.25 \quad v = 0.25 \quad Y = 10 \end{aligned} \tag{7.6}$$

이다. 다음은 컬러 사진으로, 색 1 혹은 색 2에 촬영되는 피사체 색의 모든 조건 등색을 생각 해 보기로 한다. 이러한 조건 등색을 시각계로 평가했을 때 생기는 변동폭 Δ_m의 이론적 한계의 윤곽은 그림 내의 실선으로 표시되고 있다. 그림으로부터 놀랄 만큼 넓은 범위의 유채색이 컬러 사진에서는 색 1 혹은 색 2에 촬영될 가능성이 있다는 것을 알 수 있다.

또한, 색 1, 2에 대한 윤곽선 상의 점 A, B의 분광 반사율을 [그림 7.4]에 나타내고 있는데, 이러한 곡선은 지극히 현실적인 형상들로 나타나고 있다. 실제 예를 들면 색 A는 장파장측에서 높은 반사율을 갖고, 어떤 종류의 화학 염료의 분광 반사율과 유사하다. 따라서 이러한 염료로 염색한 의류 등을 컬러 사진으로 촬영하면 큰 색 변화를 일으키게 된다.

또한, 색 B도 화학 염료뿐만 아니라 주변에서 쉽게 볼 수 있는 꽃의 분광 반사율이다. 예를 들면, 나팔꽃과 미나리아재비과의 클레마티스(clematis)의 보라색 등은 이 좋은 예일 것이다.

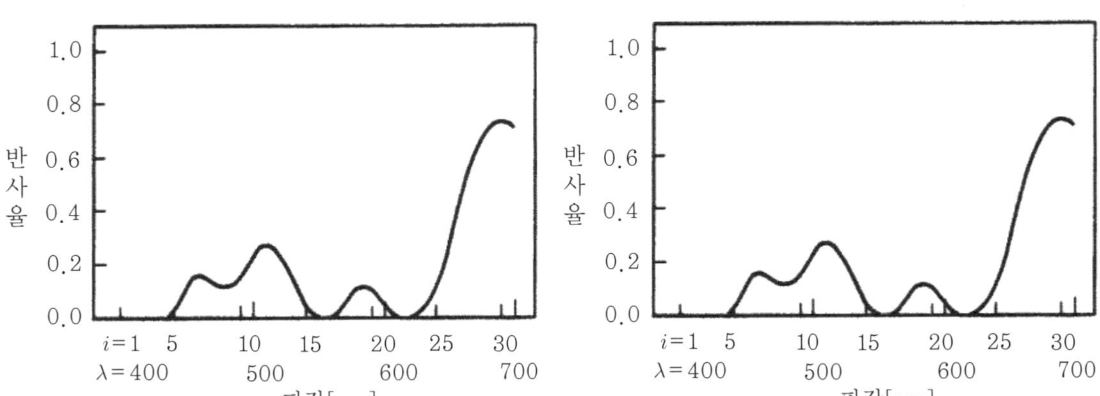

(a) 색 1 (b) 색 2

[그림 7.4] [그림 7.3]의 점 A, B(○)의 분광 반사율 (Ohta, 1981b)

[그림 7.5]는 일례로서 클레마티스의 분광 반사를 나타낸다. 이러한 꽃은 모두 높은 장파장측 반사를 가지며, 시각계는 응답하지 않는데 컬러 사진에서는 응답해 버리므로, 시각상으론 파랑 띤 보라색으로 보이지만 컬러 필름상에선 빨강 띤 보라색으로 재현 되어 색 변화의 원인이 되고 있다.

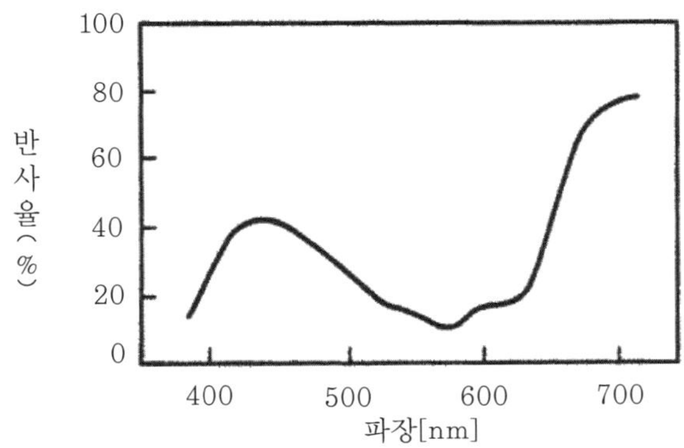

[그림 7.5] 클레마티스 꽃의 분광 반사율

7.2 분광 감도의 최적화

색 분해계의 분광 감도는 등색 감도가 최적이라는 것을 거듭 설명할 필요는 없으나, 등색 감도를 실현하는 것은 실제적으로 여러 가지 제한 조건으로 인하여 곤란한 점이 많다. 따라서 주어진 제한 조건하에서 「최적」인 분광 감도를 선택하는 것이 중요하다고 할 수 있다. 「최적」의 정의는 여러 가지로 생각할 수 있겠으나, 일단 등색 감도와의 차이를 노광량으로 평가했을 때 최소가 되는 것이 최적이라고 해 둔다. 다른 정의를 사용하면 그 나름대로 다소 다른 결과를 얻을 수 있는데, 타당한 정의를 사용하는 한 얻을 수 있는 결과는 대동소이하다.

여기에서도 컬러 사진에서의 예를 소개한다(Ohta, 1983). 평가 방법을 더 구체적으로 설명하면, 우선 일련의 N개의 시험색에 대해서 컬러 Matching 법으로 색소의 양을 구한다. 그 다음 특성 곡선을 통해 측색 재현에 필요한 노광량 $T_{jg}(j=1,\ N)$를 구한다. 한편, 어떤 분광 감도 $S(\lambda)$에 대한 노광량 $T_{jc}(j=1,\ N)$는 7.1절의 식 (7.3)에 의해 구한다. 결국 분광 감도의 최적화를 행하려면

$$\varphi = \sum_{j=1}^{N} (T_{jc} - T_{jg})^2 \tag{7.7}$$

에 의해 정해지는 목적 함수 φ가 최소가 되도록 $S(\lambda)$를 정하면 된다.

식 (7.7)의 상태로는 자유도가 너무 많아서 $S(\lambda)$의 형태를 결정하는 것은 곤란하다.

여기에서 현실의 분광 감도로서 $S(\lambda)$의 형태에 대한 다음과 같은 현실적인 제한 조건을 마련한다.

① 물리적으로 당연한 조건으로서 $S(\lambda) \geq 0$으로 한다.

② $S(\lambda)$의 형태는 현실적이고 매끄러운 변화를 가지는 것으로 한다.

③ 색분리를 고려해 $S(\lambda)$는 단독적인 피크를 가진다고 한다.

이러한 제한 조건의 수학적인 표현은 참고 3(7.2)에서 자세하게 설명한다.

다음은 이러한 3개의 제한 조건을 이용해 분광 감도를 최적화한 예를 소개한다. 계산에는 XYZ 표색계의 등색 함수와 표준광 D_{65}를 이용한다(비고). 시험색으로는 5.7절에서 소개한 Macbeth 색표의 N=24색을, 현실의 색소로는 참고 2(7.1)의 [그림 7.39]에 나타낸 3 색소를 사용한다. 분광 감도의 최적화에서는 목적 함수 φ가 비선형이므로 7.1절에서 사용한 선형 계획법은 적용할 수 없고 비선형 최적화 방법을 필요로 한다. 비선형 최적화에는 다양한 방법이 있는데 여기에서는 Abadie가 제안한 GREG 알고리즘을 채용한다(Abadie, 1970).

비고 조명광으로 표준광 D_{65}를 사용하는데, 노광량 T_{jc}는 다른 광원(예를 들면 표준광 A)을 사용해도 거의 변하지 않는다(Ohta, 1983). 따라서, 여기서의 결론은 표준광 D_{65}에 한정되는 것이 아니고 일반성을 가지게 된다.

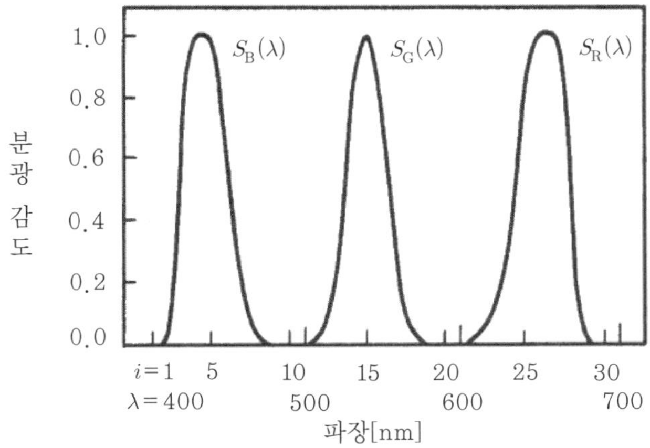

[그림 7.6] 현실의 색소에 대한 최적 분광 감도 (Ohta, 1983)

[그림 7.6]은 이렇게 해서 구한 R, G, B의 최적 분광 감도 $S_R(\lambda)$, $S_G(\lambda)$, $S_B(\lambda)$를 나타낸다. 그림에서 최적 분광 감도는 등색 감도보다도 좁고, 또한 서로 크게 분리되어 있다는 것을 알 수 있다. 이것은 6.2절에서 소개한 Evans들이 얻은 결과와 매우 일치한다. Evans들의 결과는 5개의 분광 감도 만으로부터 얻어진 결론이므로 이외에 다른 가능성도 있으며 논쟁의 여지를 남기고 있다. 그러나 그림의 결과는 모든 형태의 $S(\lambda)$를 대상으로 한 상태에서의 결론이므로 애매함을 남기지 않는다.

또한, 최적화의 정도를 색소 농도와 대응시키기 쉽도록 노광 농도(노광량의 대수)로 환산하여 표시한 결과를 [그림 7.7]에 나타내었다. 측색 재현이 완전히 실현될 수 있으면, 측색 재현에 필요한 노광 농도(목표값)와 최적 분광 감도로 얻을 수 있는 노광 농도(계산값)와는 완전하게 일치한다. 그러나, 그림으로부터 최적 분광 감도를 이용해도 양자는 완전하게는 일치하지 않고, 측색 재현은 실현될 수 없다는 것을 알 수 있다. 그리고 [그림 7.2]에 나타낸 현실의 분광 감도를 이용해 노광 농도를 계산해 보면 [그림 7.7]과 거의 동일한 결과를 얻을 수 있다. 그러므로 오랜 세월의 경험에 의해 선택한 현실의 분광 감도는 최적 분광 감도에 지극히 가깝다고 말할 수 있다.

여기서 가리킨 노광 농도의 불일치는 다른 현실의 색소를 이용해도 변하지 않는다. 따라서 현실의 색소를 이용하는 한, 그러한 분광 농도가 불완전하기 때문에 측색 재현은 곤란한 것이라고 결론지을 수 있다. 이러한 개선책으로 중층(重層) 효과 등의 색 보정을 행하는데 그 실례는 7.5절에서 나타낸다.

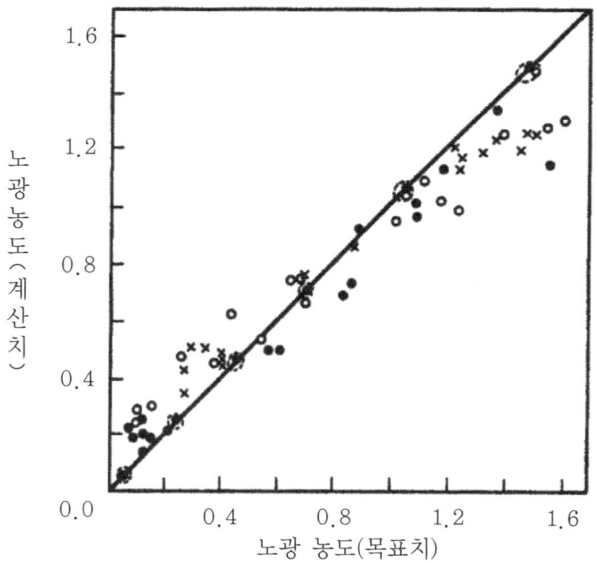

[그림 7.7] [그림 7.6]의 최적 분광 감도로 얻어진 노광 농도(•는 R, ○는 G, ×는 B, 파선안은 회색) (Ohta, 1983)

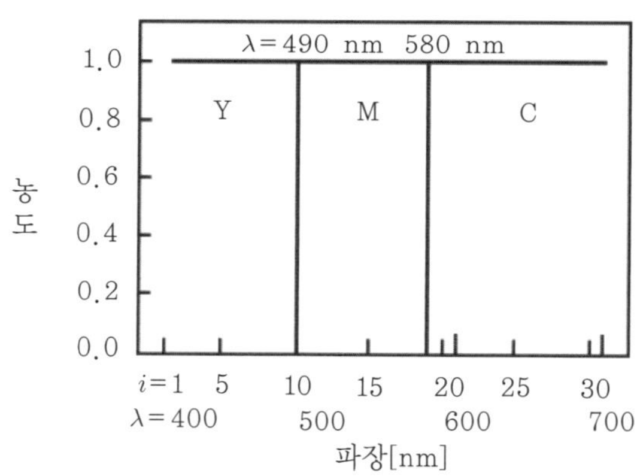

[그림 7.8] 계산에 사용한 block 색소의 분광 농도 (Ohta, 1983)

그렇다면 block 색소를 이용할 경우 측색 재현은 가능한가? [그림 7.8]은 계산에 이용한 block 색소의 분광 농도를 나타내며, [그림 7.9], [그림 7.10]은 최적화의 결과를 나타낸다. [그림 7.9]로부터 block 색소에 대한 최적 분광 감도는 약간 넓어지며, 피크 파장도 서로 근접하다는 것을 알 수 있다. 또, [그림 7.10]으로부터 알 수 있는 것과 같이, 2개의 노광 농도의 대응은 현격히 개선되어 있어, 대체로 측색 재현이 가능한 수준이라고 말할 수 있다. 이와 같은 결과로부터 현실의 컬러 사진에서 측색 재현이 곤란한 이유는 현실의 색소에서 부흡수가 일어나는 등, 불완전한 분광 농도를 가지기 때문이라고 결론지을 수 있다.

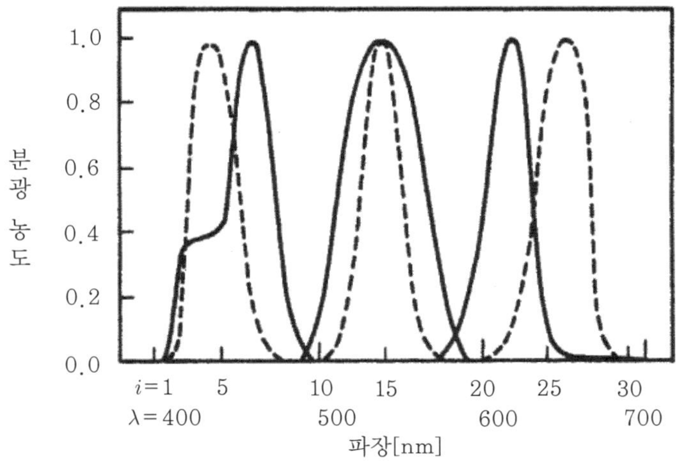

[그림 7.9] Block 색소에 대한 최적 분광 감도(파선은 현실의 색소에 대한 최적 분광 감도) (Ohta, 1983)

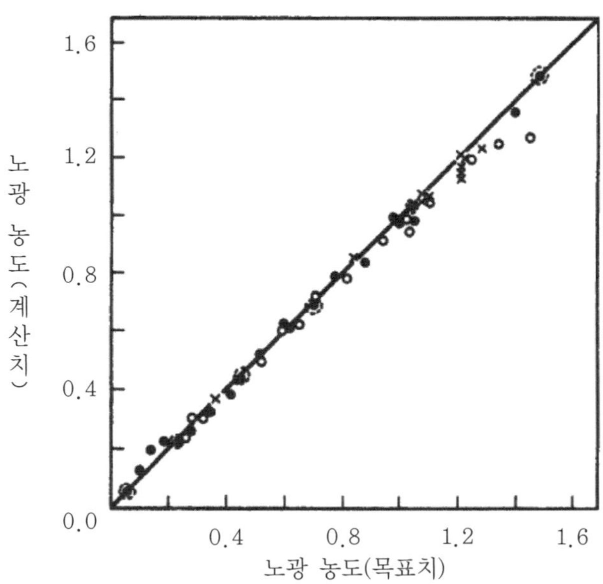

[그림 7.10] [그림 7.9]의 실선의 최적 분광 감도로 얻어진 노광 농도(●은 R, ○는 G, ×는 B, 파선 안은 회색) (Ohta, 1983)

그런데 [그림 7.7]과 [그림 7.10]에서는 계산 결과를 노광량으로 가리키고 있으나, 컬러 화상의 색재현성은 색차로 평가하는 편이 보다 직접적이라 할 수 있다. [그림 7.11]은 [그림 7.7]과 [그림 7.10]의 결과를 $U^*V^*W^*$ 균등 색공간에 표시한 것인데, block 색소에 의한 색재현이 우수하다는 것을 알 수 있다. 따라서, 현실의 색소를 block 색소에 접근 시키는 것은 색재현의 개선에 있어 지극히 중요한 방향이라고 할 수 있다.

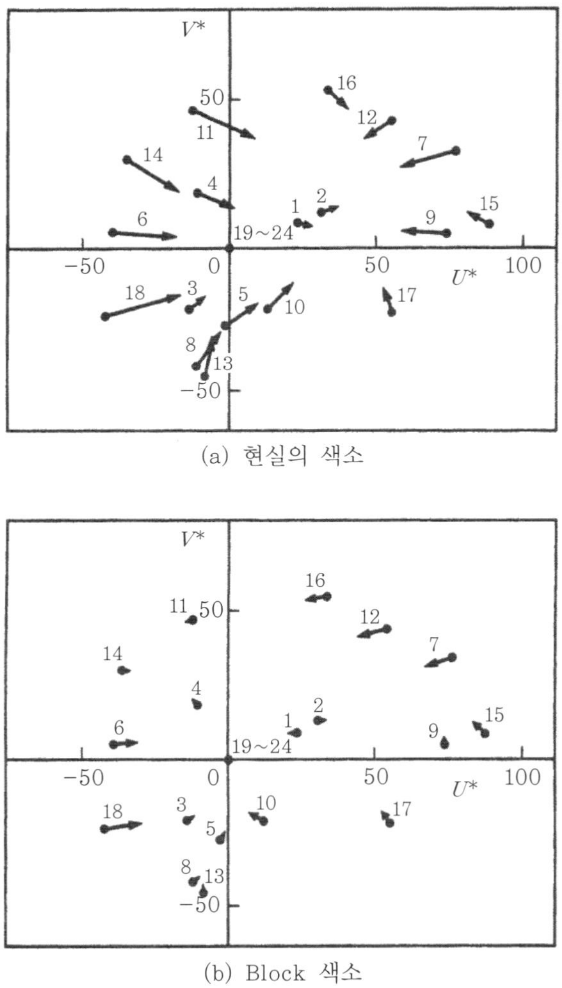

[그림 7.11] Macbeth 색표의 색(흑색점)과 재현색(화살표 끝)

그러나 상기의 결론에도 불구하고 현실의 컬러 사진은 중층 효과 등의 색 보정을 이용하고 있으며, 충분히 만족스러운 화질을 실현하고 있는 것도 사실이다. [그림

7.6]에 나타낸 최적 분광 감도는 등색 감도로부터는 상당히 차이가 남에도 불구하고 거의 올바른 색 정보를 가지고 있는 것은 어떤 이유에 의한 것일까? 이것을 해명하려면 컬러 사진에서 대상으로 하는 피사체의 분광 반사율을 조사할 필요가 있다.

7.1절의 참고 2(7.1)에서 설명한 것처럼, 현실의 피사체의 분광 반사율은 대체로 매끄러운 곡선으로 나타나는데, 예를 들면 식 (7.43)과 같은 제한 조건으로 기술할 수 있다. 따라서, 식 (7.43)에 따른 분광 반사율을 현실의 피사체의 분광 반사율로 가정하여 해석을 진행한다. 그러면 참고 3(7.2)의 [그림 7.41]에 나타내는 스플라인(Spline) 함수를 가상적인 분광 감도로서 이용했을 때, 분광 감도의 peak 파장의 이동에 의해 노광 농도의 상관 계수는 [그림 7.12]와 같이 변화한다(Ohta, 1992). peak 파장의 이동이 없으면 상관 계수는 1.0이다. 그러나 50 nm 정도의 이동에 대해서의 상관 계수는 그다지 작아지지 않는 것을 알 수 있다.

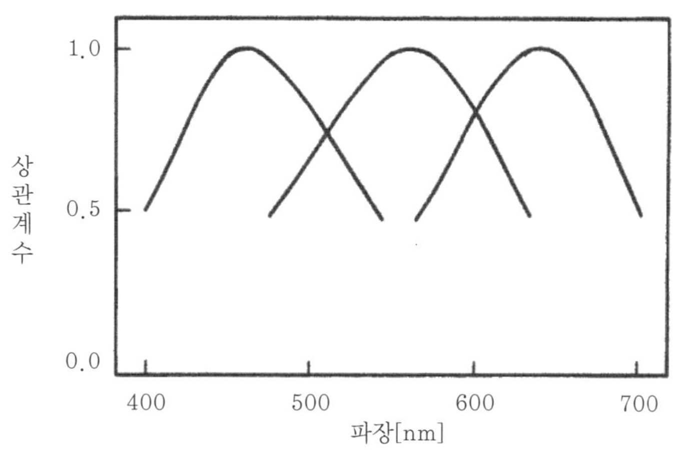

[그림 7.12] Peak 파장이 이동했을 때의 노광 농도 간의 상관 계수(기준 파장은 460, 560, 640 nm) (Ohta, 1983)

바꿔 말하면 peak 파장이 등색 감도로부터 수십 nm 떨어져 있어도 현실의 피사체의 분광 반사율 곡선이 매끄럽기 때문에 중층 효과 등의 이용에 의해 올바른 색 정보를 복원할 수 있는 것이다. 이것이 현재의 컬러 사진의 분광 감도가 다양한 이유에 의해 등색 감도와 차이가 있음에도 불구하고 거의 만족스러운 색재현이 실현되고 있는 주된 이유이다.

7.3 색소의 분광 농도의 평가 방법

컬러 화상의 형성에 이용하는 시안 색소(C), 마젠타 색소(M), 옐로 색소(Y)는 개념적으로 가시 파장역을 3 등분한 R, G, B로 빛을 흡수하면 된다고 생각되어 왔다. 그러나 그러한 분광 농도 곡선의 최적 형상이 엄밀히는 알려지지 않았고, 5.6절에서 간단히 소개한 것과 같이 모델 색스를 이용한 Clarkson과 Vickerstaff의 선구적인 연구가 있는 정도에 지나지 않는다. 색소의 분광 농도의 평가 기준은 여러 가지가 있을 수 있으나, 여기에서는 색재현 영역과 회색의 안정성을 이용하는 방법을 설명한다.

우선, 색재현 영역을 이용하는 방법에 대해서 설명하면, 이것은 색재현 영역이 클수록 풍부한 색을 재현 할 수 있으므로 색재현 영역의 면적을 평가 기준으로 한다는 논리이다. 이 기준은 이미 Clarkson과 Vickerstaff에서도 채용되었다. 색재현 영역의 계산은 4.4절에서 설명한 것과 같이, 감법 3색 혼합을 감법 2색 혼합으로 환원하여 수행한다. 구체적으로는 C와 M의 색소량을 c와 m으로 두고, 그것들의 혼합 비율을

$$\begin{aligned} c &= 0.0, 0.2, 0.4, 0.6, 0.8, 1.0 \\ m &= 1.0, 0.8, 0.6, 0.4, 0.2, 0.0 \end{aligned} \tag{7.8}$$

과 같이 변화 시킨다. 그 다음은 어떤 혼합 비율을 유지한 채 색소량을 증가 시켜 일련의 u, v, Y를 구한다. 여기서 소정의 Y 값에 대응하는 u, v를 보간에 의해 계산하여 전체 색재현 영역의 윤곽을 구하면 된다(Ohta, 1971a).

[그림 7.13]은 현실의 C, M, Y의 분광 농도를 나타내는데, 이 색소계에서 얻을 수 있는 색재현 영역을 4800K의 흑체 복사광 조건 하에서, 앞서 서술한 방법으로 계산한 결과가 [그림 7.14]이다. 여기서 얻을 수있는 색도 좌표를 $(u_i,\ v_i)$로두면 색재현 영역의 면적 S는 전부 15의 혼합 비율의 조합이므로,

$$S = \frac{1}{2}\sum_{i=1}^{15}(u_i \cdot v_{i+1} - u_{i+1} \cdot v_i) \tag{7.9}$$

로 계산할 수 있다. 다만 $u_{16}=u_1$, $v_{16}=v_1$로 두고 있다. 또, 실제로는 색소량에 상한이 있는 경우가 많은데, 그 때의 계산 방법도 고안되어 있다(참고 4(7.3)).

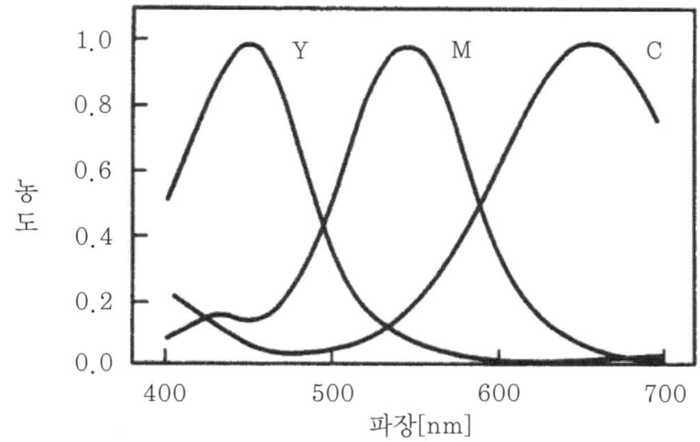

[그림 7.13] 현실의 C, M, Y의 분광 농도

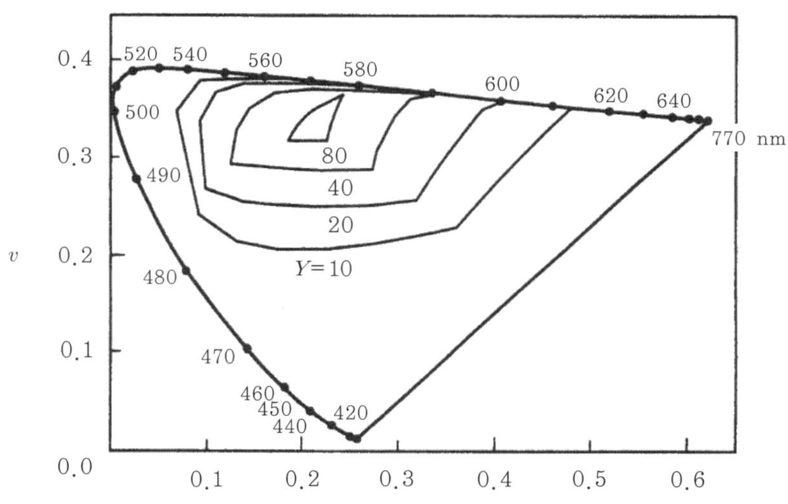

[그림 7.14] [그림 7.13]의 색소계에서 얻은 색재현 영역

색재현 영역의 평가 기준을 현실의 색소계에 적용한 예로는 MacAdam의 연구가 있다(MacAdam, 1949). MacAdam은 현실의 9 종의 C, 9 종의 M, 5 종의 Y의 모든 조합으로 얻을 수 있는 색재현 영역을 표준광 C를 사용하여 계산했다. 그 결과 [그림 7.15]에 나타낸 2 쌍의 색소계 A와 B가 최적이란 것을 발견했다.

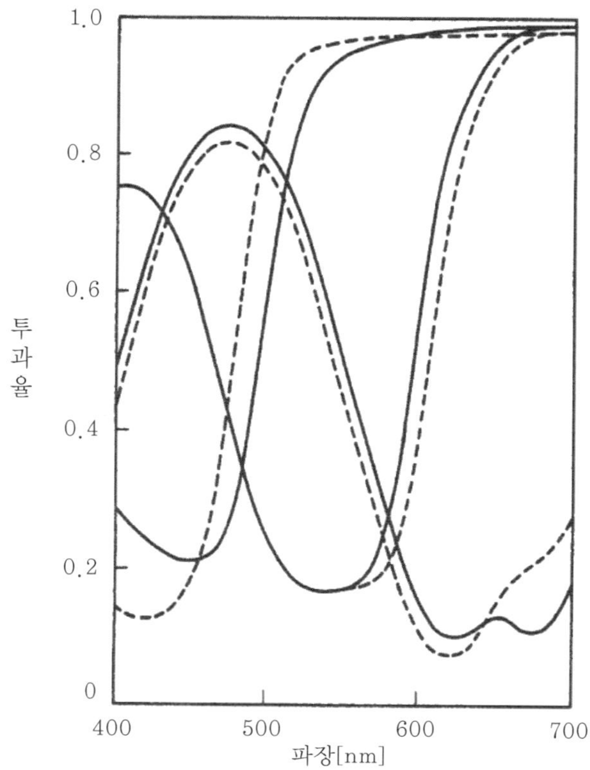

[그림 7.15] 최적 색소계 A(파선)와 B(실선)의 분광 투과율 (MacAdam, 1949)

[그림 7.16], [그림 7.17]은 색소계 A와 B로 얻을 수 있는 색재현 영역과 회색의 분광 농도를 나타내고 있다.

이러한 그림에 의해 색소계 A와 B를 자세히 비교해 보면, 색재현 영역에서는 A가 약간 우세하나 회색의 안정성 관점에서는 B가 훨씬 더 우수하다. 즉, 큰 색재현 영역과 회색의 안정성이란 상반되는 요인으로, 큰 색재현 영역을 구하면 필연적으로 회색은 불안정해 진다고 말할 수 있다. 따라서 현실에서는 그 사이의 적절한 절충이 필요하다.

다음은 제 2의 평가 기준으로 상술한 회색의 안정성을 정량적으로 평가한다. 예를 들어 색온도 6500K의 흑체 복사광 조건 하에서 [그림 7.13]의 현실의 C, M, Y로 얻을 수 있는 Y=10인 회색의 분광 분포는 [그림 7.18]과 같다. 회색의 안정성을 고려할 때, 색소가 미량 변동했을 때의 경우와 조명광의 분광 분포가 바뀌었을 때의 경우가 있는데, 여기에서는 일상적으로 잘 생기는 후자를 평가 기준으로서 사용한다.

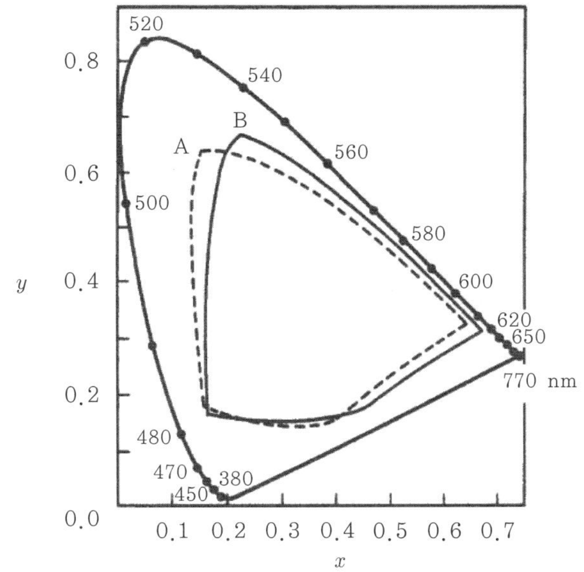

[그림 7.16] 최적 색소계 A(파선)와 B(실선)의 색재현 영역(Y=10) (MacAdam, 1949)

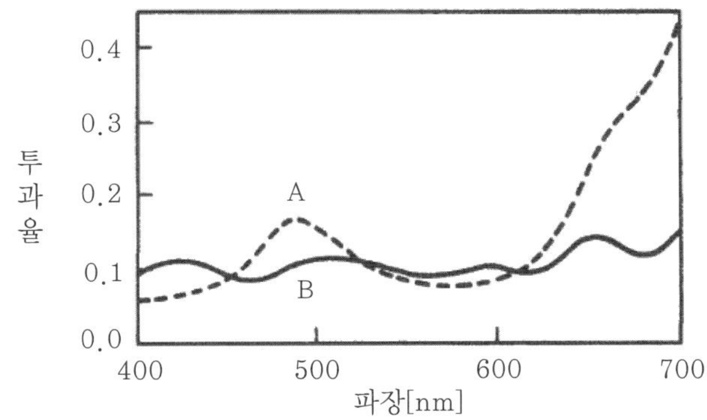

[그림 7.17] 최적 색소계 A(파선)와 B(실선)의 회색(Y=10)의 분광 투과율 (MacAdam, 1949)

[그림 7.18]의 색은 색온도 6500K 아래에서는 회색이지만 이것을 다른 색온도의 조명 아래에서 관찰하면 회색으로 보이지 않게 된다. 실제 관찰 조명의 색온도가 3000K으로 변화하면, 이 색은 $U^* V^* W^*$ 색공간에서 회색과는 ΔE~3 정도의 색차를 보인다. 따라서 색소의 분광 농도의 평가 기준으로 이렇게 해서 얻어진 색차 ΔE를 이용할 수가 있다.

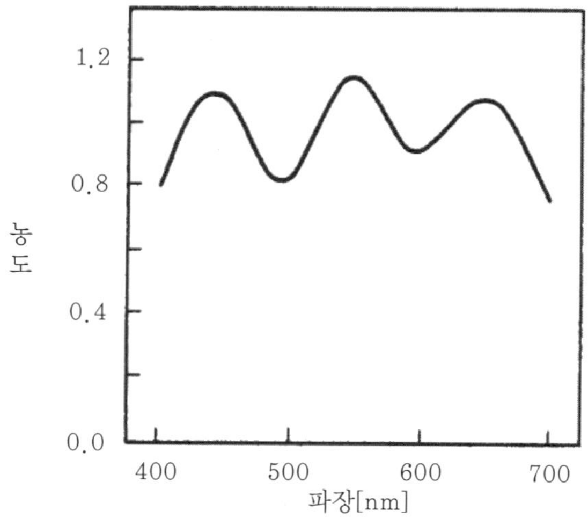

[그림 7.18] [그림 7.13]의 색소계에서 얻은 회색(Y=10)의 분광 농도 (Ohta, 1972a)

7.4 색소의 분광 농도의 최적화

색소의 분광 농도의 개선에 관하여 지금까지 소개한 예에서는 모두 색소의 조합 수가 한정되어 있어, 다른 조합을 이용하면 큰 폭으로 색재현 영역이 증가할 가능성이 남아 있다. 이것을 확인하려면 컴퓨터 시뮬레이션으로 모든 조합을 망라하여 조사하면 된다. 다만, 색소의 분광 농도의 형상이 너무 비현실적이지 않게 주의할 필요가 있다. 여기에서는 7.3절의 [그림 7.13]의 현실의 색소계로부터 출발하여 분광 농도 곡선의 peak 파장과 그 반값 폭을 계통적으로 바꾸었을 때 얻을 수 있는 색재현 영역의 크기(면적)를 구했다(Ohta, 1971a).

우선, 분광 농도 곡선의 peak 파장의 이동은 [그림 7.19]에 나타내는 것처럼, 곡선 전체를 파장 축에 대해 평행 이동 시킴으로써 이루어진다. 원래 곡선을 $f(\lambda)$로 두고, 파장축의 오른쪽 방향으로 s[nm] 평행 이동 시킨 곡선을 $g(\lambda)$라 하면

$$g(\lambda) = f(\lambda - s) \tag{7.10}$$

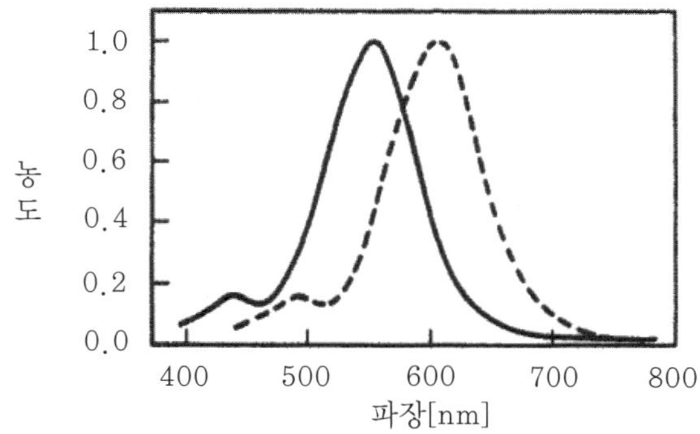

[그림 7.19] 분광 농도 곡선의 peak 파장의 변화 (Ohta, 1971a)

라고 쓸 수 있다. C, M, Y의 최적 피크 파장의 조합을 구하기 위해서 각각의 피크 파장을

$$\begin{aligned} &C : 600 \sim 700\text{nm} \\ &M : 500 \sim 600\text{nm} \\ &Y : 400 \sim 500\text{nm} \end{aligned} \tag{7.11}$$

의 범위에서 10 nm 간격으로 11 단계, 합계 $11^3 = 1331$가지로 변화시켜 컬러 필름에서 얻을 수 있는 색재현 영역의 면적 S를 계산했다. 여기서의 계산은 XYZ 표색계의 등색 함수와 색온도 4800K의 흑체 복사광을 이용하여 색재현 영역을 uv 색도도에서 평가한다.

그 결과, 최대 색재현 영역을 가지는 peak 파장은 〈표 7.1〉과 같이 구해졌다.

〈표 7.1〉 시안(C), 마젠타(M), 옐로우(Y) 색소의 최적 peak 파장 (Ohta, 1971a)

Y	시안[nm]	마젠타[nm]	옐로우[nm]
10	640	540	430
20	640	530	430
40	660	530	430
80	690	520	420

이 표로부터 몇몇 흥미로운 점을 찾아낼 수가 있다. 우선, 현실의 색소계는 오랜 세월의 경험에서 선택된 것인데, 결과적으로 지극히 최적 값에 가깝다는 것을 알 수

있다. 실제 $Y=10$으로 얻을 수 있는 최대 색재현 영역을 [그림 7.20]에 나타내는데, 최대 색재현 영역이라 해도 그 면적의 증가는 기대치보다 현저한 것은 아니다.

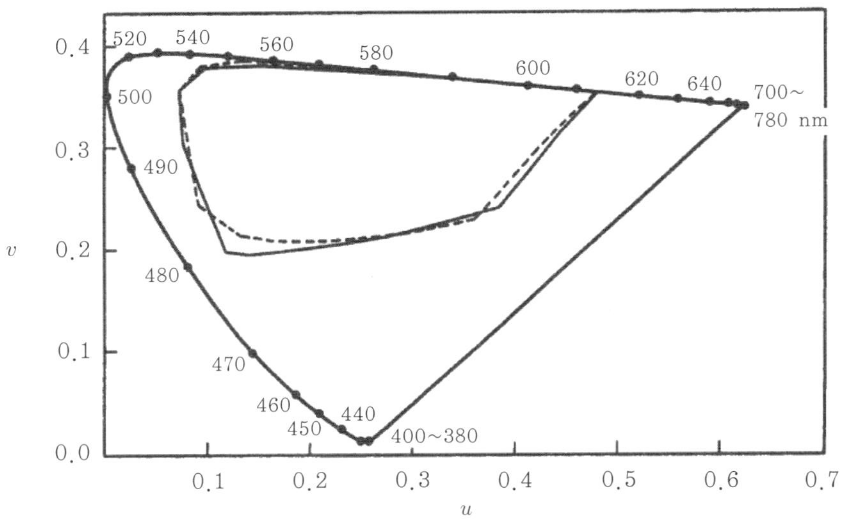

[그림 7.20] Peak 파장을 변화시켰을 경우, $Y=10$에서 얻을 수 있는 최대 색재현 영역(점선은 출발 색소에 의한 색재현 영역) (Ohta, 1971a)

또, 〈표 7.1〉로부터 최적 peak 파장은 재현 색의 명도 Y에 의존한다는 것을 알 수 있다. 여기서 색소의 분광 농도의 peak 파장을 재현 색의 농도에 의존하도록 설계하면 색재현의 개선을 기대할 수 있다. 예를 들면 C의 peak 파장은 밝은 재현 색에서는 690 nm와 같이 장파장의 것을 이용하고, 재현 색이 어두워짐에 따라 640 nm와 같이 단파장의 것을 이용하는 것이다. 실제 이 설계의 방법은 컬러 사진에서 색재현성 개선을 위하여 사용되고 있다.

참고로 각 peak 파장의 변화가 색재현 영역에 주는 영향을 조사해 보자. 출발 peak 파장은 $Y=10$에서 최대 색재현 영역을 갖는 조합이다. 2개의 peak 파장을 고정한 채로 C, M, Y의 peak 파장을 단독으로 변화 시켰을 때의 색재현 영역의 면적 S를 계산해 보면, M의 peak 파장이 색재현 영역의 면적에 제일 영향을 주며, 다음은 C이며, Y는 450 nm 보다 단파장이면 색재현 영역의 면적에 그다지 영향이 없다는 것이 밝혀졌다.

다음은 분광 농도 곡선의 peak 파장의 반값 폭의 변화로서, peak 파장의 이동과 완전히 동일하게 취급할 수 있다. 즉, [그림 7.21]에 나타내는 것처럼, peak 파장의 반값 폭의 변화는 곡선 전체를 peak 파장 λ_0을 중심으로 하여 파장 축방향으로 확장시킴으로서 이루어진다. 원래의 곡선을 $f(\lambda)$로 하여 peak 파장의 반값 폭을 B 배로 넓힌 곡선을 $g(\lambda)$라 하면

$$g(\lambda) = f\left(\frac{\lambda - \lambda_0}{B} + \lambda_0\right) \tag{7.12}$$

라고 쓸 수 있다. C, M, Y의 최적 반값 폭을 구하기 위해서 각각의 반값 폭을 식 (7.12)에 따라 B=0.1~1.5의 범위에서 0.1 간격으로 변화시켜 색재현 영역의 면적 S를 계산하였다. 계산의 조건은 peak 파장의 최적화 때와 같다.

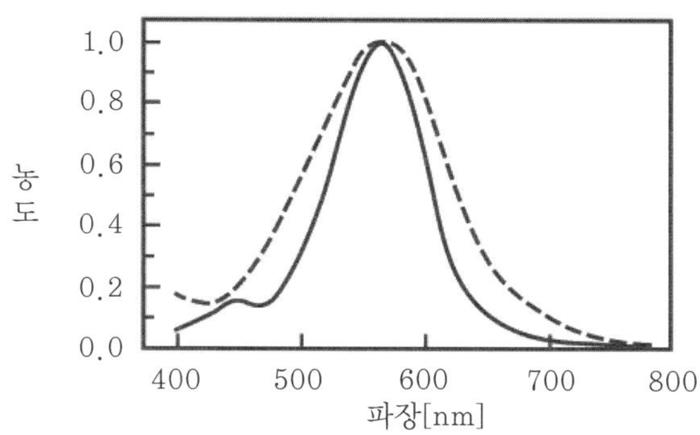

[그림 7.21] 분광 농도 곡선의 반값 폭의 변화 (Ohta, 1971a)

〈표 7.2〉 시안(C), 마젠타(M), 옐로우(Y) 색소의 최적 반값 폭 (Ohta, 1971a)

Y	시안	마젠타	옐로우
10	1.1	0.6	0.5
20	1.0	0.5	0.6
40	1.0	0.4	0.6
80	0.7	0.3	0.6

그 결과, 최대 색재현 영역을 주는 반값 폭은 〈표 7.2〉와 같이 구해졌다. 이 표에서 최적 peak 파장 때와 동일하게 최적 반값 폭은 재현 색의 명도 Y에 의존하는 것을 알 수 있다. 또, Y=10으로 얻을 수 있는 최대 색재현 영역을 [그림 7.22]에 나타내는데, 그 면적의 증가는 지극히 적은 것임을 알 수 있다. 따라서 반값 폭에 관해서

도 오랜 세월의 경험으로부터 선택된 현실의 색소계는 실질적으로 최적치에 매우 가깝다고 말할 수 있다.

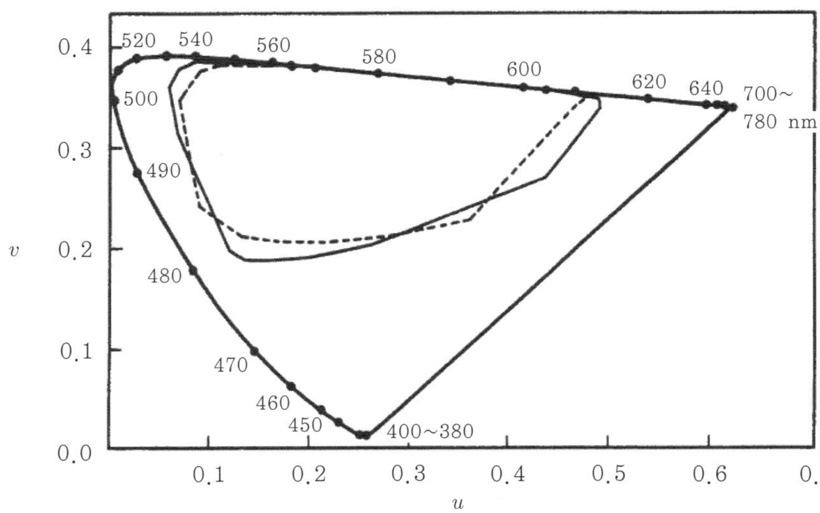

[그림 7.22] 반값 폭을 변화시켰을 경우, $Y=10$에서 얻어진 최대 색재현 영역(점선은 출발 색소에 의한 색재현 영역) (Ohta, 1972a)

또한 참고로 각 반값 폭의 변화가 색재현 영역에게 주는 영향을 조사해 보자. 출발의 반값 폭은 $Y=10$에서 최대 색재현 영역을 주는 조합이다. 2개의 반값 폭을 고정한 채로 C, M, Y의 반값 폭을 단독으로 변화시켰을 때의 색재현 영역의 면적 S를 계산해 보면, C, M의 반값 폭이 색재현 영역에 주는 영향은 거의 같고, Y의 영향은 약간 적다고 말할 수 있다. 그러나 이러한 차이는 그다지 큰 것이 아니기 때문에, C, M, Y의 반값 폭이 색재현 영역의 면적에게 주는 영향은 피크 농도일 때와 정도의 차이는 없고, 대동 소이하다고 말할 수 있다.

그런데, 앞에서 설명한 분광 농도의 최적화는 실현 가능하다는 관점으로부터 현실의 분광 농도의 변형에 의해 처리되고 있다. 그러나 이 제한 조건을 제거하여 임의의 형상의 분광 농도 곡선을 대상으로 하였을 때 최적의 해는 어떻게 될 것인가? 이 대답을 위해 제한 조건 없이 최대 색재현 영역을 갖는 분광 농도 곡선을 비선형 최적화 수법에 의해 구하였다(Ohta, 1986). 여기에서의 계산은 XYZ 표색계의 등색 함수와 표준광 D_{65}를 사용하여 uv 색도도에서 색재현 영역을 평가한다.

비선형 최적화를 상기의 조건으로 행하면, 하나의 색소에서 31개의 변수가 필요하며, 결국 C, M, Y에 대해서 $31 \times 3 = 93$개의 변수가 필요하게 된다.

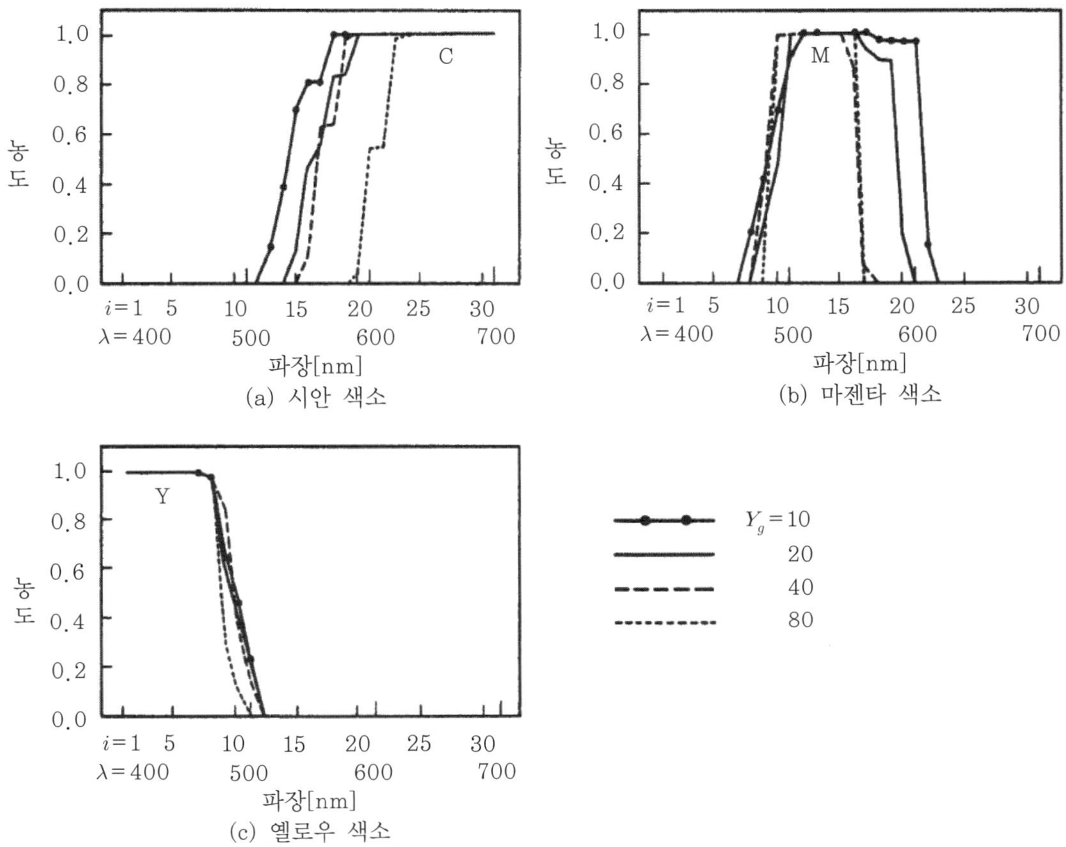

[그림 7.23] 비선형 최적화에 의해 얻어진 시안, 마젠타, 옐로우 색소의 최적 분광 농도 (Ohta, 1986)

이 상태로는 변수의 수가 너무 많아서 실행이 곤란하다. 또, 하나의 색소에 대해 31개의 변수 또한 너무 많아, 여기에서는 컴퓨터를 이용한 최적화 방법으로 일종의 반복법(iterative method)을 이용한다.

[그림 7.23]은 이렇게 해서 최적화한 분광 농도 곡선을 $Y_g=10$, 20, 40, 80에 대해서 나타낸다. 그림 중의 곡선의 섬세한 요철은 본질적인 것이 아니고 일종의 거짓 신호(artifact)와 같은 것이다. 그림을 상세하게 관찰해 보면, 최적 분광 농도는 C, M, Y 어느 경우도 기울어진 변을 가지는 block 형인 것을 알 수 있다. 이것은 Clarkson와 Vickerstaff가 이미 얻은 결론을 포함하고 있다. 또, 재현색의 명도가 높아짐에 따라 C와 M의 분광 농도 곡선의 폭은 좁은 것이 바람직하고 Y에서는 대부분 변화하지 않는다는 것을 알 수 있다.

또, [그림 7.24]는 이러한 최적 분광 농도 곡선을 이용해 얻을 수 있는 색재현 영역을 $Y_g=10$, 20, 40, 80에 대해서 나타낸다.

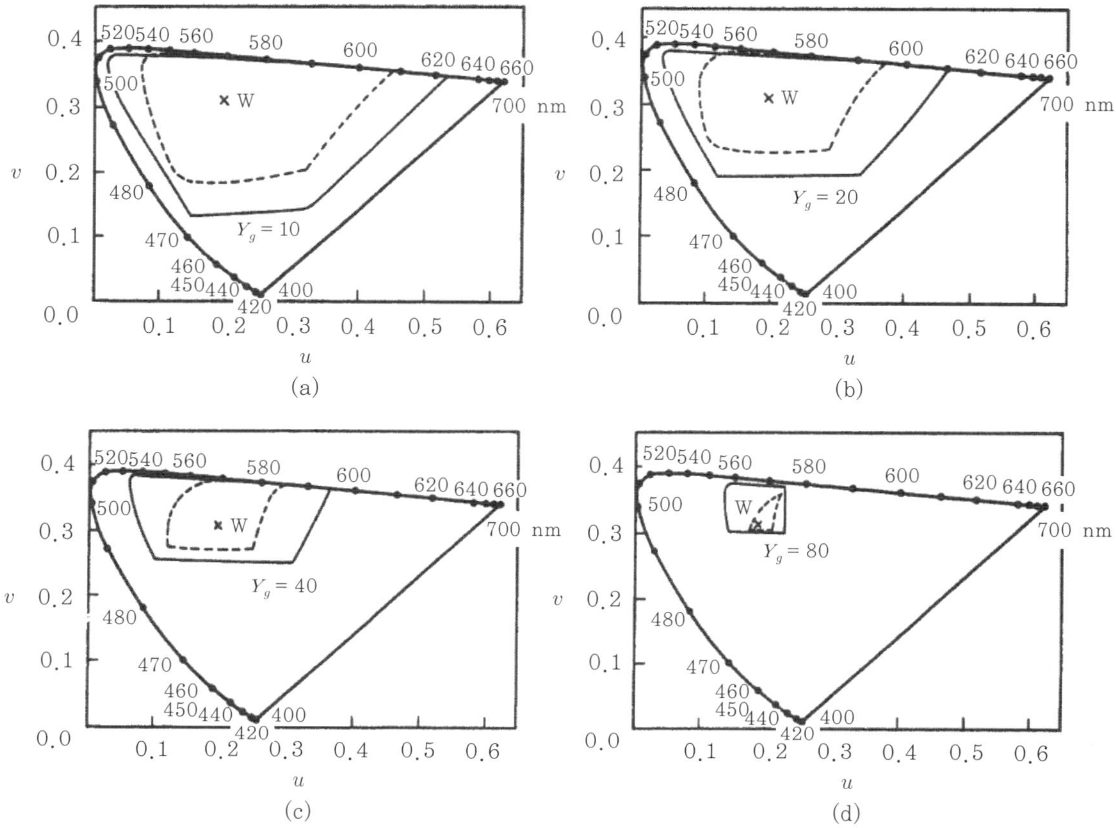

[그림 7.24] [그림 7.23]의 최적 분광 농도로 얻어진 색재현 영역[파선은 현실의 색소(출발 색소와 동일)에서 얻어진 색재현 영역]

이러한 그림으로부터, 만약 최적 분광 농도를 가지는 색소를 실현할 수 있다면, 특히 고명도에서의 색재현 영역 개선이 클 것으로 예측 가능하다.

한편, 상기의 최적화에서는 색소 농도의 최대값을 4.0으로 가정하고 있다. 그러나 얻어진 최적치가 색소 농도의 최대값 D_{max}에 의존할 수 있으므로, 최대값을 D_{max} = 2, 3, 10으로 변화시켜 동일한 최적화를 실시하였다. 그 결과, 최적 분광 농도는 색소 농도의 최대값에 크게 의존한다는 것이 분명해졌다. 즉, 최대값이 낮을수록 최적 분광 농도 곡선은 block 형에 가까워지는 것이다.

또한 이 때 얻을 수 있는 최대 색재현 영역은, D_{max}가 2 이상이면 D_{max}의 증가에 의한 색재현 영역의 증가는 그다지 큰 것이 아니다. 이상의 결과로부터 색소의 최적 분광 농도 곡선의 형상은 일률적으로는 정해지지 않고, 재현 색의 명도와 색소의 최고 농도에 크게 의존한다는 것을 알 수 있다. 종래, block 색소가 이상적이라고 선견적으로 믿어져 왔는데, 상기의 결과로부터 실로 이상적인 분광 농도 곡선의 형상이 처음으로 분명해졌다고 말할 수 있다.

다음은 분광 농도 곡선의 최적화를 회색의 안정성의 관점에서 생각해 본다 (Ohta, 1972a). 분광 농도 곡선의 변형을, 실현 가능하다는 관점에서 다시 현실의 분광 농도의 변형에 의해 실시한다고 생각해 보자. 그러나 peak 파장의 반값 폭을 넓게 가지는 편이 안정적인 회색의 실현이 가능하다는 것이 자명하므로, 여기에서는 식 (7.10)에 의해 peak 파장의 이동만을 취급한다. 이동의 범위는 식 (7.11)에 나타낸 바와 같다.

최적화에는 조명광을 흑체 복사광으로 하여, 색온도가 6500K에서 3000K으로 변화했을 때 생기는 $U^* V^* W^*$ 색공간에서의 색차 ΔE를 평가 기준으로 사용하고 있다. 계산 결과를 C의 일련의 peak 파장 λ_C에 대해 가장 안정적인 회색을 가지는 M, Y의 peak 파장 λ_M, λ_Y로 하여 정리하면, [그림 7.25]의 결과를 얻을 수 있다. 여기서 C, M, Y의 최적 peak 파장의 사이에는 근사적으로 직선 관계가 존재하며

$$\begin{aligned} \lambda_M &= 0.6\lambda_C + 140 \\ \lambda_Y &= \lambda_M - 90 \end{aligned} \tag{7.13}$$

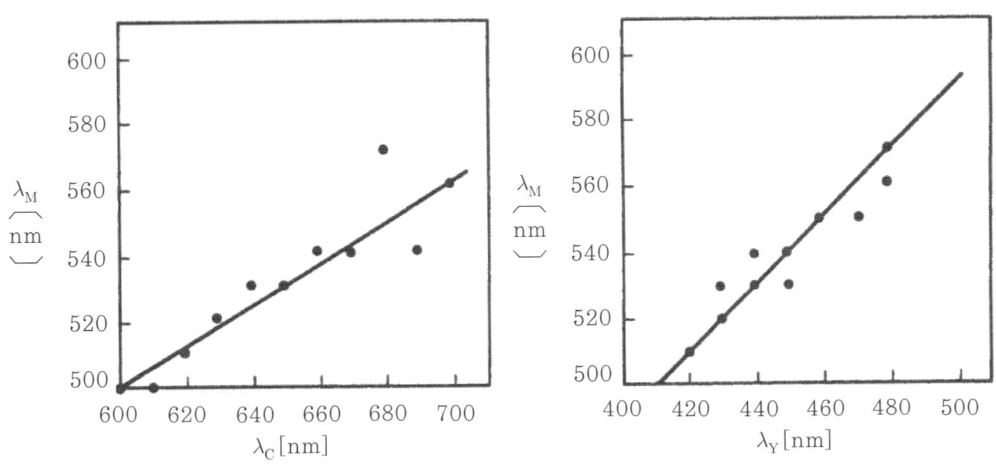

[그림 7.25] 가장 안정된 회색을 가져오는 시안, 마젠타, 옐로우 색소의 peak 파장 λ_C, λ_M, λ_Y의 관계 (Ohta, 1972a)

이라고 쓸 수가 있다.

또, 이 때의 색차는 임의의 λ_C에 대해 적절한 λ_M와 λ_Y를 선택하면, ΔE~1이 가능하며, 회색의 안정성은 대부분 손상되지 않는다. 한편 2 개의 peak 파장을 고정한 채로 C, M, Y의 peak 파장을 단독으로 변화시켜 회색의 안정성에의 영향을 조사해 보면, 예상대로 M의 peak 파장이 가장 큰 영향을 가지며 Y, C의 순으로 그 영향은 감소한다.

여기서 〈표 7.1〉에서 가리키는 최적 peak 파장의 조합은 Y=80을 제외하고는 대략 식 (7.13)의 관계를 만족시킨다고 할 수 있다. 즉, 최대 색재현 영역을 가지는 peak 파장의 조합은 동시에 가장 안정적인 회색을 가진다는 것을 알 수 있다. 이 사실은 실제로 색소를 선택하는데 있어서 큰 영향력을 가진다.

한편, 상술한 최적화는 모두 투과형 컬러 필름으로 행한 것이다. 그럼에도 불구하고 그러한 이론은 보편적인 것이며, 다른 색재현 시스템에도 용이하게 적용할 수가 있다. 예를 들면, 같은 방법을 반사 컬러 프린트에 적용하면 색재현 영역은 [그림 7.26]과 같으며(Ohta, 1972b), 또 회색의 분광 농도는 [그림 7.27]과 같이 된다(Ohta, 1973a). 컬러 프린트에서의 최적화의 결과는 거의 컬러 필름의 결과와 병행적이고, 그 차이는 표면 반사와 젤라틴층 내에서의 다중 반사 때문에 색재현 영역이 작은 것과 보다 안정적인 회색을 얻을 수 있다는 것이다.

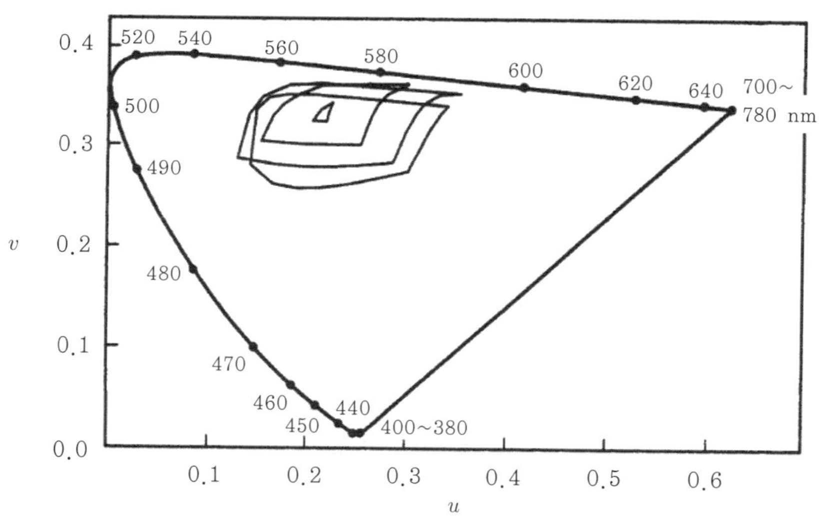

[그림 7.26] 컬러 프린트(표면 반사 5%)의 색재현 영역 (Ohta, 1972b)

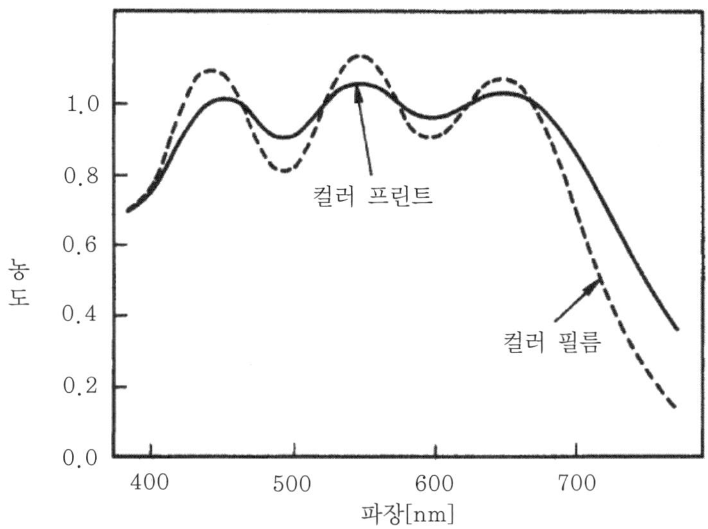

[그림 7.27] 컬러 필름과 컬러 프린트(표면 반사 5%)의 회색(시각 농도 1.0)의 분광 농도 (Ohta, 1973a)

그 이외, 예를 들어 최대 색재현 영역을 가지는 peak 파장이나 가장 안정적인 회색을 가지는 peak 파장은 모두 같은 값을 얻을 수 있다.

7.5 색 보정의 최적화

지금까지 설명한 것처럼, 색 보정은 분광 감도 및 색소의 분광 농도의 최적화가 충분히 이루어진 후에 추가로 존재하는 오차를 경감시키는데 사용된다. 색 보정 방법은 제 6장에서 상세하게 설명했으므로 여기에서는 전절에 계속하여 컬러 사진의 경우를 예로 들어 색 보정의 최적화에 대해 간단하게 소개한다(Ohta, 1991).

먼저, 7.2절의 [그림 7.7]에서 나타낸 것과 같이, 현실의 색소를 이용하는 한, 그 분광 농도가 불완전하기 때문에 측색 재현은 원리적으로 힘들다. 그 때문에, 중층(重層) 효과나 colored coupler에 의한 색 보정을 사용하는 것은 제 6장에서 설명한 바와 같고, 여기서는 중층 효과의 계수를 구체적으로 제시하여 최적 색 보정을 구해 본다. 색소계는 7.3절의 [그림 7.13]에 나타낸 현실의 것을 다시 이용한다. 분광 감도는 현실의 색소를 사용하는 한 최적화 할 수 있는 여지가 거의 없기 때문에 [그림 7.28]에 나타내는 모델적인 것을 이용한다.

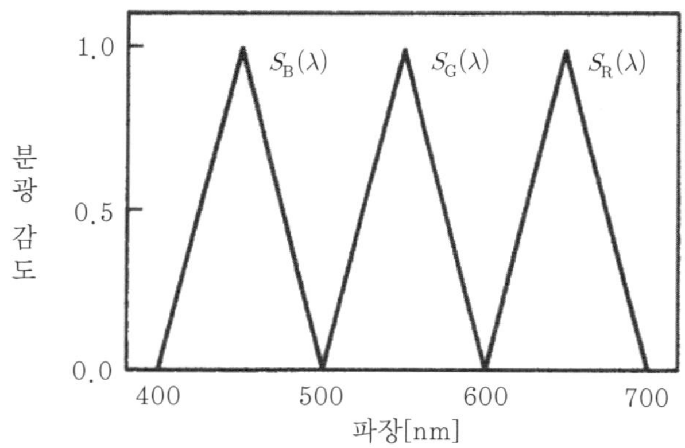

[그림 7.28] 분광 감도 모델 (Ohta, 1991)

또한 중층 효과의 표현은 6.4절의 식 (6.11)에 나타낸

$$\begin{bmatrix} c' \\ m' \\ y' \end{bmatrix} = \begin{bmatrix} f_{11} & f_{12} & f_{13} \\ f_{21} & f_{22} & f_{23} \\ f_{31} & f_{32} & f_{33} \end{bmatrix} \begin{bmatrix} c \\ m \\ y \end{bmatrix} \tag{7.14}$$

를 사용한다. 다만, c, m, y는 중층 효과 전의, c', m', y'는 중층 효과 후의 C, M, Y의 색소량이며, f_{ij}는 중층 효과의 계수를 의미한다. 색재현 결과에 대한 평가(색재현 지수) Q는, 색차를 사용하는 등 다양한 방법이 있으나, 여기에서는 간단하게

$$Q = \sum_i \sum_j (d_{ij} - \hat{d}_{ij})^2, \quad (j = R, G, B) \tag{7.15}$$

로 평가하였다. 다만, i는 평가에 사용한 Macbeth 색표의 번호를 의미하며, $i = 1, 2, \cdots, 24$이다. 또한 d_{ij}는 색소 농도의 목표치를, $\hat{d}_{ij}$는 색소 농도의 계산치를 나타낸다.

다음은 모델 분광 감도의 peak 파장 λ_R, λ_G, λ_B를,

$$\begin{aligned} &\lambda_R : 600 \sim 700\ \text{nm} \\ &\lambda_G : 500 \sim 600\ \text{nm} \\ &\lambda_B : 400 \sim 500\ \text{nm} \end{aligned} \tag{7.16}$$

의 범위에서 10 nm 간격으로 변화시켜, 분광 감도와 중층 효과의 상호 작용을 조사해 보자. 우선, 중층 효과가 존재하지 않는다고 가정하여, 분광 감도의 peak 파장이 최적인 조합과 색재현 지수 Q를 구하여 λ_R에 대해 정리한 결과를 [그림 7.29]에 나타낸다. 또한, 그 때의 peak 파장 λ_R, λ_G, λ_B의 조합을 〈표 7.3〉에 정리하여 나타낸다.

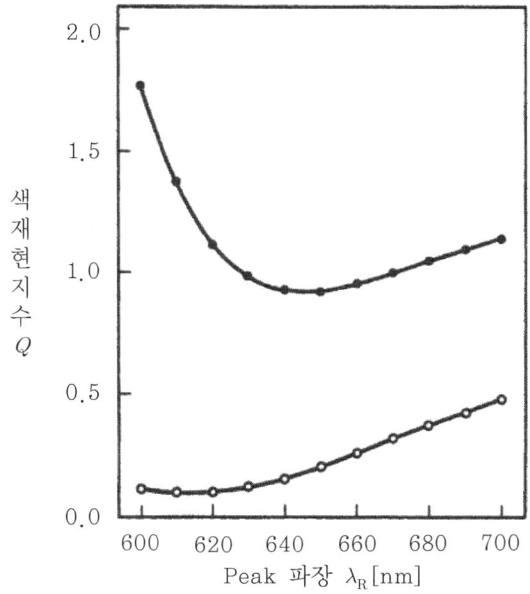

[그림 7.29] Peak 파장 λ_R과 색재현 지수 Q의 관계(•중층 효과 없음, ○는 중층 효과 있음) (Ohta, 1991)

〈표 7.3〉 중층 효과가 없을 경우의 R, G, B 분광 감도의 최적 peak 파장 λ_R, λ_G, λ_B의 조합과 색재현 지수 Q (Ohta, 1971)

λ_R	λ_G	λ_B	Q
600	540	430	1.769
610	540	430	1.370
620	540	430	1.120
630	540	430	0.984
640	540	430	0.929
650	540	430	0.924
660	540	430	0.953
670	540	430	0.996
680	540	430	1.043
690	540	430	1.092
700	540	430	1.139

색재현 지수 Q의 최소값을 가지는 최적 peak 파장은 〈표 7.3〉으로부터, 7.2절의 결과에서 예측한 바와 같이,

$$\lambda_R = 650\text{nm}, \quad \lambda_G = 540\text{nm}, \quad \lambda_B = 430\text{nm} \tag{7.17}$$

이다. 실제, 식 (7.17)의 분광 감도와 Macbeth 색표를 사용했을 때, 색소 농도의 목표치와 계산치의 대응 관계는 [그림 7.30]에 나타내는 것과 같고, 7.2절의 [그림 7.7]과 잘 대응한다.

또, 식 (7.17)에서 출발하여 2 개의 peak 파장을 고정한 채로, R, G, B의 피크 파장을 단독으로 변화시켜, 각각의 peak 파장과 색재현 지수 Q와의 관계를 구해 보면, $\lambda_R \geq 650$ nm 또는 $\lambda_B \leq 430$ nm에서는 peak 파장의 변화가 Q에게 주는 영향은 의외로 작다는 것을 알 수 있다. 한편, G에서는 $\lambda_G = 540$ nm를 벗어나면 장파장 또는 단파장에 무관하게 peak 파장의 변화가 Q에게 주는 영향이 크다는 것은 분광 감도를 설계하는데 있어 주목해야 한다.

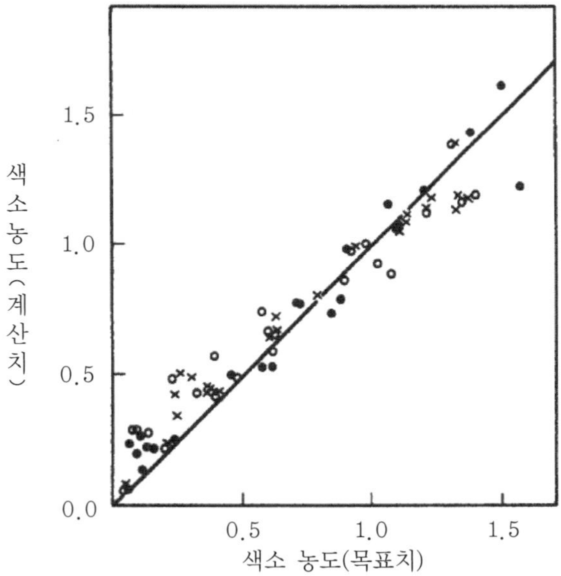

[그림 7.30] 식 (7.17)의 분광 감도로 얻어진 색소 농도(• 는 C, ○는 M, ×는 Y) (Ohta, 1991)

다음은 중층 효과를 도입했을 때의 색재현의 개선 정도를 평가해 보자. 모델 분광 감도의 peak 파장의 변화는 식 (7.16)과 같다. 분광 감도의 peak 파장의 최적 조합과 색재현 지수 Q를 구하여 λ_R에 대해 정리한 결과를 [그림 7.29]에 나타낸다. 그때의 peak 파장 λ_R, λ_G, λ_B의 조합은 〈표 7.4〉에 정리하여 나타낸다. 여기서 색재현 지수 Q의 최소값을 가지는 최적 peak 파장은

$$\lambda_R = 610\text{nm}, \quad \lambda_G = 540\text{nm}, \quad \lambda_B = 450\text{nm} \tag{7.18}$$

인 것을 알 수 있다.

〈표 7.4〉 중층 효과가 있을 때 R, G, B 분광 감도의 최적 peak 파장 λ_R, λ_G, λ_B의 조합과 색재현 지수 Q (Ohta, 1991)

λ_R	λ_G	λ_B	Q
600	540	450	0.115
610	540	450	0.102
620	540	450	0.106
630	540	450	0.125
640	540	450	0.157
650	540	450	0.201
660	540	450	0.257
670	540	460	0.314
680	540	460	0.369
690	540	460	0.424
700	540	460	0.474

중층 효과를 나타내는 식 (7.14)의 우변 제 1항의 행렬을 F라 하면, 식 (7.18)의 peak 파장의 조합으로 최적 중층 효과의 계수를 Macbeth 색표의 24색에 대해서 구하면

$$[F]=\begin{bmatrix} 1.542 & -0.584 & 0.072 \\ -0.281 & 1.405 & -0.232 \\ -0.068 & -0.271 & 1.254 \end{bmatrix} \tag{7.19}$$

가 된다. 또한, 식 (7.18)의 분광 감도와 식 (7.19)의 중층 효과를 사용했을 때, 색소 농도의 목표치와 계산치의 대응은 [그림 7.31]에 나타내는 것과 같고, 7.2절의 [그림 7.10]과 잘 대응한다는 것을 알 수 있다.

〈표 7.4〉의 peak 파장의 조합에 대한 중층 효과의 계수를 λ_R에 대해 정리해 보면 [그림 7.32]를 얻을 수 있다. 일련의 λ_R에 대한 λ_G와 λ_B의 값은 대부분 일정하기 때문에, 행렬 F의 계수 중 f_{21}, f_{22}, f_{23}, f_{31}, f_{32}, f_{33}의 값은 대부분 일정하다.

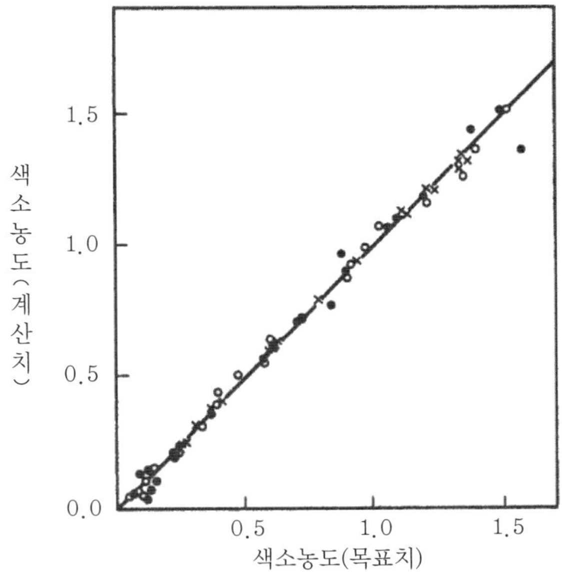

[그림 7.31] 식 (7.18)의 분광 감도와 식 (7.19)의 중층 효과에서 얻어진 색소 농도(•는 C, ○는 M, ×는 Y) (Ohta, 1991)

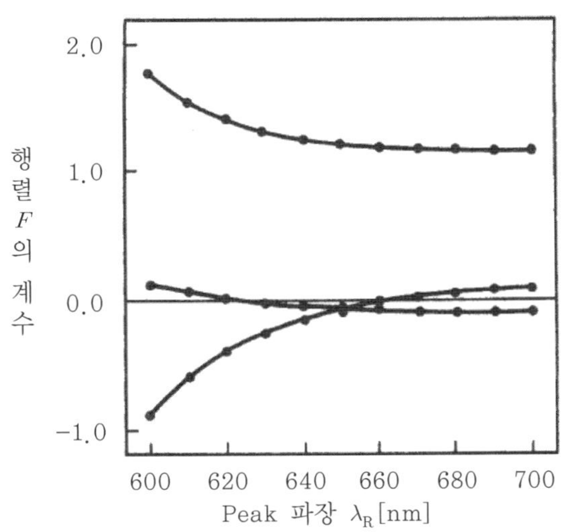

[그림 7.32] Peak 파장 λ_R과 계수의 관계 (Ohta, 1991)

그러나 [그림 7.32]로부터 λ_R가 장파장이 됨에 따라 중층 효과의 계수 f_{12}, f_{13}은 영에 가까워져, $\lambda_R \geq 650$ nm에서는 대부분 중층 효과가 필요하지 않다는 것을 알 수 있다. 바꿔 말하면 $\lambda_R \geq 650$ nm에서의 최적화의 결과는 중층 효과가 존재하지 않는 경우의 최적화 결과와 일치한다고 생각할 수 있다. 실제 〈표 7.4〉에서 알 수 있는 것과 같이, $\lambda_R = 650$ nm에서의 최적 피크 파장의 조합은

$$\lambda_R = 650\text{nm}, \quad \lambda_G = 540\text{nm}, \quad \lambda_B = 450\text{nm} \tag{7.20}$$

이며, 중층 효과가 존재하지 않을 때의 최적화의 결과인 식 (7.17)과 대부분 일치한다. 그 밖에 식 (7.20)의 Peak 파장의 조합에 대한 행렬 F는

$$F = \begin{bmatrix} 1.219 & -0.082 & -0.061 \\ -0.228 & 1.317 & -0.207 \\ -0.052 & -0.294 & 1.260 \end{bmatrix} \tag{7.21}$$

이며, 중층 효과의 계수는 식 (7.21)보다 작다는 것을 알 수 있다.

7.6 색재현의 시뮬레이션 방법

앞 절까지는 색재현의 최적화에 대해 설명했으며, 이러한 최적화는 어떤 하나의 요인에 대해서였고, 또한 최적화한 결과는 색차와 같은 수치 데이터로 나타내었다. 따라서 전체적으로는 효과뿐만 아니라 최적화의 정도가 시각적으로 알기 어려운 결점이 있었다. 이 때문에 복수의 색재현 요인을 계산하는 과정과 동시에 실시하여 최적화의 결과를 가시화함으로써 평가를 용이하게 하는 색재현의 시뮬레이션 방법이 현재 주류가 되어 있다.

마찬가지로 컬러 사진의 경우를 예를 들어 색재현의 시뮬레이션 방법에 대해 설명한다. [그림 7.33]은 컬러 사진의 색재현 과정을 개략적으로 정리한 것이다. 즉, 왼쪽 위의 피사체(피부색)를 촬영하는 경우, 컬러 사진에 입사하는 빛의 분광 분포는 피사체의 분광 반사율과 촬영광의 분광 분포의 곱이 된다. 이 빛이 필름에 주는 유효 노광량은 빛의 분광 분포와 필름의 분광 감도의 곱이 된다.

이와 같이 색재현의 해석에는 피사체의 분광 반사율이 필요하다.

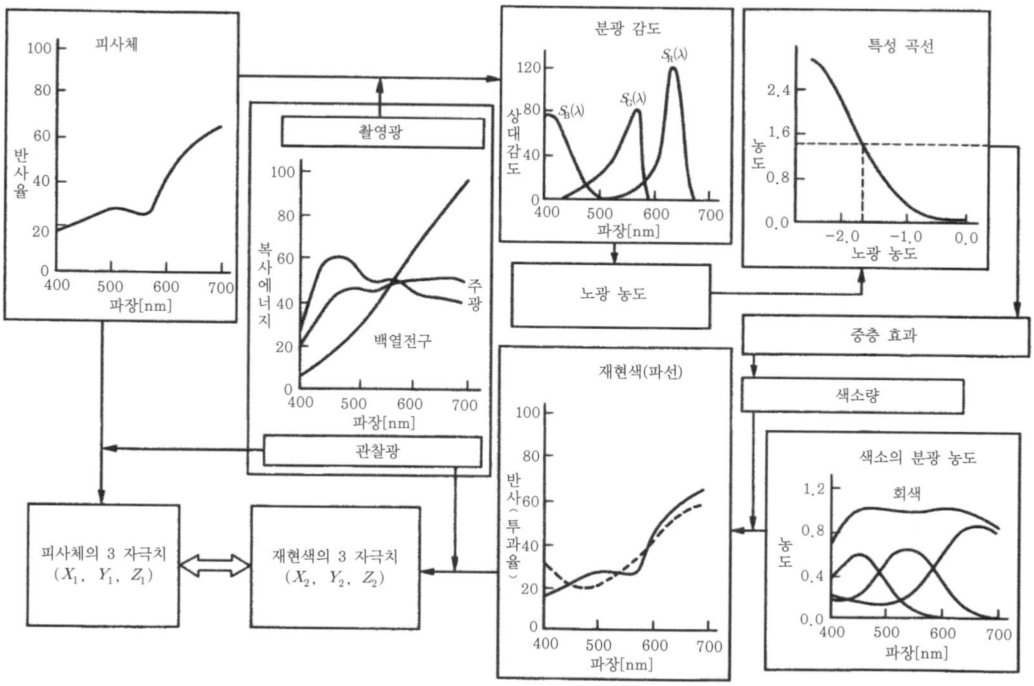

[그림 7.33] 컬러 사진의 색재현 과정

피사체의 수가 Macbeth 색표의 24색과 같이 적은 수이면 분광 복사계로 직접 측정하는 것도 가능하겠으나, 일반 피사체에서는 수백만의 화소가 필요하고 분광 복사계로 실제 측정하는 것은 불가능하다. 이와 같은 경우, 멀티 밴드 사진법으로 수백만 화소의 분광 반사율을 효율적으로 구하는 방법이 고안되어 있다(Ohta, 1981a).

[그림 7.34]는 멀티 밴드 사진법의 원리를 나타내는데, 피사체의 색 정보를 분광 감도가 다른 복수의 채널을 통해 팬크로매틱 필름(panchromatic film)에 기록한다. 이 복수의 팬크로매틱 필름의 농도를 컬러 스캐너로 읽어 그 정보로부터 피사체의 분광 반사율을 복원하는 것이다. 채널의 수는 많으면 많을수록 고정밀도의 피사체 분광 반사율을 복원할 수 있으나, 장치의 간소화와 촬영 시간의 단축을 생각하면 적은 채널이 좋다.

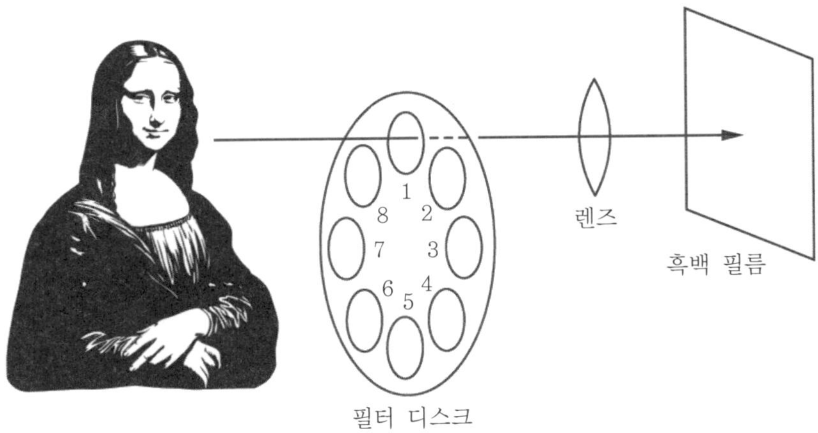

[그림 7.34] 멀티 밴드 사진법의 원리

여기서 채널의 수에 대해 최적치를 컴퓨터 시뮬레이션으로 구해보면, 8 채널 정도면 충분하다는 것을 알 수 있다(참고 5(7.6)). [그림 7.35]는 8 채널의 멀티 밴드 사진법으로 추정한 피부색의 분광 반사율을 실측치와 비교하여 나타내는데, 매우 정밀하게 일치한다는 것을 알 수 있다. 그림을 자세히 관찰하면, 분광 반사율의 불일치가 존재하지만, 컬러 사진의 분광 감도는 파장 범위가 상당히 넓기 때문에 결과적으로 색차는 매우 작다.

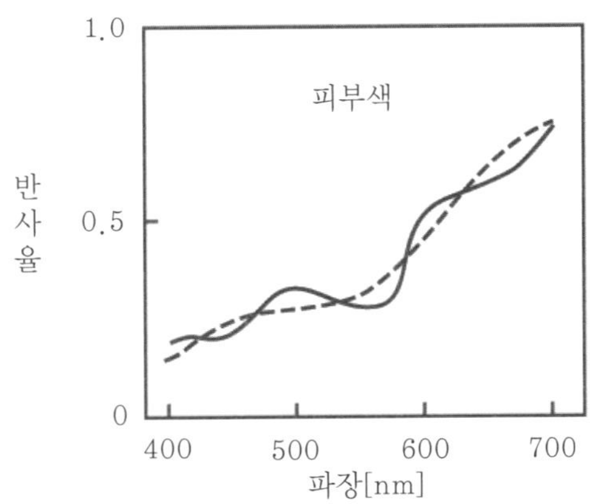

[그림 7.35] 피부색의 분광 반사율(실선)과 추정치(파선)

이와 같이, 노광량이 얻어지면 그 대수 값을 취하여 부호를 붙이면 노광 농도(exposure density)로 변환할 수 있다. 추가적으로 특성 곡선에서 노광 농도는 색소량으로 변환할 수 있다. 이 때 중층 효과가 존재한다면 식 (7.14)에 의해 색소량을 변환하여, 색소의 분광 농도와 조합하여 재현 색의 분광 투과율을 얻을 수 있다. 여기서 재현 색의 3 자극치를 구하여 피사체의 3 자극치와 비교하면 색재현성을 평가할 수 있는 것이다.

그러나 앞에서 설명한 바와 같이 화질을 수치 데이터만으로는 적절히 평가할 수 없으므로, 레이저 프린터 등에 의해 컬러 필름 혹은 컬러 프린트로 출력하여 가시화하면 효과적이다. [그림 7.36]은 이와 같은 레이저 프린터의 구성 예를 나타내며, 10cm × 15cm 정도의 화면에 수백만 화소를 사용하여 출력하면 실제 컬러 사진과 구별하기 힘들 정도의 화질을 얻을 수 있다.

다음은 7.3절의 [그림 7.13]에 나타낸 현실의 색소와 [그림 7.37]에 나타낸 현실의 분광 감도를 사용하여 구체적인 색재현 시뮬레이션의 예를 나타낸다. 현실의 분광 감도는 특히 R에서 등색 감도와의 불일치가 크다. 그런데도 충분한 색재현을 얻을 수 있는 것은 일반 피사체의 분광 반사율 곡선이 충분히 매끄러운 것에 의한 것이다. 그렇지만 이 분광 감도의 불일치에 의한 이른바 「색 변화」가 종종 나타나는 문제가 생기는 것이다.

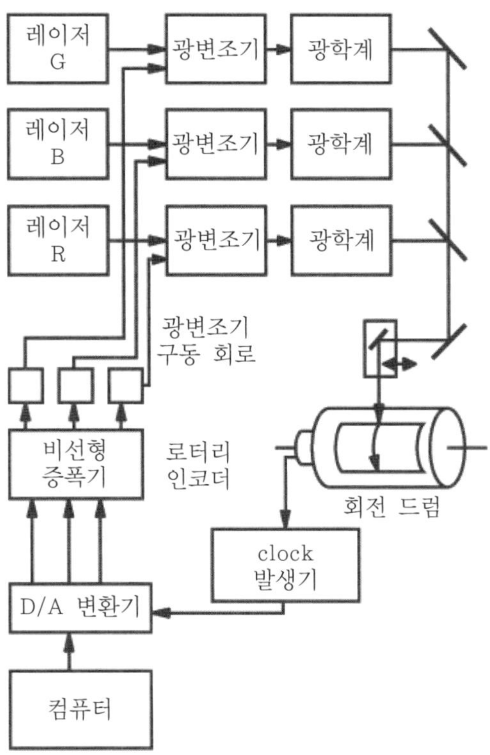

[그림 7.36] 레이저 프린터의 구성

이러한 색 변화를 해결하기 위해서 R의 분광 감도를 [그림 7.37]에서 파선으로 가리키는 것처럼, 현재의 $\lambda_R = 650$ nm에서 $\lambda_R = 680$ nm의 장파장 쪽으로, 혹은 $\lambda_R = 620$ nm의 단파장 쪽으로 변화시켜, 재현 색을 시뮬레이션 한 결과를 권두(책 머리) 컬러 그림으로 나타냈다.

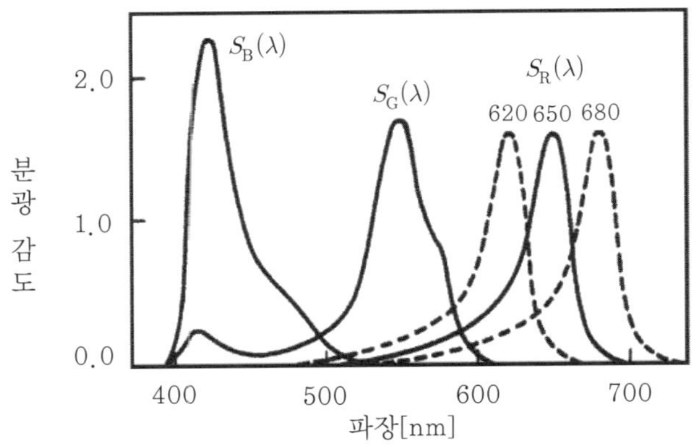

[그림 7.37] 현실의 R, G, B 분광 감도(실선)와 R 분광 감도의 변화(파선)

이 수법에 의하면 실제로 파선과 같은 분광 감도를 가지는 증감 색소를 합성하여 실제 컬러 사진을 제작, 촬영, 현상하는 등의 번잡한 과정을 거치는 일 없이 분광 감도를 변화 시킨 효과를 명료하게 알 수 있다.

즉, 권두(책 머리) 컬러 그림의 결과로부터, $\lambda_R = 680$ nm의 장파장 쪽으로 변화시키면 색 변화를 더욱 격화시켜 바람직하지 않다. 한편, $\lambda_R = 620$ nm의 단파장 쪽으로 변화 시키면 색 변화는 획기적으로 개선시킬 수 있다는 것을 알 수 있다. 그러나 그와 동시에 재현 색의 채도가 저하하는데, 적절한 중층 효과를 이용하면 채도 향상을 필요로 하는 설계가 가능하다

이렇게 하여 여기서 설명한 방법의 활용에 의해 컬러 사진 개발의 과정을 획기적으로 단축할 수가 있다. 이와 같은 색재현 시뮬레이션의 방법을 여기에서는 컬러 사진을 일례로 설명했지만 다른 여러 가지 색재현 시스템에서도 가능하며, 향후에 색채공학의 지식을 충분히 활용하여 더욱 널리 활용될 것으로 기대된다.

참고 1(7.1) q계수의 계산 방법

Neugebauer가 제안한 q계수는 실제의 분광 감도 $S(\lambda)$와 그것과 가장 가까운 등색 감도(등색 함수의 일차결합) 간의 근접한 정도를 나타내며, 루터 조건의 만족도를 나타내는 지표이기도 하다. 다만, $S(\lambda)$는 광학계의 분광 투과율이나 광원의 분광 분포의 차이 등을 보정한 것으로 한다.

적당히 선택한 1쌍의 등색 함수를 $F_1(\lambda)$, $F_2(\lambda)$, $F_3(\lambda)$로 하여, 이러한 일차 결합 중에서 $S(\lambda)$에 가장 가까운 등색 감도를 $C(\lambda)$로 두면

$$C(\lambda)=\sum_{i=1}^{3} f_i \cdot F_i(\lambda) \tag{7.22}$$

라고 쓸 수 있다. 여기서, f_i는 최적 계수이다. 그러면 $C(\lambda)$와 $S(\lambda)$가 다른 정도는 다음 식에서 정하는

$$\Delta=\frac{\int_{\text{vis}}\{C(\lambda)-S(\lambda)\}^2 d\lambda}{\int_{\text{vis}}\{S(\lambda)\}^2 d\lambda} \tag{7.23}$$

를 사용하여 평가할 수 있다. 여기서, 분모는 Δ가 $S(\lambda)$의 크기에 의존하지 않도록 정규화하기 위한 것이며, 정적분 $\left(\int_{\text{vis}}\right)$은 가시 파장 영역에서 실시하는 것으로 한다.

그러나, 식 (7.22)의 상태로는 등색 함수와 계수가 정의되어 있지 않기 때문에, Δ를 계산할 수 없다. Δ를 구체적으로 계산하려면

$$\varphi=\int_{\text{vis}}\{C(\lambda)-S(\lambda)\}^2 d\lambda \tag{7.24}$$

에서 φ가 최소가 되도록 계수 f_i를 정하면 된다. 즉,

$$\frac{\partial\varphi}{\partial f_1}=\frac{\partial\varphi}{\partial f_2}=\frac{\partial\varphi}{\partial f_3}=0 \tag{7.25}$$

일 때, φ의 최소값을 얻을 수 있으므로

$$\begin{aligned} f_1A_{11}+f_2A_{12}+f_3A_{13}&=B_1\\ f_1A_{21}+f_2A_{22}+f_3A_{23}&=B_2\\ f_1A_{31}+f_2A_{32}+f_3A_{33}&=B_3 \end{aligned} \tag{7.26}$$

이 된다. 여기서

$$
\begin{aligned}
A_{11} &= \int_{\text{vis}} \{F_1(\lambda)\}^2 d\lambda \\
A_{22} &= \int_{\text{vis}} \{F_2(\lambda)\}^2 d\lambda \\
A_{33} &= \int_{\text{vis}} \{F_3(\lambda)\}^2 d\lambda \\
A_{12} = A_{21} &= \int_{\text{vis}} F_1(\lambda) \cdot F_2(\lambda) d\lambda \\
A_{13} = A_{31} &= \int_{\text{vis}} F_1(\lambda) \cdot F_3(\lambda) d\lambda \\
A_{23} = A_{32} &= \int_{\text{vis}} F_2(\lambda) \cdot F_3(\lambda) d\lambda \\
B_1 &= \int_{\text{vis}} S(\lambda) \cdot F_1(\lambda) d\lambda \\
B_2 &= \int_{\text{vis}} S(\lambda) \cdot F_2(\lambda) d\lambda \\
B_3 &= \int_{\text{vis}} S(\lambda) \cdot F_3(\lambda) d\lambda
\end{aligned}
\tag{7.27}
$$

이다.

식 (7.27)로부터

$$
\begin{aligned}
&A_{11} = A_{22} = A_{33} = 1 \\
&A_{12} = A_{21} = A_{13} = A_{31} = A_{23} = A_{32} = 0
\end{aligned}
\tag{7.28}
$$

이면, 계수 f_i는

$$
f_1 = B_1, \quad f_2 = B_2, \quad f_3 = B_3 \tag{7.29}
$$

으로 간단히 얻을 수 있다. 그러면 Δ는 식 (7.28), (7.29)로부터

$$
\begin{aligned}
\Delta &= \frac{\int_{\text{vis}} \{C(\lambda) - S(\lambda)\}^2}{\int_{\text{vis}} \{S(\lambda)\}^2 d\lambda} \\
&= 1 - \frac{{B_1}^2 + {B_2}^2 + {B_3}^2}{\int_{\text{vis}} \{S(\lambda)\}^2 d\lambda}
\end{aligned}
\tag{7.30}
$$

이 된다. 여기서 $C(\lambda)$와 $S(\lambda)$의 근접함을 나타내는 q계수를

$$q = 1 - \Delta$$
$$= \frac{B_1{}^2 + B_2{}^2 + B_3{}^2}{\int_{\text{vis}} \{S(\lambda)\}^2 d\lambda} \quad (7.31)$$

으로 정의한다. 증명은 생략하며, q계수는 $S(\lambda)$가 등색 감도일 때 $q=1$, $S(\lambda)$가 등색 함수 $F_1(\lambda)$, $F_2(\lambda)$, $F_3(\lambda)$의 모두와 직교할 때 $q=0$이 되어, 일반적으로 $0 \le q \le 1$가 된다.

식 (7.28)의 조건은 정규 직교라고 부르며, 등색 함수 $\bar{x}(\lambda)$, $\bar{y}(\lambda)$, $\bar{z}(\lambda)$를 적절히 변환시킴으로써 쉽게 실현시킬 수 있다. 실제 Neugebauer는 식 (7.28)을 만족하는 정규 직교 등색 함수로서, [그림 7.38]에 나타내는

$$\begin{aligned} F_1(\lambda) &= 0.359\ \bar{y}(\lambda) \\ F_2(\lambda) &= 0.575\ \bar{x}(\lambda) - 0.421\ \bar{y}(\lambda) \\ F_3(\lambda) &= -0.1791\ \bar{x}(\lambda) + 0.1018\ \bar{y}(\lambda) + 0.281\ \bar{z}(\lambda) \end{aligned} \quad (7.32)$$

를 제안하였다.

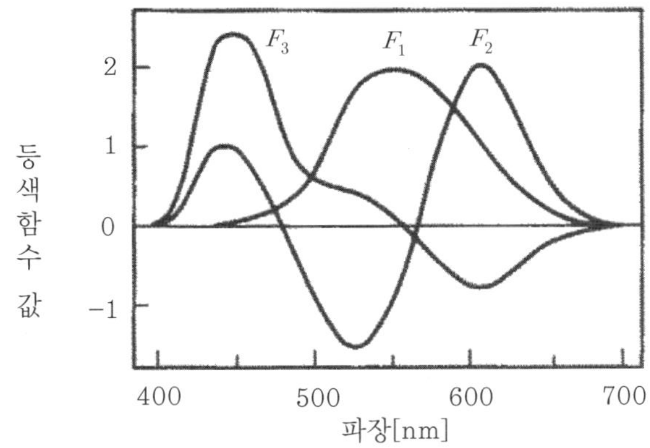

[그림 7.38] 정규 직교 등색 함수 $F_1(\lambda)$, $F_2(\lambda)$, $F_3(\lambda)$의 예 (Neugebauer, 1956)

그런데 정규 직교 등색 함수는 일률적으로 정해지는 것이 아니고 무수히 존재한다. 실제 Neugebauer는 $(F_1 - F_2)/\sqrt{2}$, $(F_1 + F_2)/\sqrt{2}$, F_3으로 정하는 함수를 1 쌍의 정규 직교 등색 함수로서 제안하고 있다. 즉

$$
\begin{aligned}
F_1(\lambda) &= -0.4066\,\bar{x}(\lambda) + 0.5521\,\bar{y}(\lambda) \\
F_2(\lambda) &= \ \ 0.4066\,\bar{x}(\lambda) - 0.0433\,\bar{y}(\lambda) \\
F_3(\lambda) &= -0.1791\,\bar{x}(\lambda) + 0.1018\,\bar{y}(\lambda) + 0.281\,\bar{z}(\lambda)
\end{aligned}
\tag{7.33}
$$

이다. 그러나 q계수의 값은 정규 직교 등색 함수의 선택 방식에 의존하지 않는다.

참고 2(7.1) 변동폭 Δ_m의 계산 방법

컬러 사진의 경우를 예로 들어, 구체적인 계산 방법을 설명한다. 다른 색재현 시스템에서도 동일한 논의가 가능하다. 컬러 사진에서 피사체가 어느 3 자극치 (X_g, Y_g, Z_g)의 색으로 촬영되었다고 하자. 이 컬러 사진에서 사용하고 있는 C, M, Y의 분광 농도는 [그림 7.39]에 나타내는 것과 같다고 하면, 컬러 매칭 방법에 의해 (X_g, Y_g, Z_g)를 가지는 색소량 c, m, y는 용이하게 구해진다. 그러면 이 컬러 사진의 특성 곡선이 [그림 7.40]과 같다고 하면 c, m, y로부터 R, G, B 노광량 $T_{R,g}$, $T_{G,g}$, $T_{B,g}$도 용이하게 구해진다.

그 다음 노광량 $T_{R,g}$, $T_{G,g}$, $T_{B,g}$를 가지는 m개의 조건 등색의 분광 반사율을 $R_{j,i}$ (j=1, m)와 같이 쓰면, 식 (7.5)로부터

$$
\begin{aligned}
T_{R,g} &= \sum_{i=1}^{n} R_{j,i} \cdot P_i \cdot S_{R,i} \\
T_{G,g} &= \sum_{i=1}^{n} R_{j,i} \cdot P_i \cdot S_{G,i} \\
T_{B,g} &= \sum_{i=1}^{n} R_{j,i} \cdot P_i \cdot S_{B,i}
\end{aligned}
\tag{7.34}
$$

가 성립한다. 그런데 이러한 조건 등색 $R_{j,i}$를 시각적으로 평가하면 조건 등색은 되지 않고, 이러한 3 자극치 X, Y, Z

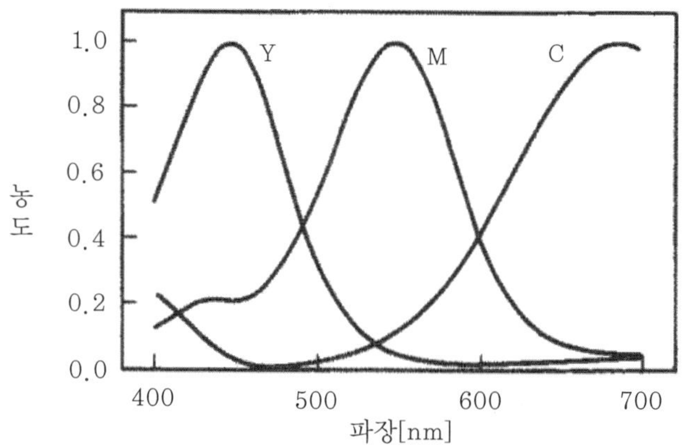

[그림 7.39] 계산의 예로 사용한 C, M, Y의 분광 농도

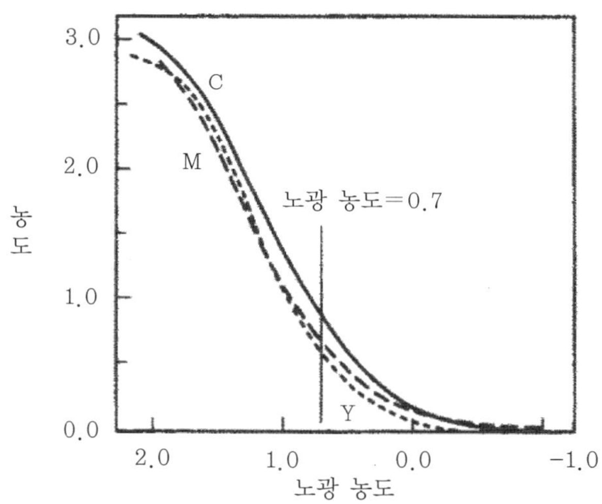

[그림 7.40] 계산의 예로 사용한 특성 곡선(Y=20을 회색으로 설정) (Ohta, 1981b)

$$X=\sum_{i=1}^{n} R_{j,i}\cdot P_i\cdot \bar{x}_i$$

$$Y=\sum_{i=1}^{n} R_{j,i}\cdot P_i\cdot \bar{y}_i \qquad (7.35)$$

$$Z=\sum_{i=1}^{n} R_{j,i}\cdot P_i\cdot \bar{z}_i$$

는 XYZ 색공간의 일정 영역 안에 분포한다. 단, $\bar{x}$, $\bar{y}$, $\bar{z}$는 XYZ 표색계에서의 등색 함수이며, 조명광의 분광 분포는

$$\sum_{i=1}^{n} P_i \cdot \bar{y}_i = 100 \tag{7.36}$$

으로 정규화되어 있는 것으로 한다.

변동폭 Δ_m는 적당한 표색계로 표시할 수 있는데, 예를 들면 다음 식의

$$\begin{aligned} u &= \frac{4X}{X+15Y+3Z} \\ v &= \frac{6Y}{X+15Y+3Z} \end{aligned} \tag{7.37}$$

에서 정하는 uv 색도도로 표시한다고 한다. 여기서는 변동폭 Δ_m의 이론적 한계를 구하기 위해 $m \to \infty$의 조건 등색을 대상으로 한다. 우선 Δ_m의 영역을 $Y = Y_S$로 절단한 면에서는 당연히

$$Y_S = \sum_{i=1}^{n} R_{j,i} \cdot P_i \cdot \bar{y}_i \tag{7.38}$$

가 성립한다. 또한 이 절단면 상에 $u = u_s$의 선분을 생각하면, 이 선분 상에서는 식 (7.35), (7.37)로부터

$$\sum_{i=1}^{n} R_{j,i} \cdot P_i \left\{ \left(1 - \frac{4}{u_s}\right) \bar{x}_i + 15\bar{y}_i + 3\bar{z}_i \right\} = 0 \tag{7.39}$$

이 성립한다.

그리고 절단면의 윤곽과 $u = u_s$선분의 2개 교점을 구한다. 교점은 이러한 조건을 만족할 때의 v의 최대값과 최소값으로 정해진다. 식 (7.37)로부터

$$\begin{aligned} v &= \frac{6Y}{X+15Y+3Z} \\ &= \frac{6Y_s \cdot u_s}{4X} \end{aligned} \tag{7.40}$$

이므로, 결국 v의 최대값과 최소값은 식 (7.35)로 정한

$$X = \sum_{i=1}^{n} R_{j,i} \cdot P_i \cdot \bar{x}_i \tag{7.41}$$

의 최소값과 최대값을 구하면 된다는 것을 알 수 있다.

그런데 지금까지의 논리 전개에서는 분광 반사율 곡선의 형태에 대해서는 아무런 제한 조건도 부과하지 않았다. 우선 물리적으로

$$0 \leq R_{j,i} \leq 1 \quad (i=1,\ n),\quad (j=1,\ m) \tag{7.42}$$

는 당연한 것이다. 그러나, 식 (7.42)의 조건을 부과해도 $R_{j,i}$는 매우 요철이 심한 비현실적인 곡선도 포함하게 된다. 이러한 난점을 피하려면 $R_{j,i}$에 일정한 제한 조건을 부과할 필요가 있는데, 현실의 많은 물체색의 $R_{j,i}$를 분석한 결과

$$\left| \frac{R_{j,i+1} + R_{j,i-1}}{2} - R_{j,i} \right| \leq \varepsilon \tag{7.43}$$

의 조건이 유효한 것으로 나타나고 있으므로, 여기에서도 이 조건을 사용하고 있다(Ohta, 1982b). 식 (7.43)에서 정한 물체색을 의사(擬似) 물체색(pseudo-object color)이라고 부르는데, 보통 ε=0.03으로 설정하면 된다.

정리하면, 문제는 조건식 (7.34), (7.38), (7.39), (7.42), (7.43)으로 목적 함수 X를 최적화하는 것으로 귀착된다. 5개의 조건식과 목적 함수는 미지수 $R_{j,i}$에 관해 모두 선형이므로, 이 문제는 표준적인 선형 계획법을 사용하여 풀 수가 있다. 7.1절에 나타낸 예는 이러한 방법으로 얻은 결과이다. 수치 계산에서는 [그림 7.39]와 [그림 7.40]의 데이터를 이용하여 가시 파장역 400~700 nm를 10 nm 간격으로 등분하여 n=31점으로 실시한다.

참고 3(7.2) 분광 감도 $S(\lambda)$의 형태에 대한 제한 조건

최초의 제한 조건 $S(\lambda) \geq 0$은 명백하다. 다음의 「$S(\lambda)$의 형태는 현실적이고 매끄러운 변화를 보인다」라고 하는 제한 조건을 기술하려면 다양한 표현들이 있겠으나, 여기에서는 $S(\lambda)$를 스플라인 함수(spline function)의 선형 결합으로 표현했다. 스플라인 함수 $C(\lambda)$는 파장 λ의 삼차식으로 정의 할 수 있으며, 예를 들면 λ=0에서 peak를 가지면

$$C(\lambda) = \begin{cases} \dfrac{\{w^3 + 3w^2(w-|\lambda|) + 3w(w-|\lambda|)^2 - 3(w-|\lambda|)^3\}}{6w^3} & |\lambda| \leq w \\[2ex] \dfrac{(2w-|\lambda|)^3}{6w^3} & w \leq |\lambda| \leq 2w \\[2ex] 0 & 2w \leq |\lambda| \end{cases} \tag{7.44}$$

라고 쓸 수 있다. 다만, w는 $C(\lambda)$의 폭을 결정하는 정수이다.

임의의 매끄러운 곡선을 표현하려면 식 (7.44)로 정한 스플라인 함수를 가시 파장 영역에서 복수 개로 준비하여 임의의 곡선 $S(\lambda)$를

$$S(\lambda)=\sum_{j=1}^{m}x_j\cdot C_j(\lambda) \tag{7.45}$$

로 표현한다. 다만, m은 가시 파장역에 등 간격으로 정한 스플라인 함수의 개수이며, $C_j(\lambda)$는 j번째의 스플라인 함수이고, x_j는 그에 대한 가중치이다.

[그림 7.41]은 이러한 최적화에서 사용한 $m=18$의 스플라인 함수이며, 여기에서는 $w=20$ nm로 하고 있다. 또, [그림 7.42]는 [그림 7.41]의 스플라인 함수를 사용하여 최소 자승법에 의해 식 (7.45)의 x_j를 구하여 곡선을 근사 한 예이다. 이러한 곡선은 Macbeth 색표의 백색, 피부색, 녹색의 분광 반사율이다. [그림 7.42]로부터 어떠한 곡선도 충분한 정밀도로 근사 할 수 있어, 스플라인 함수의 선형 결합에 의한 현실적이고 매끄러운 곡선의 표현은 만족스러운 것이라고 말할 수 있다.

그런데 식 (7.45) 등의 계산에서는 $S(\lambda)$나 $C_j(\lambda)$는 연속량으로 취급하지 않고, 가시 파장역을 등 간격으로 분할하여 이산치 S_j나 $C_{ji}(i=1,\ n)$와 같이 취급한다. 다만, n은 분할 수이다. 그러면 마지막 제한 조건인 「$S(\lambda)$의 peak는 단독」이라는 다음의 부등식에 의해

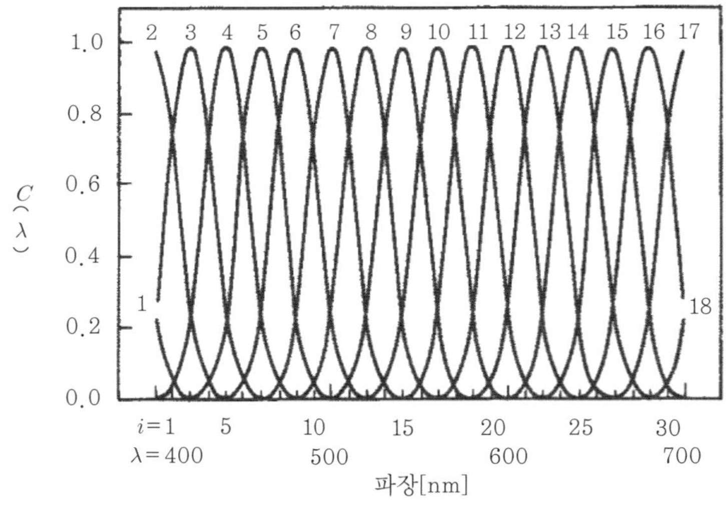

[그림 7.41] $m=18$일 때 스플라인 함수 $C_j(\lambda)(j=1,\ m)$의 배열 (Ohta, 1983)

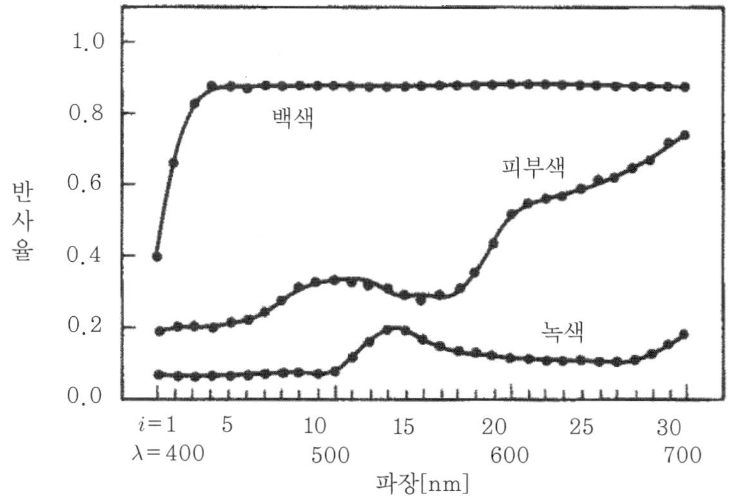

[그림 7.42] 스플라인 함수에 의한 분광 반사율 곡선(실선)의 근사 (Ohta, 1983)

$$0 \le \sum_{j=1}^{m} x_j \cdot C_{ji} \le \sum_{j=1}^{m} x_j \cdot C_{j,i+1} \quad (i \le p-1)$$
$$0 \le \sum_{j=1}^{m} x_j \cdot C_{j,i+1} \le \sum_{j=1}^{m} x_j \cdot C_{ji} \quad (p \le i) \tag{7.46}$$

으로 표현할 수 있다. 다만, p는 peak 파장에 대응하는 이산치의 번호이다.

참고 4(7.3) 최고 농도에 제한이 있을 때의 색재현 영역의 계산 방법

감법 3색 혼합을 감법 2색 혼합으로 환원하여 색재현 영역을 구하는 계산 방법은 간편하지만, 다양한 제한 조건을 부가하기가 어렵다. 그 때문에, Y가 일정한 평면상에서 차례대로 컬러 매칭을 실시하여 색재현 영역의 궤적을 탐색하는 방법이 고안되어 널리 사용되고 있다(Ohta, 1986). 이 방법의 원리를 [그림 7.43]에 나타내며, 우선 어떠한 색소계에서도 회색은 컬러 매칭 가능하므로 회색의 색도점(W)으로부터 출발한다.

그 다음은, W로부터 수직선을 그어 차례대로 컬러 매칭을 실시하여 색소량을 구하고, 이것이 주어진 조건을 만족하는지 아닌지를 판정하면서, 일정한 폭으로 진행하여 조건을 만족하는 한계점을 구하면 이것이 색재현 영역상의 점 H가 된다. 점 H로부터 시계 반대 방향으로, 예를 들면 점 P에서 일정한 각도 dS 안의 점에 대해서 차례대로 컬러 매칭을 실시하여 점 Q를 구한다. 이러한 과정을 반복하면, 완전한 색재현 영역의 윤곽을 구할 수가 있다. 여기서 윤곽의 굴곡이 적은 A나 B에서의 탐색 폭은 크고, 윤곽의 굴곡이 급격한 경우는 폭을 작게 하는 등의 연구가 필요하다.

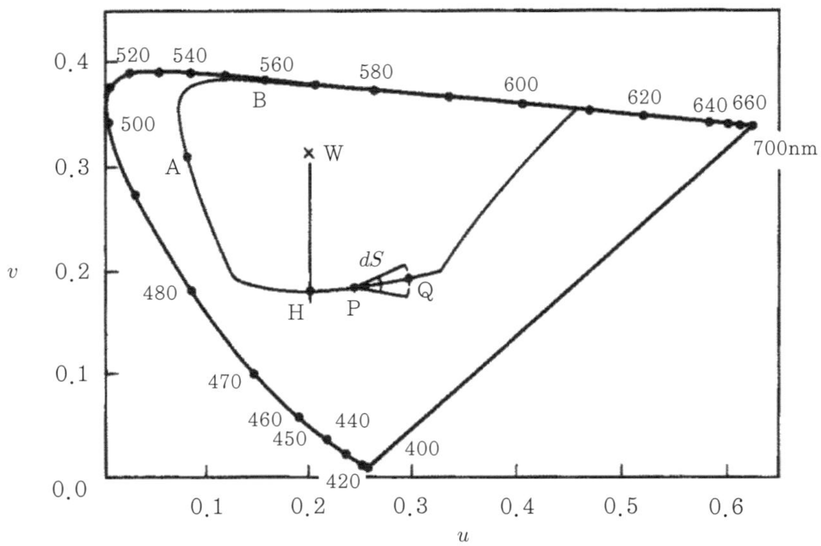

[그림 7.43] 색재현 영역의 윤곽을 계산하는 방법 (Ohta, 1986)

구체적인 응용 예로서, 최고 농도를 제한했을 경우의 계산 결과를 나타낸다. 현실의 반전 컬러 필름에서는 최고 농도는 대개 3.0 정도이다. [그림 7.44]의 실선은 [그림 7.13]의 색소계에서 $c=3.03$, $m=2.85$, $y=2.88$로 하였을 때의 색재현 영역을 $Y=10$으로 구한 결과이다(Ohta, 1982c). 그림 중의 파선은 최고 농도에 제한이 없을 때의 색재현 영역이다. 최고 농도의 제한에 의해 청색에서 녹색 부분까지의 색재현 영역이 현저하게 감소하는 것을 알 수 있다.

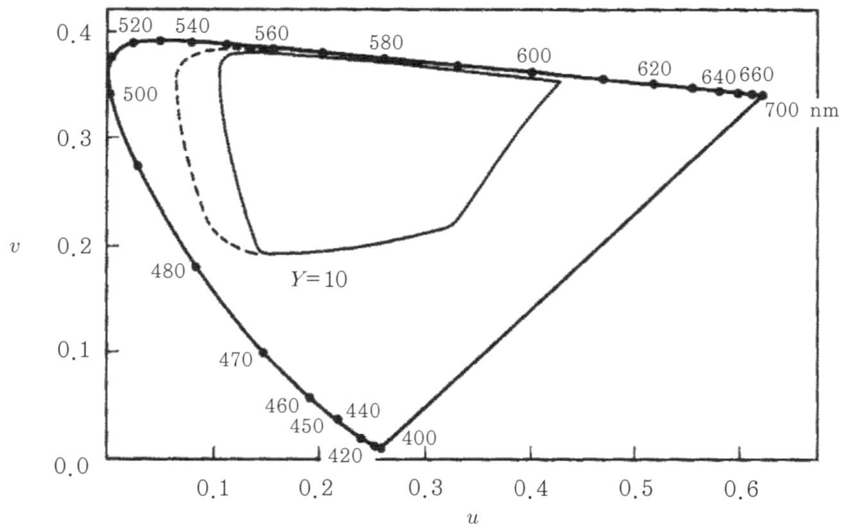

[그림 7.44] 최고 농도에 제한이 있을 경우의 색재현 영역(파선은 제한이 없을 경우) (Ohta, 1982c)

참고 5(7.6) 멀티 밴드 사진법에서 필요한 채널 수의 추정

대상 피사체의 분광 반사율을 $R(\lambda)$로 두고, 멀티 밴드 사진법으로 추정한 분광 반사율을 $\hat{R}(\lambda)$로 둔다. 필요한 채널 수를 결정하려면 추정의 평가가 되는 $\varDelta$를 정량적으로 평가해야 한다. 여기서 색차가 평가 기준으로서 타당할 것으로 생각되지만, 색차로는 불충분하다. 왜냐하면 만약 3 채널로 했을 때 분광 감도를 등색 감도로 한다면, 색차가 생기지 않게 $\hat{R}(\lambda)$를 추정할 수는 있으나, 분광적으로는 $R(\lambda)$와 상당한 차이가 날 가능성이 있기 때문이다.

따라서, 여기에서는 k번째의 피사체에 대한 추정의 평가 $\varDelta_k$를 가장 단순한 형태

$$\varDelta_k = \int_{\text{vis}} \left\{R_k(\lambda) - \hat{R}_k(\lambda)\right\}^2 \tag{7.47}$$

으로 평가했다. 다만, $R_k(\lambda)$와 $\hat{R}_k(\lambda)$는 k번째 피사체의 분광 반사율과 그 추정치이다. 그러면 전부 N 개의 피사체를 사용하여, 전체 추정의 평가 $\varDelta$는

$$\varDelta = \sum_{k=1}^{N} \varDelta_k \tag{7.48}$$

로 평가할 수 있다.

여기서 실제 데이터의 계산 예를 나타낸다. 간단히 각 채널의 분광 감도 형태는 모두 같다라고 가정한다. [그림 7.45]는 분광 감도를 나타내며, 실선은 기본형이고, 기본형으로부터 피크 파장이나 그의 반값 폭을 변화시켜 그 영향을 조사했다. [그림 7.46]은 예로서 기본형의 peak 파장의 반값 폭을 반으로 6 채널의 경우의 분광 감도를 나타내는데, 각 분광 감도는 가시 파장역을 등분하여 배치하고 있다.

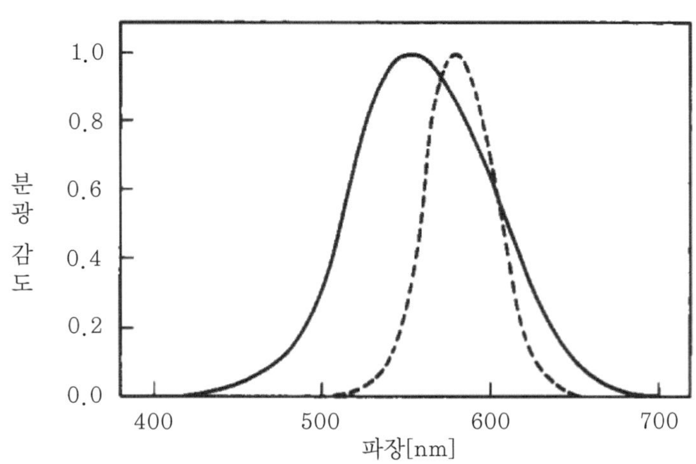

[그림 7.45] 각 채널의 분광 감도(실선은 기본형, 파선은 그의 변형) (Ohta, 1981a)

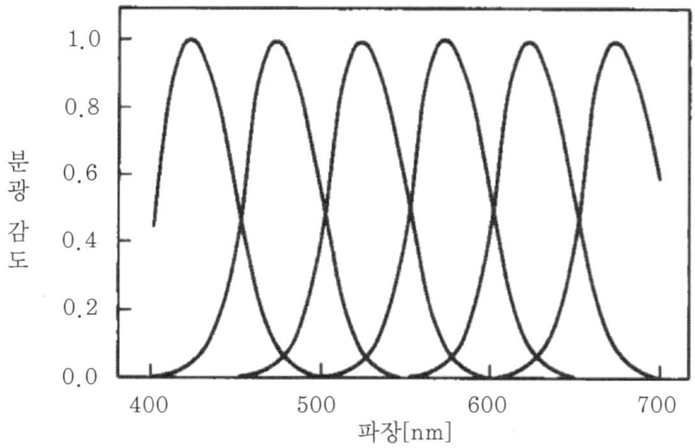

[그림 7.46] 반값 폭을 반으로 한 6 채널의 분광 감도 (Ohta, 1981a)

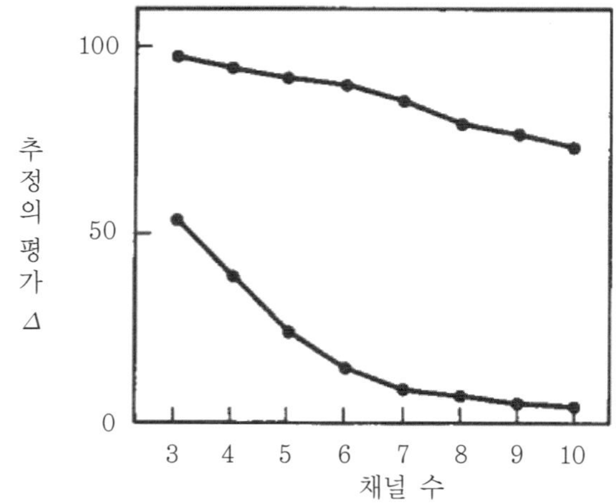

[그림 7.47] 채널 수와 추정의 평가 Δ의 관계(아래 곡선은 의사 물체색) (Ohta, 1981a)

또한, $R(\lambda)$의 형상은 아무런 제한이 없는 경우와 참고 2(7.1)에서 소개한 유사 물체색의 경우에 대해 계산했다.

[그림 7.47]은 채널 수와 Δ의 관계를 나타내며, 대개 8 채널에서 Δ의 감소가 완만하므로, 여기에서는 8 채널을 채용하여 시스템을 구축한다. 또한, 동일한 계산에 의해 분광 감도의 반값 폭과 Δ의 관계를 구해 보면, 추정의 평가는 반값 폭에는 대부분 의존하지 않는 것으로 확인되었다.

이상의 해석에 근거하여, 멀티 밴드 사진 시스템을 개발하였으며, [그림 7.48]은 실제로 시스템에 채용한 8 채널의 분광 감도를 나타낸다. 또한, [그림 7.49]는 Macbeth 색표의 측색값와 이러한 멀티 밴드 사진법에 의한 추정치를 $U^* V^* W^*$ 색공간에서 평가한 결과를 나타낸다. 그림으로부터 8 채널에 의한 $\hat{R}(\lambda)$의 추정은 거의 충분한 정밀도를 달성하고 있다고 말할 수 있다.

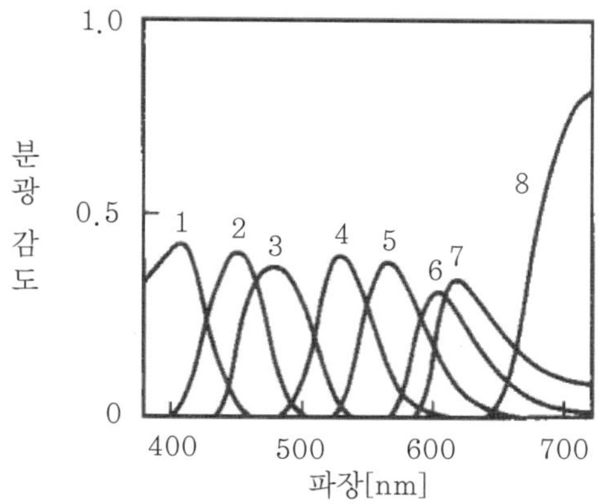

[그림 7.48] 실용의 멀티 밴드(8채널) 사진의 분광 감도

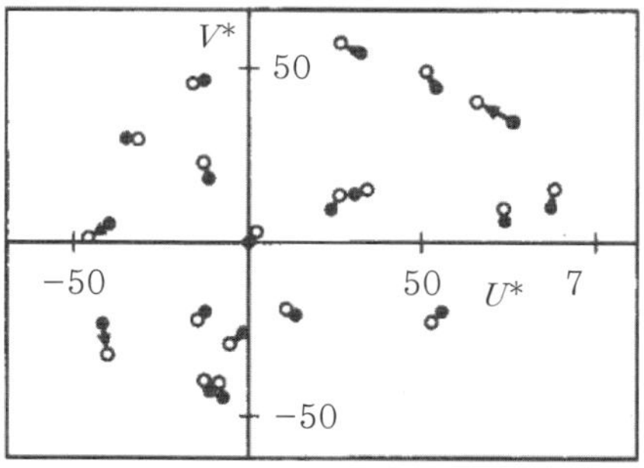

[그림 7.49] Macbeth 색표의 측색치(•)와 추정치(○)

부표

〈부표 1〉 XYZ 표색계와 $X_{10}Y_{10}Z_{10}$ 표색계의 등색 함수

파장 λ[nm]	XYZ 표색계			$X_{10}Y_{10}Z_{10}$ 표색계		
	$\bar{x}(\lambda)$	$\bar{y}(\lambda)$	$\bar{z}(\lambda)$	$\bar{x}_{10}(\lambda)$	$\bar{y}_{10}(\lambda)$	$\bar{z}_{10}(\lambda)$
380	0.0014	0.0000	0.0065	0.0002	0.0000	0.0007
385	0.0022	0.0001	0.0105	0.0007	0.0001	0.0029
390	0.0042	0.0001	0.0201	0.0024	0.0003	0.0105
395	0.0076	0.0002	0.0362	0.0072	0.0008	0.0323
400	0.0143	0.0004	0.0679	0.0191	0.0020	0.0860
405	0.0232	0.0006	0.1102	0.0434	0.0045	0.1971
410	0.0435	0.0012	0.2074	0.0847	0.0088	0.3894
415	0.0776	0.0022	0.3713	0.1406	0.0145	0.6568
420	0.1344	0.0040	0.6456	0.2045	0.0214	0.9725
425	0.2148	0.0073	1.0391	0.2647	0.0295	1.2825
430	0.2839	0.0116	1.3856	0.3147	0.0387	1.5535
435	0.3285	0.0168	1.6230	0.3577	0.0496	1.7985
440	0.3483	0.0230	1.7471	0.3837	0.0621	1.9673
445	0.3481	0.0298	1.7826	0.3867	0.0747	2.0273
450	0.3362	0.0380	1.7721	0.3707	0.0895	1.9948
455	0.3187	0.0480	1.7441	0.3430	0.1063	1.9007
460	0.2908	0.0600	1.6692	0.3023	0.1282	1.7454
465	0.2511	0.0739	1.5281	0.2541	0.1528	1.5549
470	0.1954	0.0910	1.2876	0.1956	0.1852	1.3176
475	0.1421	0.1126	1.0419	0.1323	0.2199	1.0302
480	0.0956	0.1390	0.8130	0.0805	0.2536	0.7721
485	0.0580	0.1693	0.6162	0.0411	0.2977	0.5701
490	0.0320	0.2080	0.4652	0.0162	0.3391	0.4153
495	0.0147	0.2586	0.3533	0.0051	0.3954	0.3024
500	0.0049	0.3230	0.2720	0.0038	0.4608	0.2185
505	0.0024	0.4073	0.2123	0.0154	0.5314	0.1592
510	0.0093	0.5030	0.1582	0.0375	0.6067	0.1120
515	0.0291	0.6082	0.1117	0.0714	0.6857	0.0822
520	0.0633	0.7100	0.0782	0.1177	0.7618	0.0607
525	0.1096	0.7932	0.0573	0.1730	0.8233	0.0431
530	0.1655	0.8620	0.0422	0.2365	0.8752	0.0305
535	0.2257	0.9149	0.0298	0.3042	0.9238	0.0206
540	0.2904	0.9540	0.0203	0.3768	0.9620	0.0137
545	0.3597	0.9803	0.0134	0.4516	0.9822	0.0079
550	0.4334	0.9950	0.0087	0.5298	0.9918	0.0040
555	0.5121	1.0000	0.0057	0.6161	0.9991	0.0011
560	0.5945	0.9950	0.0039	0.7052	0.9973	0.0000
565	0.6784	0.9786	0.0027	0.7938	0.9824	0.0000
570	0.7621	0.9520	0.0021	0.8787	0.9555	0.0000
575	0.8425	0.9154	0.0018	0.9512	0.9152	0.0000

〈부표 1〉 (계속)

파장 λ[nm]	*XYZ* 표색계			$X_{10}Y_{10}Z_{10}$ 표색계		
	$\bar{x}(\lambda)$	$\bar{y}(\lambda)$	$\bar{z}(\lambda)$	$\bar{x}_{10}(\lambda)$	$\bar{y}_{10}(\lambda)$	$\bar{z}_{10}(\lambda)$
580	0.9163	0.8700	0.0017	1.0142	0.8689	0.0000
585	0.9786	0.8163	0.0014	1.0743	0.8256	0.0000
590	1.0263	0.7570	0.0011	1.1185	0.7774	0.0000
595	1.0567	0.6949	0.0010	1.1343	0.7204	0.0000
600	1.0622	0.6310	0.0008	1.1240	0.6583	0.0000
605	1.0456	0.5668	0.0006	1.0891	0.5939	0.0000
610	1.0026	0.5030	0.0003	1.0305	0.5280	0.0000
615	0.9384	0.4412	0.0002	0.9507	0.4618	0.0000
620	0.8544	0.3810	0.0002	0.8563	0.3981	0.0000
625	0.7514	0.3210	0.0001	0.7549	0.3396	0.0000
630	0.6424	0.2650	0.0000	0.6475	0.2835	0.0000
635	0.5419	0.2170	0.0000	0.5351	0.2283	0.0000
640	0.4479	0.1750	0.0000	0.4316	0.1798	0.0000
645	0.3608	0.1382	0.0000	0.3437	0.1402	0.0000
650	0.2835	0.1070	0.0000	0.2683	0.1076	0.0000
655	0.2187	0.0816	0.0000	0.2043	0.0812	0.0000
660	0.1649	0.0610	0.0000	0.1526	0.0603	0.0000
665	0.1212	0.0446	0.0000	0.1122	0.0441	0.0000
670	0.0874	0.0320	0.0000	0.0813	0.0318	0.0000
675	0.0636	0.0232	0.0000	0.0579	0.0226	0.0000
680	0.0468	0.0170	0.0000	0.0409	0.0159	0.0000
685	0.0329	0.0119	0.0000	0.0286	0.0111	0.0000
690	0.0227	0.0082	0.0000	0.0199	0.0077	0.0000
695	0.0158	0.0057	0.0000	0.0138	0.0054	0.0000
700	0.0114	0.0041	0.0000	0.0096	0.0037	0.0000
705	0.0081	0.0029	0.0000	0.0066	0.0026	0.0000
710	0.0058	0.0021	0.0000	0.0046	0.0018	0.0000
715	0.0041	0.0015	0.0000	0.0031	0.0012	0.0000
720	0.0029	0.0010	0.0000	0.0022	0.0008	0.0000
725	0.0020	0.0007	0.0000	0.0015	0.0006	0.0000
730	0.0014	0.0005	0.0000	0.0010	0.0004	0.0000
735	0.0010	0.0004	0.0000	0.0007	0.0003	0.0000
740	0.0007	0.0002	0.0000	0.0005	0.0002	0.0000
745	0.0005	0.0002	0.0000	0.0004	0.0001	0.0000
750	0.0003	0.0001	0.0000	0.0003	0.0001	0.0000
755	0.0002	0.0001	0.0000	0.0002	0.0001	0.0000
760	0.0002	0.0001	0.0000	0.0001	0.0000	0.0000
765	0.0001	0.0000	0.0000	0.0001	0.0000	0.0000
770	0.0001	0.0000	0.0000	0.0001	0.0000	0.0000
775	0.0001	0.0000	0.0000	0.0000	0.0000	0.0000
780	0.0000	0.0000	0.0000	0.0000	0.0000	0.0000
$\Sigma(\Delta\lambda=5\text{nm})$	21.3714	21.3711	21.3715	23.3294	23.3324	23.3343
$\Sigma(\Delta\lambda=10\text{nm})$	10.6836	10.6856	10.6770	11.6646	11.6644	11.6645

〈부표 2〉 표준광과 보조 표준광의 분광 분포

파장 λ[nm]	표준광			보조 표준광			
	A	D_{65}	C	D_{50}	D_{55}	D_{75}	B
300	0.93	0.03	—	0.02	0.02	0.04	—
305	1.13	1.66	—	1.03	1.05	2.59	—
310	1.36	3.29	—	20.5	2.07	5.13	—
315	1.62	11.77	—	4.91	6.65	17.47	—
320	1.93	20.24	0.01	7.78	11.22	29.81	0.02
325	2.27	28.64	0.20	11.26	15.94	42.37	0.26
330	2.66	37.05	0.40	14.75	20.65	54.93	0.50
335	3.10	38.50	1.55	16.35	22.27	56.09	1.45
340	3.59	39.95	2.70	17.95	23.88	57.26	2.40
345	4.14	42.43	4.85	19.48	25.85	60.00	4.00
350	4.74	44.91	7.00	21.01	27.82	62.74	5.60
355	5.41	45.78	9.95	22.48	29.22	62.86	7.60
360	6.14	46.64	12.90	23.94	30.62	62.98	9.60
365	6.95	49.36	17.20	25.45	32.46	66.65	12.40
370	7.82	52.09	21.40	26.96	34.31	70.31	15.20
375	8.77	51.03	27.50	25.72	33.45	68.51	18.80
380	9.80	49.98	33.00	24.49	32.58	66.70	22.40
385	10.90	52.31	39.92	27.18	35.34	67.33	26.85
390	12.09	54.65	47.40	29.87	38.09	69.96	31.30
395	13.35	68.70	55.17	39.59	49.52	85.95	36.18
400	14.71	82.75	63.30	49.31	60.95	101.93	41.30
405	16.15	87.12	71.81	52.91	64.75	106.91	46.62
410	17.68	91.49	80.60	56.51	68.55	111.89	52.10
415	19.29	92.46	89.53	58.27	70.07	112.35	57.70
420	20.99	93.43	98.10	60.03	71.58	112.80	63.20
425	22.79	90.06	105.80	58.93	69.75	107.94	68.37
430	24.67	86.68	112.40	57.82	67.91	103.09	73.10
435	26.64	95.77	117.75	66.32	76.76	112.14	77.31
440	28.70	104.86	121.50	74.82	85.61	121.20	80.80
445	30.85	110.94	123.45	81.04	91.80	127.10	83.44
450	33.09	117.01	124.00	87.25	97.99	133.01	85.40
455	35.41	117.41	123.60	88.93	99.23	132.68	86.88
460	37.81	117.81	123.10	90.61	100.46	132.36	88.30
465	40.30	116.34	123.30	90.99	100.19	129.84	90.08
470	42.87	114.86	123.80	91.37	99.91	127.32	92.00
475	45.52	115.39	124.09	93.24	101.33	127.06	93.75
480	48.24	115.92	123.90	95.11	102.74	126.80	95.20
485	51.04	112.37	122.92	93.54	100.41	122.29	96.23
490	53.91	108.81	120.70	91.96	98.08	117.78	96.50
495	56.85	109.08	116.90	93.84	99.38	117.19	95.71
500	59.86	109.35	112.10	95.72	100.68	116.59	94.20
505	62.93	108.58	106.98	96.17	100.69	115.15	92.37
510	66.06	107.80	102.30	96.61	100.70	113.70	90.70
515	69.25	106.30	98.81	96.87	100.34	111.18	89.65
520	72.50	104.79	96.90	97.13	99.99	108.66	89.50
525	75.79	106.24	96.78	99.61	102.10	109.55	90.43
530	79.13	107.69	98.00	102.10	104.21	110.44	92.20
535	82.52	106.05	99.94	101.43	103.16	108.37	94.46
540	85.95	104.41	102.10	100.75	102.10	106.29	96.90
545	89.41	104.23	103.95	101.54	102.53	105.60	99.16
550	92.91	104.05	105.20	102.32	102.97	104.90	101.00
555	96.44	102.02	106.67	101.16	101.48	102.45	102.20
560	100.00	100.00	105.30	100.00	100.00	100.00	102.80
565	103.58	98.17	104.11	98.87	98.61	97.81	102.92

비고 : —선 영역은 분광분포를 정하지 않고 있다.

〈부표 2〉 (계속)

파장 λ[nm]	표준광			보조 표준광			
	A	D_{65}	C	D_{50}	D_{55}	D_{75}	B
570	107.18	96.33	102.30	97.74	97.22	95.62	102.60
575	110.80	96.06	100.15	98.33	97.48	94.91	101.90
580	114.44	95.79	97.80	98.92	97.75	94.21	101.00
585	118.08	92.24	95.43	96.21	94.59	90.60	100.07
590	121.73	88.69	93.20	93.50	91.43	87.00	99.20
595	125.39	89.35	91.22	95.59	92.93	87.11	98.44
600	129.04	90.01	89.70	97.69	94.42	87.23	98.00
605	132.70	89.80	88.83	98.48	94.78	86.68	98.08
610	136.35	89.60	88.40	99.27	95.14	86.14	98.50
615	139.99	88.65	88.19	99.16	94.68	84.86	99.06
620	143.62	87.70	88.10	99.04	94.22	83.58	99.70
625	147.24	85.49	88.06	97.38	92.33	81.16	100.36
630	150.84	83.29	88.00	95.72	90.45	78.75	101.00
635	154.42	83.49	87.86	97.29	91.39	78.59	101.56
640	157.98	83.70	87.80	98.86	92.33	78.43	102.20
645	161.52	81.86	87.99	97.26	90.59	76.61	103.05
650	165.03	80.03	88.20	95.67	88.85	74.80	103.90
655	168.51	80.12	88.20	96.93	89.59	74.56	104.59
660	171.96	80.21	87.90	98.19	90.32	74.32	105.00
665	175.38	81.25	87.22	100.60	92.13	74.87	105.08
670	178.77	82.28	86.30	103.00	93.95	75.42	104.90
675	182.12	80.28	85.30	101.07	91.95	73.50	104.55
680	185.43	78.28	84.00	99.13	89.96	71.58	103.90
685	188.70	74.00	82.21	93.26	84.82	67.71	102.84
690	191.93	69.72	80.20	87.38	79.68	63.85	101.60
695	195.12	70.67	78.24	89.49	81.26	64.46	100.38
700	198.26	71.61	76.30	91.60	82.84	65.08	99.10
705	201.36	72.98	74.36	92.25	83.84	66.57	97.70
710	204.41	74.35	72.40	92.89	84.84	68.07	96.20
715	207.41	67.98	70.40	84.87	77.54	62.26	94.60
720	210.36	61.60	68.30	76.85	70.24	56.44	92.90
725	213.27	65.74	66.30	81.68	74.77	60.34	91.10
730	216.12	69.89	64.40	86.51	79.30	64.24	89.40
735	218.92	72.49	62.80	89.55	82.15	66.70	88.00
740	221.67	75.09	61.50	92.58	84.99	69.15	86.90
745	224.36	69.34	60.20	85.40	78.44	63.89	85.90
750	227.00	63.59	59.20	78.23	71.88	58.63	85.20
755	229.59	55.01	58.50	67.96	62.34	50.62	84.80
760	232.12	46.42	58.10	57.69	52.79	42.62	84.70
765	234.59	56.61	58.00	70.31	64.36	51.98	84.90
770	237.01	66.81	58.20	82.92	75.93	61.35	85.40
775	239.37	65.09	58.50	80.60	73.87	59.84	86.10
780	241.68	63.38	59.10	78.27	71.82	58.32	87.00
785	243.92	63.84	—	78.91	72.38	58.73	—
790	246.12	64.30	—	79.55	72.94	59.14	—
795	248.25	61.88	—	76.48	70.14	56.94	—
800	250.33	59.45	—	73.40	67.35	54.73	—
805	252.35	55.71	—	68.66	63.04	51.32	—
810	254.31	51.96	—	63.92	58.73	47.92	—
815	256.22	54.70	—	67.35	61.86	50.42	—
820	258.07	57.44	—	70.78	64.99	52.92	—
825	259.86	58.88	—	72.61	66.65	54.23	—
830	261.60	60.31	—	74.44	68.31	55.54	—

비고 : —선 영역은 분광분포를 정하지 않고 있다.

〈부표 3〉 표준광과 보조 표준광의 측색치(파장 380~780 nm, 5 nm 간격)

(a) XYZ 표색계

(보조) 표준광	3 자극치			색도			
	X	Y	Z	x	y	u'	v'
A	109.85	100.0	35.58	0.4476	0.4074	0.2560	0.5243
D_{65}	95.04	100.0	108.89	0.3127	0.3290	0.1978	0.4683
C	98.07	100.0	118.23	0.3101	0.3162	0.2009	0.4609
D_{50}	96.42	100.0	82.49	0.3457	0.3585	0.2092	0.4881
D_{55}	95.68	100.0	92.14	0.3324	0.3474	0.2044	0.4807
D_{75}	94.96	100.0	122.61	0.2990	0.3149	0.1935	0.4585
B	98.07	100.0	118.23	0.3101	0.3162	0.2009	0.4609

(b) $X_{10}Y_{10}Z_{10}$ 표색계

(보조) 표준광	3 자극치			색도			
	X_{10}	Y_{10}	Z_{10}	x_{10}	y_{10}	u'_{10}	v'_{10}
A	111.15	100.0	35.20	0.4512	0.4059	0.2590	0.5242
D_{65}	94.81	100.0	107.33	0.3138	0.3310	0.1979	0.4695
C	97.28	100.0	116.14	0.3104	0.3191	0.2000	0.4626
D_{50}	96.72	100.0	81.41	0.3478	0.3595	0.2102	0.4889
D_{55}	95.79	100.0	90.93	0.3341	0.3488	0.2051	0.4816
D_{75}	94.41	100.0	120.63	0.2997	0.3174	0.1930	0.4601
B	97.28	100.0	116.14	0.3104	0.3191	0.2000	0.4626

〈부표 4〉 대표적 형광 램프의 분광 분포

종류 / 파장 [nm]	보통형						고연색형			3파장 발광형		
	F1	F2	F3	F4	F5	F6	F7*	F8	F9	F10	F11*	F12
380	1.87	1.18	0.82	0.57	1.87	**1.05**	2.56	**1.21**	0.90	**1.11**	0.91	0.96
385	2.36	1.48	1.02	0.70	2.35	**1.31**	3.18	**1.50**	1.12	**0.63**	0.63	0.64
390	2.94	1.84	1.26	0.87	2.92	**1.63**	3.84	**1.81**	1.36	**0.62**	0.46	0.45
395	3.47	2.15	1.44	0.98	3.45	**1.90**	4.53	**2.13**	1.60	**0.57**	0.37	0.33
400	5.17	3.44	2.57	2.01	5.10	**3.11**	6.15	**3.17**	2.59	**1.48**	1.29	1.19
405	19.49	15.69	14.36	13.75	18.19	**14.80**	19.37	**13.08**	12.80	**12.16**	12.68	12.48
410	6.13	3.85	2.70	1.95	6.00	**3.43**	7.37	**3.83**	3.05	**2.12**	1.59	1.12
415	6.24	3.74	2.45	1.59	6.11	**3.30**	7.05	**3.45**	2.56	**2.70**	1.79	0.94
420	7.01	4.19	2.73	1.76	6.85	**3.68**	7.71	**3.86**	2.86	**3.74**	2.46	1.08
425	7.79	4.62	3.00	1.93	7358	**4.07**	8.41	**4.42**	3.30	**5.14**	3.33	1.37
430	8.56	5.06	3.28	2.10	8.31	**4.45**	9.15	**5.09**	3.82	**6.75**	4.49	1.78
435	43.67	34.98	31.85	30.28	40.76	**32.61**	44.14	**34.10**	32.62	**34.39**	33.94	29.05
440	16.94	11.81	9.47	8.03	16.06	**10.74**	17.52	**12.42**	10.77	**14.86**	12.13	7.90
445	10.72	6.27	4.02	2.55	10.32	**5.48**	11.35	**7.68**	5.84	**10.40**	6.95	2.65
450	11.35	6.63	4.25	2.70	10.91	**5.78**	12.00	**8.60**	6.57	**10.76**	7.19	2.71
455	11.89	6.93	4.44	2.82	11.40	**6.03**	12.58	**9.46**	7.25	**10.67**	7.12	2.65
460	12.37	7.19	4.59	2.91	11.83	**6.25**	13.08	**10.24**	7.86	**10.11**	6.72	2.49
465	12.75	7.40	4.72	2.99	12.17	**6.41**	13.45	**10.84**	8.35	**9.27**	6.13	2.33
470	13.00	7.54	4.80	3.04	12.40	**6.52**	13.71	**11.33**	8.75	**8.29**	5.46	2.10
475	13.15	7.62	4.86	3.08	12.54	**6.58**	13.88	**11.71**	9.06	**7.29**	4.79	1.91
480	13.23	7.65	4.87	3.09	12.58	**6.59**	13.95	**11.98**	9.31	**7.91**	5.66	3.01
485	13.17	7.62	4.85	3.09	12.52	**6.56**	13.93	**12.17**	9.48	**16.64**	14.29	10.83
490	13.13	7.62	4.88	3.14	12.47	**6.56**	13.82	**12.28**	9.61	**16.73**	14.96	11.88
495	12.85	7.45	4.77	3.06	12.20	**6.42**	13.64	**12.32**	9.68	**10.44**	8.97	6.88
500	12.52	7.28	4.67	3.00	11.89	**6.28**	13.43	**12.35**	9.74	**5.94**	4.72	3.43
505	12.20	7.15	4.62	2.98	11.61	**6.20**	13.25	**12.44**	9.88	**3.34**	2.33	1.49
510	11.83	7.05	4.62	3.01	11.33	**6.19**	13.08	**12.55**	10.04	**2.35**	1.47	0.92
515	11.50	7.04	4.73	3.14	11.10	**6.30**	12.93	**12.68**	10.26	**1.88**	1.10	0.71
520	11.22	7.16	4.99	3.41	10.96	**6.60**	12.78	**12.77**	10.48	**1.59**	0.89	0.60
525	11.05	7.47	5.48	3.90	10.97	**7.12**	12.60	**12.72**	10.63	**1.47**	0.83	0.63
530	11.03	8.04	6.25	4.69	11.16	**7.94**	12.44	**12.60**	10.76	**1.80**	1.18	1.10
535	11.18	8.88	7.34	5.81	11.54	**9.07**	12.33	**12.43**	10.96	**5.71**	4.90	4.56
540	11.53	10.01	8.78	7.32	12.12	**10.49**	12.26	**12.22**	11.18	**40.98**	39.59	34.40
545	27.74	24.88	23.82	22.59	27.78	**25.22**	29.52	**28.96**	27.71	**73.69**	72.84	65.40
550	17.05	16.64	13.14	15.11	17.73	**17.46**	17.05	**16.51**	16.29	**33.61**	32.61	29.48
555	13.55	14.59	14.59	13.88	14.47	**15.63**	12.44	**11.79**	12.28	**8.24**	7.52	7.16
560	14.33	16.16	16.63	16.33	15.20	**17.22**	12.58	**11.76**	12.74	**3.38**	2.83	3.08
565	15.01	17.56	18.49	18.68	15.77	**18.53**	12.72	**11.77**	13.21	**2.47**	1.96	2.47
570	15.52	18.62	19.95	20.64	16.10	**19.43**	12.83	**11.84**	13.65	**2.14**	1.67	2.27
575	18.29	21.47	23.11	24.28	18.54	**21.97**	15.46	**14.61**	16.57	**4.86**	4.43	5.09
580	19.55	22.79	24.69	26.26	19.50	**23.01**	16.75	**16.11**	18.14	**11.45**	11.28	11.96
585	15.48	19.29	21.41	23.28	15.39	**19.41**	12.83	**12.34**	14.55	**14.79**	14.76	15.32
590	14.91	18.66	20.85	22.94	14.64	**18.56**	12.67	**12.53**	14.65	**12.16**	12.73	14.27
595	14.15	17.73	19.93	22.14	13.72	**17.42**	12.45	**12.72**	14.66	**8.97**	9.74	11.86
600	13.22	16.54	18.67	20.91	12.69	**16.09**	12.19	**12.92**	14.61	**6.52**	7.33	9.28

〈부표 4〉 (계속)

파장 [nm] \ 종류	보통형						고연색형			3파장 발광형		
	F1	F2*	F3	F4	F5	**F6**	F7*	**F8**	F9	**F10**	F11*	F12
605	12.19	15.21	17.22	19.43	11.57	**14.64**	11.89	**13.12**	14.50	**8.81**	9.72	12.31
610	11.12	13.80	15.65	17.74	10.45	**13.15**	11.60	**13.34**	14.39	**44.12**	55.27	68.53
615	10.03	12.36	14.04	16.00	9.35	**9.35**	11.35	**13.61**	14.40	**34.55**	42.58	53.02
620	8.95	10.95	12.45	14.42	8.29	**8.29**	11.12	**13.87**	14.47	**12.09**	13.18	14.67
625	7.96	9.65	10.95	12.56	7.32	**7.32**	10.95	**14.07**	14.62	**12.15**	13.16	14.38
630	7.02	8.40	9.51	10.93	6.41	**6.41**	10.76	**14.20**	14.72	**10.52**	12.26	14.71
635	6.20	7.32	8.27	9.52	5.63	**5.63**	10.42	**14.16**	14.55	**4.43**	5.11	6.46
640	5.42	6.31	7.11	8.18	4.90	**4.90**	10.11	**14.13**	14.40	**1.95**	2.07	2.57
645	4.73	5.43	6.09	7.01	4.26	**4.26**	10.04	**14.34**	14.58	**2.19**	2.34	2.75
650	4.15	4.68	5.22	6.00	3.72	**3.72**	10.02	**14.50**	14.88	**3.19**	3.58	4.18
655	3.64	4.02	4.45	5.11	3.25	**3.25**	10.11	**14.46**	15.51	**2.77**	3.01	3.44
660	3.20	3.45	3.80	4.36	2.83	**2.83**	9.87	**14.00**	15.47	**2.29**	2.48	2.81
665	2.81	2.96	3.23	3.69	2.49	**2.49**	8.65	**12.58**	13.20	**2.00**	2.14	2.42
670	2.47	2.55	2.75	3.13	2.19	**2.19**	7.27	**10.99**	10.57	**1.52**	1.54	1.64
675	2.18	2.19	2.33	2.64	1.93	**1.93**	6.44	**9.98**	9.18	**1.35**	1.33	1.36
680	1.93	1.89	1.99	2.24	1.71	**1.71**	5.83	**9.22**	8.25	**1.47**	1.46	1.49
685	1.72	1.64	1.70	1.91	1.52	**1.52**	5.41	**8.62**	7.57	**1.79**	1.94	2.14
690	1.67	1.53	1.55	1.70	1.43	**1.43**	5.04	**8.07**	7.03	**1.74**	2.00	2.34
695	1.43	1.27	1.27	1.39	1.26	**1.26**	4.57	**7.39**	6.35	**1.02**	1.20	1.42
700	1.29	1.10	1.09	1.18	1.13	**1.13**	4.12	**6.71**	5.72	**1.14**	1.35	1.61
705	1.19	0.99	0.96	1.03	1.05	**1.05**	3.77	**6.16**	5.25	**3.32**	4.10	5.04
710	1.08	0.88	0.83	0.88	0.96	**0.96**	3.46	**5.63**	4.80	**4.49**	5.58	6.98
715	0.96	0.76	0.71	0.74	0.85	**0.85**	3.08	**5.03**	4.29	**2.05**	2.51	3.19
720	0.88	0.68	0.62	0.64	0.78	**0.78**	2.73	**4.46**	3.80	**0.49**	0.57	0.71
725	0.81	0.61	0.54	0.54	0.72	**0.72**	2.47	**4.02**	3.43	**0.24**	0.27	0.30
730	0.77	0.56	0.49	0.49	0.68	**0.68**	2.25	**3.66**	3.12	**0.21**	0.23	0.26
735	0.75	0.54	0.46	0.46	0.67	**0.67**	2.06	**3.36**	2.86	**0.21**	0.21	0.23
740	0.73	0.51	0.43	0.42	0.65	**0.65**	1.90	**3.09**	2.64	**0.24**	0.24	0.28
745	0.68	0.47	0.39	0.37	0.61	**0.61**	1.75	**2.85**	2.43	**0.24**	0.24	0.28
750	0.69	0.47	0.39	0.37	0.62	**0.62**	1.62	**2.65**	2.26	**0.21**	0.20	0.21
755	0.64	0.43	0.35	0.33	0.59	**0.59**	1.54	**2.51**	2.14	**0.17**	0.24	0.17
760	0.68	0.46	0.38	0.35	0.62	**0.62**	1.45	**2.37**	2.02	**0.21**	0.32	0.21
765	0.69	0.47	0.39	0.36	0.64	**0.64**	1.32	**2.15**	1.83	**0.22**	0.26	0.19
770	0.61	0.40	0.33	0.31	0.55	**0.55**	1.17	**1.89**	1.61	**0.17**	0.16	0.15
775	0.52	0.33	0.28	0.26	0.47	**0.47**	0.99	**1.61**	1.38	**0.12**	0.12	0.10
780	0.43	0.27	0.21	0.19	0.40	**0.40**	0.81	**1.32**	1.12	**0.09**	0.09	0.05
색도 x	0.3131	0.3721	0.4091	0.4402	0.3138	**0.3779**	0.3129	**0.3458**	0.3741	**0.3458**	0.3805	0.4370
좌표 y	0.3371	0.3751	0.3941	0.4031	0.3452	**0.3882**	0.3292	**0.3586**	0.3727	**0.3588**	0.3769	0.4042
상관색 온도	6 430	4 230	3 450	2 940	6 350	**4 150**	6 500	**5 000**	4 150	**5 000**	4 000	3 000
연색 지수	76	64	57	51	72	**59**	90	**95**	90	**81**	83	83

비고 1. 상대 분광 분포의 값은, 분광방사속의 값(단위 : μW/nm)을 램프의 전체 광속의 값(단위 : lm)으로 나눈 수치이다.

2. 상대 분광 분포의 값은, 이 표에 규정한 파장영역 외에서는 0.00으로 한다.

3. 이 표의 상대 분광 분포의 값은, 수은 휘선의 값을 인접하는 파장간격 5 nm의 형광의 상대 분광 분포 값으로 비례배분하여 더한 것이다.

4. JIS에서는 굵은 문자체, CIE에서는 *로 표시한 램프를 우선시하고 있다.

〈부표 5〉 Macbeth 색표의 분광 반사율 색표 1~12

파장 [nm]	1 어두운 피부색	2 밝은 피부색	3 푸른 하늘색	4 초원의 녹색	5 청색의 꽃	6 청녹색	7 오렌지색	8 자색을 띤청색	9 중간정도의 적색	10 자색	11 황록색	12 오렌지색을 띤 황색
380	0.048	0.103	0.113	0.048	0.123	0.110	0.053	0.099	0.096	0.101	0.056	0.060
385	0.051	0.120	0.138	0.049	0.152	0.133	0.054	0.120	0.108	0.115	0.058	0.061
390	0.055	0.141	0.174	0.049	0.197	0.167	0.054	0.150	0.123	0.135	0.059	0.063
395	0.060	0.163	0.219	0.049	0.258	0.208	0.054	0.189	0.135	0.157	0.059	0.064
400	0.065	0.182	0.266	0.050	0.328	0.252	0.054	0.231	0.144	0.177	0.060	0.065
405	0.068	0.192	0.300	0.049	0.385	0.284	0.054	0.268	0.145	0.191	0.061	0.065
410	0.068	0.197	0.320	0.049	0.418	0.303	0.053	0.293	0.144	0.199	0.061	0.064
415	0.067	0.199	0.330	0.050	0.437	0.314	0.053	0.311	0.141	0.203	0.061	0.064
420	0.064	0.201	0.336	0.050	0.446	0.322	0.052	0.324	0.138	0.206	0.062	0.064
425	0.062	0.203	0.337	0.051	0.448	0.329	0.052	0.335	0.134	0.198	0.063	0.064
430	0.059	0.205	0.337	0.052	0.448	0.336	0.052	0.348	0.132	0.190	0.064	0.064
435	0.057	0.208	0.337	0.053	0.447	0.344	0.052	0.361	0.132	0.179	0.066	0.065
440	0.055	0.212	0.335	0.054	0.444	0.353	0.052	0.373	0.131	0.168	0.068	0.065
445	0.054	0.217	0.334	0.056	0.440	0.363	0.052	0.383	0.131	0.156	0.071	0.066
450	0.053	0.224	0.331	0.058	0.434	0.375	0.052	0.387	0.129	0.144	0.075	0.067
455	0.053	0.231	0.327	0.060	0.428	0.390	0.052	0.383	0.128	0.132	0.079	0.068
460	0.052	0.240	0.322	0.061	0.421	0.408	0.052	0.374	0.126	0.120	0.085	0.069
465	0.052	0.251	0.316	0.063	0.413	0.433	0.052	0.361	0.126	0.110	0.093	0.073
470	0.052	0.262	0.310	0.064	0.405	0.460	0.053	0.345	0.125	0.101	0.104	0.077
475	0.053	0.273	0.302	0.065	0.394	0.492	0.054	0.325	0.123	0.093	0.118	0.084
480	0.054	0.282	0.293	0.067	0.381	0.523	0.055	0.301	0.119	0.086	0.135	0.092
485	0.055	0.289	0.285	0.068	0.372	0.548	0.056	0.275	0.114	0.080	0.157	0.100
490	0.057	0.293	0.276	0.070	0.362	0.566	0.057	0.247	0.109	0.075	0.185	0.107
495	0.059	0.296	0.268	0.072	0.352	0.577	0.059	0.223	0.105	0.070	0.221	0.115
500	0.061	0.301	0.260	0.078	0.342	0.582	0.061	0.202	0.103	0.067	0.269	0.123
505	0.062	0.310	0.251	0.088	0.330	0.583	0.064	0.184	0.102	0.063	0.326	0.133
510	0.065	0.321	0.243	0.106	0.314	0.580	0.068	0.167	0.100	0.061	0.384	0.146
515	0.067	0.326	0.234	0.130	0.294	0.576	0.076	0.152	0.097	0.059	0.440	0.166
520	0.070	0.322	0.225	0.155	0.271	0.569	0.086	0.137	0.094	0.058	0.484	0.193
525	0.072	0.310	0.215	0.173	0.249	0.560	0.101	0.125	0.091	0.056	0.516	0.229
530	0.074	0.298	0.208	0.181	0.231	0.549	0.120	0.116	0.089	0.054	0.534	0.273
535	0.075	0.291	0.203	0.182	0.219	0.535	0.143	0.110	0.090	0.053	0.542	0.323
540	0.076	0.292	0.198	0.177	0.211	0.519	0.170	0.106	0.092	0.052	0.545	0.374
545	0.078	0.297	0.195	0.168	0.209	0.501	0.198	0.103	0.096	0.052	0.541	0.418
550	0.079	0.300	0.191	0.157	0.209	0.480	0.228	0.099	0.102	0.053	0.533	0.456
555	0.082	0.298	0.188	0.147	0.207	0.458	0.260	0.094	0.106	0.054	0.524	0.487
560	0.087	0.295	0.183	0.137	0.201	0.436	0.297	0.090	0.108	0.055	0.513	0.512
565	0.092	0.295	0.177	0.129	0.196	0.414	0.338	0.086	0.109	0.055	0.501	0.534
570	0.100	0.305	0.172	0.126	0.196	0.392	0.380	0.083	0.112	0.054	0.487	0.554
575	0.107	0.326	0.167	0.125	0.199	0.369	0.418	0.083	0.216	0.053	0.472	0.570
580	0.115	0.358	0.163	0.122	0.206	0.346	0.452	0.083	0.157	0.052	0.454	0.584

〈부표 5〉 Macbeth 색표의 분광 반사율 색표 1~12

파장 [nm]	1 어두운 피부색	2 밝은 피부색	3 푸른 하늘색	4 초원의 녹색	5 청색의 꽃	6 청녹색	7 오렌지색	8 자색을 띈청색	9 중간정도의 적색	10 자색	11 황록색	12 오렌지색을 띈 황색
585	0.122	0.397	0.160	0.119	0.215	0.324	0.481	0.085	0.208	0.052	0.436	0.598
590	0.129	0.435	0.157	0.115	0.223	0.302	0.503	0.086	0.274	0.053	0.416	0.609
595	0.134	0.468	0.153	0.109	0.229	0.279	0.520	0.087	0.346	0.055	0.394	0.617
600	0.138	0.494	0.150	0.104	0.235	0.260	0.532	0.087	0.415	0.059	0.374	0.624
605	0.142	0.514	0.147	0.100	0.241	0.245	0.543	0.086	0.473	0.065	0.358	0.630
610	0.146	0.530	0.144	0.098	0.245	0.234	0.552	0.085	0.517	0.074	0.346	0.635
615	0.150	0.541	0.141	0.097	0.245	0.226	0.560	0.084	0.574	0.086	0.337	0.640
620	0.154	0.550	0.137	0.098	0.243	0.221	0.566	0.084	0.567	0.099	0.331	0.645
625	0.158	0.557	0.133	0.100	0.243	0.217	0.572	0.085	0.582	0.113	0.328	0.650
630	0.163	0.564	0.130	0.100	0.247	0.215	0.578	0.088	0.591	0.126	0.325	0.654
635	0.167	0.569	0.126	0.099	0.254	0.212	0.583	0.092	0.597	0.138	0.322	0.658
640	0.173	0.574	0.123	0.097	0.269	0.210	0.587	0.098	0.601	0.149	0.320	0.662
645	0.180	0.582	0.120	0.096	0.291	0.209	0.593	0.105	0.604	0.161	0.319	0.667
650	0.188	0.590	0.118	0.095	0.318	0.208	0.599	0.111	0.607	0.172	0.319	0.672
655	0.196	0.597	0.115	0.095	0.351	0.209	0.602	0.118	0.608	0.182	0.320	0.675
660	0.204	0.605	0.112	0.095	0.384	0.211	0.604	0.123	0.607	0.193	0.324	0.676
665	0.213	0.614	0.110	0.097	0.417	0.215	0.606	0.126	0.606	0.205	0.330	0.677
670	0.222	0.624	0.108	0.101	0.446	0.220	0.608	0.126	0.605	0.217	0.337	0.678
675	0.231	0.637	0.106	0.110	0.470	0.227	0.611	0.124	0.605	0.232	0.345	0.681
680	0.242	0.652	0.105	0.125	0.490	0.233	0.615	0.120	0.605	0.248	0.354	0.685
685	0.251	0.668	0.104	0.147	0.504	0.239	0.619	0.117	0.604	0.266	0.362	0.688
690	0.261	0.682	0.104	0.174	0.511	0.244	0.622	0.115	0.605	0.282	0.368	0.690
695	0.271	0.697	0.103	0.210	0.517	0.249	0.625	0.115	0.606	0.301	0.375	0.693
700	0.282	0.713	0.103	0.247	0.520	0.252	0.628	0.116	0.606	0.319	0.379	0.696
705	0.294	0.728	0.102	0.283	0.522	0.252	0.630	0.118	0.604	0.338	0.381	0.698
710	0.305	0.745	0.102	0.311	0.523	0.250	0.633	0.120	0.602	0.355	0.379	0.698
715	0.318	0.753	0.102	0.329	0.522	0.248	0.633	0.124	0.601	0.371	0.376	0.698
720	0.334	0.762	0.102	0.343	0.521	0.244	0.633	0.128	0.599	0.388	0.373	0.698
725	0.354	0.774	0.102	0.353	0.521	0.245	0.636	0.133	0.598	0.406	0.372	0.700
730	0.372	0.783	0.102	0.358	0.522	0.245	0.637	0.139	0.596	0.422	0.375	0.701
735	0.392	0.788	0.104	0.362	0.521	0.251	0.639	0.149	0.595	0.436	0.382	0.701
740	0.409	0.791	0.104	0.364	0.521	0.260	0.638	0.162	0.593	0.451	0.392	0.701
745	0.420	0.787	0.104	0.360	0.516	0.269	0.633	0.178	0.587	0.460	0.401	0.695
750	0.436	0.789	0.104	0.362	0.154	0.278	0.633	0.197	0.584	0.471	0.412	0.694
755	0.450	0.794	0.106	0.364	0.514	0.288	0.636	0.219	0.584	0.481	0.422	0.696
760	0.462	0.801	0.106	0.368	0.517	0.297	0.641	0.242	0.586	0.492	0.433	0.700
765	0.465	0.799	0.107	0.368	0.515	0.301	0.639	0.259	0.584	0.495	0.436	0.698
770	0.448	0.771	0.110	0.355	0.500	0.297	0.616	0.275	0.566	0.482	0.426	0.673
775	0.432	0.747	0.115	0.346	0.491	0.296	0.598	0.294	0.551	0.471	0.413	0.653
780	0.421	0.734	0.120	0.341	0.487	0.296	0.582	0.316	0.540	0.467	0.404	0.639

〈부표 5〉 Macbeth 색표의 분광 반사율 색표 13~24

파장 [nm]	13 청색	14 녹색	15 적색	16 황색	17 마젠타	18 시안	19 백색	20 회색 8	21 회색 6.5	22 회색 5	23 회색 3.5	24 흑색
380	0.069	0.055	0.052	0.054	0.118	0.093	0.153	0.150	0.138	0.113	0.074	0.032
385	0.081	0.056	0.052	0.053	0.142	0.110	0.189	0.184	0.167	0.131	0.079	0.033
390	0.096	0.057	0.052	0.054	0.179	0.134	0.845	0.235	0.206	0.150	0.084	0.033
395	0.114	0.058	0.052	0.053	0.228	0.164	0.319	0.299	0.249	0.169	0.088	0.034
400	0.136	0.058	0.051	0.053	0.283	0.195	0.409	0.372	0.289	0.183	0.091	0.035
405	0.156	0.058	0.051	0.053	0.322	0.220	0.536	0.459	0.324	0.193	0.093	0.035
410	0.175	0.059	0.050	0.053	0.343	0.238	0.671	0.529	0.346	0.199	0.094	0.036
415	0.193	0.059	0.050	0.052	0.354	0.249	0.772	0.564	0.354	0.201	0.094	0.036
420	0.208	0.059	0.049	0.052	0.359	0.258	0.840	0.580	0.357	0.202	0.094	0.036
425	0.224	0.060	0.049	0.052	0.357	0.270	0.868	0.584	0.358	0.203	0.094	0.036
430	0.244	0.062	0.049	0.053	0.350	0.281	0.878	0.585	0.359	0.203	0.094	0.036
435	0.265	0.063	0.049	0.053	0.339	0.296	0.882	0.587	0.360	0.204	0.095	0.036
440	0.290	0.065	0.049	0.053	0.327	0.315	0.883	0.587	0.361	0.205	0.095	0.035
445	0.316	0.067	0.049	0.054	0.313	0.334	0.885	0.588	0.362	0.205	0.095	0.035
450	0.335	0.070	0.049	0.055	0.298	0.352	0.886	0.588	0.362	0.205	0.095	0.035
455	0.342	0.074	0.048	0.056	0.282	0.370	0.886	0.587	0.361	0.205	0.094	0.035
460	0.338	0.078	0.048	0.059	0.267	0.391	0.887	0.586	0.361	0.204	0.094	0.035
465	0.324	0.084	0.047	0.065	0.253	0.414	0.888	0.585	0.359	0.204	0.094	0.035
470	0.302	0.091	0.047	0.075	0.239	0.434	0.888	0.583	0.358	0.203	0.094	0.035
475	0.273	0.101	0.046	0.093	0.225	0.449	0.888	0.582	0.358	0.203	0.093	0.035
480	0.239	0.113	0.045	0.121	0.209	0.458	0.888	0.581	0.357	0.202	0.093	0.034
485	0.205	0.125	0.045	0.157	0.195	0.461	0.888	0.580	0.356	0.202	0.093	0.034
490	0.172	0.140	0.044	0.202	0.182	0.457	0.888	0.580	0.356	0.202	0.093	0.034
495	0.144	0.157	0.044	0.252	0.172	0.447	0.888	0.580	0.356	0.202	0.092	0.034
500	0.120	0.180	0.044	0.303	0.163	0.433	0.887	0.580	0.356	0.202	0.092	0.034
505	0.101	0.208	0.044	0.351	0.155	0.414	0.887	0.580	0.356	0.202	0.093	0.034
510	0.086	0.244	0.044	0.394	0.146	0.392	0.887	0.580	0.356	0.202	0.093	0.034
515	0.074	0.286	0.044	0.436	0.135	0.366	0.887	0.581	0.356	0.202	0.093	0.034
520	0.066	0.324	0.044	0.475	0.124	0.339	0.887	0.581	0.357	0.202	0.093	0.034
525	0.059	0.351	0.044	0.512	0.113	0.310	0.887	0.582	0.357	0.202	0.093	0.034
530	0.054	0.363	0.044	0.544	0.106	0.282	0.887	0.582	0.357	0.203	0.093	0.034
535	0.051	0.363	0.044	0.572	0.102	0.255	0.887	0.582	0.358	0.203	0.093	0.034
540	0.048	0.355	0.045	0.597	0.102	0.228	0.887	0.583	0.358	0.203	0.093	0.034
545	0.046	0.342	0.046	0.615	0.105	0.204	0.886	0.583	0.358	0.203	0.093	0.034
550	0.045	0.323	0.047	0.630	0.107	0.180	0.886	0.583	0.358	0.203	0.093	0.034
555	0.044	0.303	0.048	0.645	0.107	0.159	0.887	0.584	0.358	0.203	0.092	0.034
560	0.043	0.281	0.050	0.660	0.106	0.141	0.887	0.584	0.359	0.203	0.093	0.033
565	0.042	0.260	0.053	0.673	0.107	0.126	0.887	0.585	0.359	0.203	0.093	0.033
570	0.041	0.238	0.057	0.686	0.112	0.114	0.888	0.586	0.360	0.204	0.093	0.033
575	0.041	0.217	0.063	0.698	0.123	0.104	0.888	0.587	0.361	0.204	0.093	0.033
580	0.040	0.196	0.072	0.708	0.141	0.097	0.887	0.588	0.361	0.205	0.093	0.033

〈부표 5〉 Macbeth 색표의 분광 반사율 색표 13~24

파장 [nm]	13 청색	14 녹색	15 적색	16 황색	17 마젠타	18 시안	19 백색	20 회색 8	21 회색 6.5	22 회색 5	23 회색 3.5	24 흑색
585	0.040	0.177	0.086	0.718	0.166	0.092	0.886	0.588	0.361	0.205	0.093	0.033
590	0.040	0.158	0.109	0.726	0.198	0.088	0.886	0.588	0.361	0.205	0.093	0.033
595	0.040	0.140	0.143	0.732	0.235	0.083	0.886	0.588	0.361	0.205	0.092	0.033
600	0.039	0.124	0.192	0.737	0.279	0.080	0.887	0.588	0.360	0.204	0.092	0.033
605	0.039	0.111	0.256	0.742	0.333	0.077	0.888	0.587	0.360	0.204	0.092	0.033
610	0.040	0.101	0.332	0.746	0.394	0.075	0.889	0.586	0.359	0.204	0.092	0.033
615	0.040	0.094	0.413	0.749	0.460	0.074	0.890	0.586	0.358	0.203	0.091	0.033
620	0.040	0.089	0.486	0.753	0.522	0.073	0.891	0.585	0.357	0.203	0.091	0.033
625	0.040	0.086	0.550	0.757	0.580	0.073	0.891	0.584	0.356	0.202	0.091	0.033
630	0.041	0.084	0.598	0.761	0.628	0.073	0.891	0.583	0.355	0.201	0.090	0.033
635	0.041	0.082	0.631	0.765	0.666	0.073	0.891	0.581	0.354	0.201	0.090	0.033
640	0.042	0.080	0.654	0.768	0.696	0.073	0.890	0.580	0.353	0.200	0.090	0.033
645	0.042	0.078	0.672	0.775	0.722	0.073	0.889	0.579	0.352	0.199	0.090	0.033
650	0.042	0.077	0.686	0.777	0.742	0.074	0.889	0.578	0.351	0.198	0.089	0.033
655	0.043	0.076	0.694	0.779	0.756	0.075	0.889	0.577	0.350	0.198	0.089	0.033
660	0.043	0.075	0.700	0.780	0.766	0.076	0.889	0.576	0.349	0.197	0.089	0.033
665	0.043	0.075	0.704	0.780	0.774	0.076	0.889	0.575	0.348	0.197	0.088	0.033
670	0.044	0.075	0.707	0.781	0.780	0.077	0.888	0.574	0.346	0.196	0.088	0.033
675	0.044	0.077	0.712	0.782	0.785	0.076	0.888	0.573	0.346	0.195	0.088	0.033
680	0.044	0.078	0.718	0.785	0.791	0.075	0.888	0.572	0.345	0.195	0.087	0.033
685	0.044	0.080	0.721	0.785	0.794	0.074	0.888	0.571	0.344	0.194	0.087	0.033
690	0.045	0.082	0.724	0.787	0.798	0.074	0.888	0.570	0.343	0.194	0.087	0.032
695	0.046	0.085	0.727	0.789	0.801	0.073	0.888	0.569	0.342	0.193	0.087	0.032
700	0.048	0.088	0.729	0.792	0.804	0.072	0.888	0.568	0.341	0.192	0.086	0.032
705	0.050	0.089	0.730	0.792	0.806	0.072	0.887	0.567	0.340	0.192	0.086	0.032
710	0.051	0.089	0.730	0.793	0.807	0.071	0.886	0.566	0.339	0.191	0.086	0.032
715	0.053	0.090	0.729	0.792	0.807	0.073	0.886	0.565	0.338	0.191	0.086	0.032
720	0.056	0.090	0.727	0.790	0.807	0.075	0.886	0.564	0.337	0.190	0.085	0.032
725	0.060	0.090	0.728	0.792	0.810	0.078	0.885	0.562	0.336	0.189	0.085	0.032
730	0.064	0.089	0.729	0.792	0.813	0.082	0.885	0.562	0.335	0.189	0.085	0.032
735	0.070	0.092	0.729	0.790	0.814	0.090	0.885	0.560	0.334	0.188	0.085	0.032
740	0.079	0.094	0.727	0.787	0.813	0.100	0.884	0.560	0.333	0.188	0.085	0.032
745	0.091	0.097	0.723	0.782	0.810	0.116	0.884	0.558	0.332	0.187	0.084	0.032
750	0.104	0.102	0.721	0.778	0.808	0.133	0.883	0.557	0.331	0.187	0.084	0.032
755	0.120	0.106	0.724	0.780	0.811	0.154	0.882	0.556	0.330	0.186	0.084	0.032
760	0.138	0.110	0.728	0.782	0.814	0.176	0.882	0.555	0.329	0.185	0.084	0.032
765	0.154	0.111	0.727	0.781	0.813	0.191	0.881	0.554	0.328	0.185	0.084	0.032
770	0.168	0.112	0.702	0.752	0.785	0.200	0.880	0.553	0.327	0.184	0.083	0.032
775	0.186	0.112	0.680	0.728	0.765	0.208	0.880	0.551	0.326	0.184	0.083	0.032
780	0.204	0.112	0.664	0.710	0.752	0.214	0.879	0.550	0.325	0.183	0.083	0.032

감사

본서에 사용한 그림과 표는, 내가 연구한 결과만은 아니고, 많은 서적, 논문, 규격 등에서 인용했다. 인용한 경우, 그림과 표에 저자의 이름을 기재하고, 또 책 뒷부분에 인용·참고문헌에 그 출처를 게재했다. 이러한 인용에 대해서, 판권을 소유하고 있는 출판 단체와 저자에게 가능한 허락을 얻었다. 하기의 그림과 표는, 본서에서 인용한 것을 나타내는데, 무상 또는 유상으로 이러한 인용을 허락하여준 관계자 모두에게 감사드린다.

Academic Press : 図 3.17

American Chemical Society : 図 6.50, 図 6.51, 図 6.52, 図 6.53

朝倉書店 : 図 3.16

ANSI : 図 3.2, 図 3.13, 図 3.14, 図 3.15, 表 3.3, 表 3.4

Fountain Press : 図 5.15, 図 5.16

John Wiley & Sons : 図 2.13, 図 3.1, 図 4.10, 図 4.11

Macnillam Publishing : 図 5.11, 図 5.12, 図 7.1, 表 5.2

日本印刷学会 : 図 6.30, 図 6.32

Optical Society of America : 図 2.11, 図 6.43, 図 7.15, 図 7.16, 図 7.17

Photographic Society of London : 図 5.2, 図 5.22, 図 5.23

Prentice Hall Publishing : 図 5.11, 図 5.12, 表 5.2, 図 7.1

照明学会 : 図 5.10

Society for Imaging Science and Technology : 図 5.1, 図 5.24, 表 5.5

Society of Motion Picture and Television Engineers : 図 4.3

映像情報メディア学会 : 図 6.5, 図 6.6

東京大学出版会 : 図 4.2, 図 5.17, 図 5.19, 図 6.10, 図 6.13

인용·참고문헌

A

Abadie, J. : *Integer and Nonlinear Programming*, North-Holland, Amsterdam (1982)

ANSI/IT 8. 7/1-1993 : *Graphic Technology-Color Transmission Target for Input Scanner Calibration*

ANSI/IT 8. 7/2-1993 : *Graphic Technology-Color Reflection Target for Input Scanner Calibration*

ANSI/IT 8. 7/3-1993 : *Graphic Technology-Input Data for Characterization of 4 Color Process Printing*

ANSI CGATS TR 001-1995 : *Graphic Technology-Color Characterization Data for Type 1 Printing*

東 堯 : 新編色彩科学ハンドブック, 5章 混色, 東京大学出版会, 東京(1985)

B

Bartleson, C.J., and Bray, C.P. : On the preferred reproduction of flesh, blue-sky, and green-grass colors, *Phot. Sci. Eng.*, 6, pp.19~25(1962)

Billmeyer, Jr., F. W., and Saltzman, M. : *Principles of Color Technology* (2nd ed.), John wiley & Sons, New York(1981)

C

Clapper, F.R. : *The Theory of the Photographic Process* (4th ed., T.H. James), Chap. 19 *Tone and Color Reproduction*, Sect. II *Color Reproduction*, Macmillan Publishing, New York(1977)

Clarkson, M.E., and Vickerstaff, T. : Brightness and hue of present-day dyes in relation to colour photography, *Phot. J. Sect. B*, 88B, pp.26~39(1948)

E

Epstein, D.W. : Colorimetric analysis of RCA color television system, *RCA Rev.*, 14, pp.227~258(1953)

Evans, R.M., Hanson, Jr., W.T., and Brewer, W.L. : *Principles of Color Photography*, John Wiley & Sons, New York(1953)

F

藤尾 孝 : 新編色彩科学ハンドブック, 24章 カラーテレビジョン, 東京大学出版会, 東京(1985)

G

Grum, F., and Bartleson, C.J., : *Optical Radiation Measurements*, Vol.2 *Color Measurement*, Academic Press, New York(1979)

H

浜田 浩 : 液晶表示素子(LCD)における色設計, テレビジョン学会誌, 47, pp.1103~1106(1993)

Hunt, R.W.G. : Objectives in colour reproduction, *J. Phot. Sci.*, 18, pp.205~215(1970)

Hunt, R.W.G., Pitt, I.T., and Winter, L.M. : The preferred reproduction of blue sky, green grass and Caucasian skin in colour photography, *J. Phot. Sci.*, 22, pp.144~149(1974)

Hunt, R.W.G. : Standard sources to represent daylight, *Color Res. Appl.*, 17, pp. 293~294(1992)

Hunt, R.W.G. : *The Reproduction of Color*(5th ed.), Fountain Press, Kingston-upon Thames, England(1995)

I

ISO 5/3-1984 : *Photography-Density Measurements*-Part 3 : *Spectral conditions*

J

JIS Z 8717 : 蛍光物体色の測定方法, 日本規格協会, 東京(1989)

K

梶 光雄：画像データ交換に係わる標準化とその周辺, 画像電子学会誌, 25, pp.236~248(1996)

Kowalik, J., and Osborne, M.R.：*Methods for Unconstrained Optimization Problems*, Elsevier, New York(1968)

M

MacAdam, D.L.：Projective transformations of ICI color specifications, *J. Opt. Soc. Am.*, 27, pp.294~299(1937)

MacAdam, D.L.：Visual sensitivities to color differences in daylight, *J. Opt. Soc. Am.*, 32, pp.247~274(1942)

MacAdam, D.L.：Colorimetric analysis of dye mixtures, *J. Opt. Soc. Am.*, 39, pp.22~30(1949)

MacAdam, D.L.：Quality of color reproduction, *J. Soc. Mot. Pic. Tel. Eng.*, 56, pp.487~512(1951)

McCamy, C.S., Marcus, H., and Davidson, J.G.：A color-rendition chart, *J. Appl. Phot. Eng.*, 2, pp.95~99(1976)

Middleton, W.E.K.：The apparent colors of surfaces of small subtense-A preliminary report, *J. Opt. Soc. Am.*, 39, pp.582~592(1949)

N

納谷嘉信：産業色彩学, 朝倉書店, 東京(1980)

Nelson, C.N.：*The Theory of the Photographic process* (4th ed., T.H. James), Chap. 19 *Tone and Color Reproduction*, Sect. I *Tone Reproduction*, Macmillan Publishing, New York (1977)

Neugebauer, H.E.：Quality factor for filters whose spectral transmittances are different from color mixture curves, and its application to color photography, *J. Opt. Soc. Am.*, 46, pp.821~824(1956)

NHK：広色域テレビシステム-正確な色再現を目指して-, 技研公開展示資料 p.7, NHK 放送技術研究所, 東京(1995)

O

Ohta, N. : The color gamut obtainable by the combination of subtractive color dyes. Ⅰ. Actual dyes in color film. (1) Optimum peak wavelengths and breadths of cyan, magenta, and yellow, *Phot. Sci. Eng.*, 15, pp.399~415(1971a)

Ohta, N. : Reflection density of multilayer color prints. Ⅰ. Specular reflection density, *Phot. Sci. Eng.*, 15, pp.487~494(1971b)

Ohta, N. : Fast computing of color matching by means of matrix representation, Part 1 : Transmission-type colorant, *Appl. Opt.*, 10, pp.2183~2187(1971c)

Ohta, N. : The color gamut obtainable by the combination of subtractive color dyes. Ⅰ. Actual dyes in color film. (3) Stability of gray balance, *Phot. Sci. Eng.*, 16, pp.203~207(1972a)

Ohta, N. : The color gamut obtainable by the combination of subtractive color dyes. Ⅱ. Actual dyes in color prints. (1) Optimum peak wavelengths and breadths of cyan, magenta, and yellow, *Phot. Sci. Eng.*, 16, pp.208~213(1972b)

Ohta, N. : Reflection density of multilayer color prints. Ⅱ. Diffuse reflection density, *J. Opt. Soc. Am.*, 62, pp. 185~191(1972c)

Ohta, N. : Fast computing of color matching by means of matrix manipulation. Ⅱ. Reflection-type color print, *J. Opt. Soc. Am.*, 62, pp.129~136(1972d)

Ohta, N. : Minimizing maximum error in matching spectral absorption curves in color photography, *Phot. Sci. Eng.*, 16, pp.296~299(1972e)

Ohta, N., and Urabe, H. : Spectral color matching by means of minimax approximation, *Appl. Opt.*, 11, pp.2551~2553(1972f)

Ohta, N. : The color gamut obtainable by the combination of subtractive color dyes. Ⅱ. Actual dyes in color prints. (2) Optimum spectral characteristics of absorption bands, *Phot. Sci. Eng.*, 17, pp.183~187(1973a)

Ohta, N. : Estimating absorption bands of component dyes by means of principal component analysis, *Anal. Chem.*, 45, pp.553~557(1973b)

大田　登 : 減色法カラー写真に於ける色合わせ(第2報), 非線形最適化による条件等色的色合わせ, 日本写真学会誌, 36, pp.187~192(1973c)

Ohta, N. : Color gamut obtainable by the combination of subtractive color dyes. Ⅲ. Hypothetical four-dye system, *Phot. Sci. Eng.*, 20, pp.149~154(1976)

Ohta, N. : Maximum errors in estimating spectral-reflectance curves from multispectral image data, *J. Opt. Soc. Am.*, 71, pp.910~913(1981a)

Ohta, N. : Evaluation of spectral sensitivities, *Phot. Sci. Eng.*, 25, pp.101~107(1981b)

Ohta, N. : Simplified algorithm of color matching in subtractive color photography, *Phot. Sci. Eng.*, 25, pp.161~163(1981c)

Ohta, N. : Practical transformation of CIE color matching functions, *Color Res. Appl.*, 7, pp.53~56(1982a)

Ohta, N. : A simplified method for formulating pseudo-object colors, *Color Res. Appl.*, 7, pp.78~81(1982b)

Ohta, N. : The color gamut obtainable by the combination of subtractive color dyes. Ⅳ. Influence of some practical constraints, *Phot. Sci. Eng.*, 26, pp.228~231(1982c)

Ohta, N. : Optimization of spectral sensitivities, *Phot. Sci. Eng.*, 27, pp.193~201(1983)

Ohta, N. : The color gamut obtainable by the combination of subtractive color dyes. Ⅴ. Optimum absorption bands as defined by nonlinear optimization technique, *J. Imag. Sci.*, 30, pp.9~12(1986)

Ohta, N. : Interrelation between spectral sensitivities and interimage effects, *J. Imag. Sci.*, 35, pp.94~103(1991)

Ohta, N. : Colorimetric analysis in the design of color films : A perspective, *J. Imag. Sci, Tech.*, 36, pp.63~72(1992)

大田　登 : 色彩工学, 東京電機大学出版局, 東京(1993)

奥田博志 : テレビにおける色再現(Ⅲ)表示系の色設計, テレビジョン学会誌, 47, pp.1097~1099(1993)

小野善雄 : ハーフトーン印刷プロセスの理論と技術, 日本印刷学会誌, 31, pp.269~282(1994)

R

Robertson, A.R. : The CIE color-difference formulae, *Color Res. Appl.*, 2. pp.7~11(1977)

S

斉藤利也：新編色彩科学ハンドブック, 24章 カラーテレビジョン, 東京大学出版会, 東京(1985)

Sanders, C.L.：Color preferences for natural objects, *Ill. Eng.* LIV pp.452~456(195)

佐藤俊夫：新編色彩科学ハンドブック, 24章 カラーテレビジョン, 東京大学出版会, 東京(1985)

白松直樹, 前川武之, 滝沢友紀：2. 表示装置と色再現 2-1. CRT, テレビジョン学会誌, 48, pp.1088~1093(1994)

照明学会：あたらしい明視論, 照明学会, 東京(1967)

Spaulding, K.E., Ellson, R.N., and Sullivan, J.R.：UltaColor：A new gamut mapping strategy, *Proc. Soc. Photo-opt. Instr. Eng.*, 2414, pp.61~68(1995)

W

脇谷雅行：PDP(直視型)の色設計, テレビジョン学会誌, 47, pp.1107~1109(1993)

Williams, F.C., and Clapper, F.R.：Multiple internal reflections in photographic color prints, *J. Opt. Soc. Am.*, 43, pp.595~599(1953)

Wright, W.D.：The sensitivity of the eye to small colour differences, *Proc. Phys. Soc.*(London), 53, pp.93~112(1941)

Wyszecki, G., and Stiles, W.S.：*Color Science：Concepts and Methods, Quantitative Data and Formulae*(2nd ed.), John Wiley & Sons, New York(1982)

Y

Yule, J.A.C.：*Principles of Color Reproduction*, John wiley & Sons, New York(1967)

최석진(崔淅珍)

[주요 약력]

- 일본 동경수산대학 연구생, 석사, 박사과정 졸업(문부성 장학생)
- 일본 동경해양대학 연구원, 일본 수산청 수산공학 연구소 연구원 근무
- 일본 전국 어업협동조합연합회 일한 민간어업협의회 전문통역위원
- 특허청 화학생명공학심사국, 기계금속건설심사국 선임심사관
- 현재 그린국제특허사무소, 일본 智友知財(株) 변리사 활동 중

[주요 연구]

- 디지털 해양수색 측정시스템 개발
- LED 집어등 광원의 측광, 측색 및 Lighting Management 연구
- 수중 조도 계산 시뮬레이션 및 주광성 어군의 행동해석 연구
- 2010년 한국 수산과학회 우수학술 논문상 수상
- 변리사(제47회), 기술사(제72회), 기술거래사(2008년)
- 색채공학 번역저술(2003년)

색재현의 원리

2011년 5월 30일 초판 1쇄 발행

역　　자 • 신재철 · 이승배 · 최석진
발 행 자 • 최 봉 조
발 행 처 • 진샘미디어
주　　소 • 서울시 은평구 역촌동 58-9
부호아파트 102동 상가 5호
전　　화 • 02)353-4421 / FAX 02)353-4431
홈페이지 • www.jinsaem.co.kr

신고번호 • 제311-2005-000025호
I S B N • 978-89-92887-33-5

정가 18,000원

역자 소개

신재철(申宰哲)

[주요 약력]
- 일본 치바(千葉)대학 화상공학과 졸업
- 일본 치바(千葉)대학 대학원 석사, 박사과정(색채화상공학) 졸업, 공학박사
- 미국 Rochester공대, Imaging science 센터, Munsell 색채 과학 연구소 연구원 역임
- 특허청 전기전자심사국, 정보통신심사국 선임심사관

[주요 연구]
- Color Vision 및 Color Appearance 모델의 평가(연구)
- 이종(異種) 미디어간의 Gamut Mapping(연구)
- Color Appearance의 모델링과 Color Reproduction(연구)
- 디지털 카메라의 분광특성, 노이즈 특성의 분석 등(연구)
- 색채공학 번역저술(2003년)

이승배(李承培)

[주요 약력]
- 고려대 화학과 학사
- 고려대 재료공학과 석사
- 일본 치바(千葉)대학 화상공학과(시각과학) 공학박사
- 삼성모바일디스플레이(주) 수석연구원(SMD교수)
- IEC TC 100 TA2, Technology Expert(2005.08~)
- Home : http://color-lee.com
- e-Mail : color_lee@yahoo.com

[주요 연구]
- Display 감성화질 평가 연구
- Vision Science & Color Science 연구
- Display 연구개발 : AMOLED, LCD, PDP